취업의 지름길! 기술자격증!

2021

편저 대한 기술자격 취업 연구회

국가기술자격증을 획득하기 전에 꼭 참고하세요!

취업의 지름길! 기술자격증!

2021

각 종
국가기술자격시험
종합 가이드북!

편저 대한 기술자격 취업 연구회

국가기술자격증을 획득하기 전에 꼭 참고하세요!

머 리 말

인간은 개인으로 존재하고 있어도 홀로 살 수 없으며, 사회를 형성하여 끊임없이 다른 사람과 상호작용을 하면서 관계를 유지하는 사회적 동물이라 공동으로 협동하여 생활하게 되어 있다. 이와 같이 공동생활을 하기 위해서는 직업을 가지고 협동하면서 생산을 해야만 행복한 생활을 유지할 수 있다. 20세기를 지나고 21세기를 맞이하면서 산업사회의 급격한 발전과 변화로 다양한 직업이 필요하게 되어 이에 발맞추어 여러 가지 직업이 생기고 소멸되는 현상이 반복되고 있다.

직업 분화가 심화되지 않았던 옛날의 농경사회에서는 오늘날과 같은 국가자격시험제도가 발달되지 않았다. 물론 근대국가 성립 이전에도 국가기관에 종사할 사람들의 임용을 위한 자격고사제도는 있었다. 그리고 하급기능에 관한 자격의 공공심사도 전혀 없지는 않았다. 그러나 민간 부문의 주요직업 분야에 종사할 사람들에 대한 자격시험을 국가가 본격적으로 관리하기 시작한 것은 근대국가의 성립 이후의 일로 보아야 한다.

세계 각 나라마다 여러 가지 직업들이 시대에 맞게 발전하고 있듯이 우리나라의 각종 기술자격제도는 그 기준의 불균형, 분류의 비체계성과 명칭의 혼란 및 기술자격취득자에 대한 특전의 미약 등으로 기술 인력의 자질향상과 적절한 양성·공급에 크게 기여하지 못하고 있으므로 통일된 기술자격기준에 의하여 중화

학공업 등 중요 산업기술 분야에 필요한 국가기술자격제도를 확립할 필요가 시급했다.

이와 같이 산발적인 기술자격제도를 체계화함과 아울러 기술인력의 자질 및 사회적 지위의 향상, 기술교육의 개선을 제도적으로 촉진하고, 수요가 급증될 우수 기술 인력을 양성하고, 국가기술자격제도를 효율적으로 운영하여 산업현장의 수요에 적합한 자격제도를 확립함으로써 기술 인력의 직업능력을 개발과 기술 인력의 사회적 지위 향상을 통하여 경제발전에 이바지할 목적으로 정부는 1973년 12월에 국가기술자격법을 제정하였다.

이 법은 국가기관 또는 그 대행기관이 전문직업 분야에 종사할 사람들의 능력과 자질을 검정하여 자격을 인정함으로써 그들에게 일정한 권리와 의무가 발생하게 하는 까닭은 전문직업 분야의 용역거래질서를 확립하고 전문직업인들의 전문성·공정성 및 성실성을 보장하려는 것이다. 그리고 전문직업 분야의 지식·기술 발전과 자격획득자 및 그 고객의 이익을 보호하는 데도 기여하려는데 그 목적이 있는 것이다. 우리나라는 국가자격시험제도의 관할범위가 넓은 나라에 속한다.

이 책에서는 이러한 다양한 각종 국가기술자격에 응시하고자 하는 분들을 위하여 모든 절차를 알기쉽게 체계적으로 정리하였다. 이러한 자료들은 한국산업인력공단의 'Q-Net' 홈 페이지를 참고하였으며, 이를 종합적으로 정리, 분석하여 누구나 이해하기 쉽게 편집하였다,

이 책이 각종 국가기술자격에 응시하고자 하는 모든 분들에게 큰 도움이 되리라 믿으며, 열악한 출판시장임에도 불구하고 흔쾌히 출간에 응해 주신 법문북스 김현호 대표에게 감사를 드린다.

2021. 8.

편저자

목 차

PART Ⅰ 국가기술자격시험 원서접수 종합안내

PART Ⅱ 각종 국가기술자격시험 가이드

PART Ⅰ

국가기술자격시험 원서접수 종합안내

■ 국가기술자격시험 원서접수 종합안내

1. 원서접수 안내

◈ 접수확인 및 수험표 출력기간

접수당일부터 시험시행일까지 출력가능(이외 기간은 조회불가) 합니다. 또한 출력장애 등을 대비하여 사전에 출력 보관하시기 바랍니다.

◈ 접수상태(접수완료, 수험표출력, 미결제)를 클릭하면 각 접수상태에 따라 다음 단계화면으로 이동합니다.

① 접수완료, 수험표출력 : 수험표 출력화면으로 이동

② 미결제 : 원서접수내용 확인 화면으로 이동

③ 입금대기중 : 가상계좌번호 조회

◈ 접수 수수료 결제마감 시한(국가기술자격만 해당) : 원서접수 마감일 18:00시까지 단, 원서작성 완료후 접수수수료 미결제상태인 다음의 경우는 결제가능.

※ 정기검정

- 계좌이체 및 신용카드 결제신청시는 시험응시장소에 수용여유인원이 있을 경우(다음날 12:00시까지)

◈ 가상계좌 채번 및 수수료 입금 기한

① 가상계좌 채번 및 수수료 입금 기한 (정기, 상시 공통)

② 인터넷접수기간 중 가상계좌번호를 부여받은 후 아래 기한까지 인터넷 수험원서 접수 수수료를 입금하지 않으면 수험원서 제출이 자동

취소 됩니다.

③ 가상계좌 입금시 수험자의 주거래은행 신용도 및 창구이용 입금, 자동화기기 이용입금 시 각각의 은행별로 정해진 입금수수료가 부과될 수 있습니다.

구분	접수당일 12:59:59초까지 접수	접수당일 13:00부터 접수
원서접수 마감일 전일	접수 당일 14시까지 입금 완료	익일 14시까지 입금 완료
원서접수 마감일	접수 당일 14시까지 입금 완료	사용불가

◈ 환불기준은 어떻게 되나요?

① 접수취소 기간에 따른 환불

- 접수기간 내 접수취소 하는 경우 : 100%환불(마감일 23:59:59까지). 다만, 은행에 따라 23:30 이후 환불이 제한될 수 있습니다.
- 접수기간 이후부터 검정시행일(해당 회별 시행일 초일) 5일전까지 접수취소 하는 경우 : 50%환불(10원미만 절사). 다만, 은행에 따라 23:30 이후 환불이 제한될 수 있습니다.

<table>
<tr><th>구분</th><th colspan="7">자격검정 원서접수 취소시 환불 적용기간 안내</th></tr>
<tr><td rowspan="2">적용기간</td><td>접수기간 중</td><td>접수기간 후</td><td colspan="4">회별시험시작 4일전</td><td>회별시험시작일</td></tr>
<tr><td></td><td></td><td>4일</td><td>3일</td><td>2일</td><td>1일</td><td>회별시험시작일</td></tr>
<tr><td>환불적용률</td><td>접수취소시 환불:100%</td><td>접수취소시 환불:50%</td><td colspan="5">취소 및 환불 불가</td></tr>
</table>

② 접수취소 후 환불절차

결제수단	환불방법	
	개인	단체
신용카드	결제취소(승인/매입취소)	-
계좌이체	접수시 사용한 계좌로 입금	
가상계좌	환불받을 계좌로 입금	

※ 참고사항

- 환불기준일은 수험자의 시험일이 아닌, 해당 회별 시험의 시작일입니다.
- 접수취소 후 환불금액 입금까지 최대 7일이 소요될 수 있습니다.(입금자명 : 토스페이먼츠)
- 환불결과는 별도 통보되지 않으니 통장잔액 등을 확인하시기 바랍니다.

◈ 접수취소 기간 이외의 환불 : 50%환불(10원미만 절사)

① 1. 수험자의 배우자, 수험자 본인 또는 배우자의 부모(외) 조부모·형제·자매·자녀가 시험일로부터 7일 전까지 사망하여 시험에 응시하지 못한 경우

- (제출서류) 환불신청서, 수험자와 가족관계 입증서류(등본 또는 가족관계증명서 등), 사망 입증서류(사망진단서 등), 신분증

2. 본인의 사고 및 질병으로 입원(시험일이 입원기간에 포함)하여 시험에 응시하지 못한 경우

- (제출서류) 환불신청서, 입원을 증빙하는 서류(의료기관의 입원확인서 또는 진단서 등), 신분증

3. 국가가 인정하는 격리가 필요한 전염병 발생 시 국가(공공기관 포함) 및 의료기관으로부터 감염확정 판정을 받거나, 격리대상자로 판정(격리기간에 시험일 포함)되어 시험에 응시하지 못한 경우

· **코로나19 관련 공지사항**

코로나19예방을 위한 수험자 안내문

예상치 못한 「코로나19」의 확산으로 수험자 여러분께 불편을 끼쳐드린 점 사과드리며, 안정적인 국가자격시험 진행을 위해 아래와 같이 안내드리오니 협조하여 주시기 바랍니다.

< 국가자격시험 수험자 준수사항 >

o **수험자 여러분의 건강과 안정적인 시험 응시를 위하여 시험 2주전부터는 외출 및 타인과의 접촉을 자제하여 주시기 바랍니다.**

o **자가격리자는 시험 응시를 자제하여 주시고, 부득이 응시를 희망하는 경우 시험 2일 전까지 사전 신청하여 주시기 바랍니다.**(상시시험, 정기 작업형·복합형(필답+작업, 동영상+작업) 실기시험 제외, 큐넷 공지사항 참조)

※ **제출서류**: 시험응시 신청서, 개인정보수집·이용 등의서, 자가격리통지서 사본, 방역당국 외출허가증(관할 보건소 발급) 등

- 자가격리자가 시험에 응시할 경우 시험장 이동, 수험자 동선 구분 등 시험위원의 안내에 반드시 협조하여 주시기 바라며, 방역준수사항 위반 시 감염병의 예방 및 관리에 관한 법률 등에 의거하여 법적 처벌을 받을 수 있음을 알려드립니다.

o **확진자는 시험응시를 자제하여 주시고, 부득이 응시를 희망하는 경우 시험 3일 전까지 사전 신청하여 주시기 바랍니다.**(상시시험, 연2회 이상 시행하는 필기, 실기(필답형·작업형·복합형(필답+작업, 동영상+작업)시험 제외, 큐넷 공지사항 참조)

※ **제출서류**: 시험응시 신청서, 개인정보수집·이용 동의서, 시설사용 허가서 등

- 확진자가 시험에 응시할 경우 시험위원 및 주치의·수용시설 관계자 등의 안내에 반드시 협조하여 주시기 바라며, 방역준수사항 위반 시 감염병의 예방 및 관리에 관한 법률 등에 의거하여 법적 처벌을 받을 수 있음을 알려드립니다.

o **코로나19 진단검사를 받고 그 결과를 기다리는 수험자는 감염증상 유무에 관계없이 관할 우리공단 지역본부 및 지사에 사전 신고하여 주시고, 응시를 자제하여 주시기 바랍니다.**(검사 기간 안에 본인의 시험일이 있는 경우 검사 확인증 등 사실 증빙 시 100% 환불)

- 만일 시험에 응시할 경우 시험 당일 입실 전(발열체크 시) 시험 관계자에게 반드시 알려주시기 바랍니다.

o **모든 시험장 출입자는 반드시 마스크(KF94 이상을 권장)를 착용 후 입실하고 퇴실 시까지 계속 마스크를 착용해 주십시오.**

- 단, 신분확인 시에는 시험위원의 안내에 따라주시기 바랍니다.
- 마스크 미착용(임의 탈의) 등 코로나19 예방수칙 준수를 위한 시험위원 지시에 불응 시 퇴실 등 강력한 조치를 취할 수 있습니다.

o **수험자는 시험 중 코로나19 주요증상(발열, 기침, 인후통, 호흡곤란 등)이 발생한 경우 반드시 시험위원에게 즉시 알려 주십시오.**

- 시험 중 증상발현 수험자는 본인의 의사와 관계없이 보건소 등에 신고 및 응시 제한될 수 있으며, 시험을 지속하는 경우 별도시험실 및 화장실을 이용하고 시험 종료 후 보건소 지침에 따라 조치됩니다.
- 모델을 동반하는 미용사(일반, 피부, 네일, 메이크업) 종목 실기시험은 발열 등 의심증상이 없는 모델을 동반하셔야 합니다.

o **모든 응시자는 시험위원의 방역수칙 안내 준수 및 거리두기를 실천하여 주십시오.**
- 시험실에 입실 할 때마다 해당 시험실 입구에 비치된 손소독제로 반드시 손 위생을 실시해 주십시오.
- 체온측정 등으로 입실에 시간이 다소 소요될 것을 예상해 미리 시험장에 도착하시기 바랍니다.
- 점심시간이 포함된 경우, 도시락 · 개인 음용수 등을 지참하시어 본인의 자리에서 식사하시기 바랍니다.
- 수험자는 시험일로부터 14일간 증상 모니터링이 필요합니다.

o **확진환자, 자가격리자, 코로나19 진단검사 기간 안에 본인의 시험일이 있는 수험자 중 미응시자는 시험일 이후 30일까지 수험원서를 접수한 소속기관에 원서접수 수수료를 100% 환불 신청하실 수 있습니다.** (우리공단 지역본부 및 지사 문의)
- 동거 가족*이 확진환자, 자가격리자이거나 동거가족의 코로나19 진단검사 기간 안에 시험일이 있는 수험자 중 미응시자 포함(회별·종목별 시행초일이 '21.5.8이후인 시험**부터 적용)

* 단, 주민등록등본상 동일한 세대가 증명되는 자에 한함(동거인 포함)

** **(정기 기술자격)** 정기 기사 제2회 필기시험('21.5.9~),
(상시 기술자격) 상시 기능사 제15회 필기 및 제9회 실기시험('21.5.10~),
(전문자격) 제30회 공인노무사 1차 시험 및 제21회 소방시설관리사 1차 시험('21.5.8)

※ **제출서류**: 환불신청서, 출입국 사실증명 또는 증빙서류(이외 국가(공공기관 포함) 및 의료기관으로부터 응시제한대상자임을 증빙하는 서류), 신분증 사본, 주민등록등본* 등

* 동거 가족(동거인)이 확진환자, 자가격리자이거나 동거 가족(동거인)의 코로나19 진단검사 기간 안에 시험일이 있는 수험자의 경우, 주민등록등본(시험일 이후 30일 이내 발급) 필수 제출

o **코로나19 관련 시험장 변경, 연기 · 취소 등 긴급한 연락(문자 발송 등)을 위하여 수험자 본인의 개인정보가 변경된 경우 큐넷*에 즉시 반영하여 주시기 바라며, 조치를 이행하지 않아 발생하는 불이익은 수험자 귀책사유임을 알려드립니다.**

* 큐넷 [마이페이지]-[개인정보 관리]-[개인정보 수정]

o **국가기술자격증 발급 및 응시자격 서류제출은 온라인 서비스를 활용하시고, 우리공단 방문을 가급적 자제하여 주시길 부탁드립니다.**
- 부득이 우리공단 지역본부 및 지사를 내방하실 경우 체온 측정, 마스크 착용, 손소독제 사용 등 감염예방을 위한 절차에 협조바랍니다.

2021년 5월 8일

HRDK 한국산업인력공단

- (제출서류) 환불신청서, 입원을 증빙하는 서류(의료기관의 입원확인서 또는 진단서 등), 신분증

4. 북한의 포격도발 등 심각한 국가 위기단계로 휴가, 외출 등이 금지되어(금지기간에 시험일이 포함) 시험에 응시하지 못한 군인 및 군무원인 수험자

- (제출서류) 환불신청서, 중대장 이상이 발급한 확인서 등

5. 예견할 수 없는 기후상황으로 본인의 거주지에서 시험장까지의 대중교통 수단이 두절되어 시험에 응시하지 못한 수험자

- (제출서류) 환불신청서, 경찰서 확인서 등, 신분증

② 신청기간 및 방법 : 수험자의 시험일 이후 30일까지 환불신청서 및 제출서류를 원서접수한 공단 지부(사)로 방문 또는 팩스 신청

③ 환불신청서 양식은 큐넷 홈페이지(www.q-net.or.kr) → 고객지원 → 자료실 → 각종서식 → "검정수수료 환불신청서"에서 확인하실 수 있습니다.

2. 원서접수시 유의사항

◈ 원서접수시 유의사항

① 원서접수는 온라인(인터넷, 모바일앱)에서만 가능합니다.

② 스마트폰, 태블릿PC 사용자는 모바일앱 프로그램을 설치한 후 접수 및 취소/환불 서비스를 이용하시기 바랍니다.

◈ 접수가능한 사진 범위 등 변경사항

구분	내용
접수가능사진	6개월 이내 촬영한 (3.5×4.5cm) 칼라사진, 상반신 정면, 탈모, 무 배경
접수 불가능사진	스냅 사진, 선글라스, 스티커 사진, 측면 사진, 모자착용, 혼란한 배경사진, 기타 신분확인이 불가한 사진 ※ Q-net 사진등록, 원서접수 사진 등록 시 등 상기에 명시된 접수 불가 사진은 컴퓨터 자동인식 프로그램에 의해서 접수가 거부될 수 있습니다
본인 사진이 아닐 경우 조치	연예인 사진, 캐릭터 사진 등 본인사진이 아니고, 신분증 미지참시 시험응시 불가(퇴실)조치 - 본인사진이 아니고 신분증 지참자는 사진 변경등록 각서 징구후 시험 응시
수험자 조치사항	필기시험 사진상이자는 신분확인시까지 실기원서접수가 불가하므로 원서접수 지부(사)로 본인이 신분증, 사진을 지참 후 확인 받으시기 바랍니다.

※ 필기시험 사진상이자는 신분확인 시까지 실기원서접수가 불가합니다. 원서접수 지부(사)로 본인이 신분증 및 규격사진(화일)을 지참 후 확인 받으시기 바랍니다.

※ 장애인 수험자는 원서접수 시 장애유형 및 편의요청사항을 선택하여 접수하고, 장애인 증빙서류를 제출해야 편의제공을 받으실 수 있습니다.

〈 장애유형별 시험시간 적용기준 〉

<table>
<tr><th colspan="3">장애유형</th><th>필기(답)형 시험</th><th>작업형 시험</th><th>제출서류</th></tr>
<tr><td rowspan="2">시각장애</td><td colspan="2">중증(장애의 정도가 심한 장애인)</td><td>시험시간 1.7배 연장</td><td>시험시간 1.5배 연장</td><td>①,②,③ 호중 하나</td></tr>
<tr><td colspan="2">경증(장애의 정도가 심하지 않은 장애인)</td><td>시험시간 1.5배 연장</td><td>시험시간 1.2배 연장</td><td>①,②,③ 호중 하나</td></tr>
<tr><td>뇌병변장애</td><td colspan="2">장애정도구분 없음</td><td>시험시간 1.5배 연장</td><td>시험시간 1.3배 연장</td><td>①,②,③ 호중 하나</td></tr>
<tr><td rowspan="4">지체장애</td><td rowspan="2">상지</td><td>① 중증(장애의 정도가 심한 장애인)</td><td>시험시간 1.5배 연장</td><td>시험시간 1.3배 연장</td><td>①,②,③ 호중 하나</td></tr>
<tr><td>② 경증(장애의 정도가 심하지않은 장애인)</td><td>시험시간 1.2배 연장</td><td>시험시간 1.2배 연장</td><td>①,②,③ 호중 하나</td></tr>
<tr><td>하지</td><td>③ 하지 (장애정도구분 없음,척추장애* 포함)</td><td>시험시간 일반응시자와 동일</td><td>시험시간 1.1배 연장</td><td>①,②,③ 호중 하나</td></tr>
<tr><td colspan="2">④ 복합장애 [상지+하지]</td><td>상지장애와 동일</td><td>① 또는 ②의 장애정도에 부여한 시간 + ③의 장애 시</td><td>①,②,③ 호중 하나</td></tr>
</table>

<table>
<tr><td></td><td></td><td></td><td>추가
부여한
시간</td><td></td></tr>
<tr><td>청각장애</td><td>장애정도 구분 없음</td><td colspan="2">시험시간 일반응시자와
동일</td><td>①,②,③
호중
하나</td></tr>
<tr><td rowspan="2">기타
의료기관
장이인정
한 장애</td><td>일시적 신체장애로
응시에 현저한 지장이
있는 자</td><td colspan="2">장애의 정도를 검증하여
결정</td><td rowspan="2">④호</td></tr>
<tr><td>장애정도구분 없음
(과민성대장증후군 및
과민성방광증후군,
신장, 심장, 장루·요루
장애 등)</td><td colspan="2">시험시간은
일반응시자와 동일하며,
시험 중 화장실 사용
허용</td></tr>
</table>

* 척추장애는 기본적으로 하지장애로 구분하며 의료법 제3조제2항제3호마목의 종합병원에서 발급한 상지장애 진단서(장애정도표기 필요, 소견서 불인정) 제출 시 상지장애로 구분

※ 상이등급자인 경우 장애인복지법상의 장애정도를 기준으로 본인이 어떤 장애유형과 정도에 해당하는지 확인

※ 증빙서류

① 장애인복지법 제2조에 의한 장애인은 시장?도지사?군수?구청장이 발행한 장애인등록증(명서) 또는 장애인복지카드 사본 1부. 다만, 지체장애인의 경우에는 장애인등록증명서 제출

② 국가유공자 등 예우 및 지원에 관한 법률 시행령 제14조제3항에 의한 상이등급에 해당하는 자는 국가보훈처장이 발행한 국가유공자증 사본 1부.

③ 산업재해보상보험법 시행령 제53조제1항에 의한 장해급여지급 대상

자로 결정된 자는 관계기관이 발행한 보험급여확인원 원본 1부.

④ 의료법 제3조제2항제3호에서 정한 의료기관에서 발행한 진단서(소견서 포함)

- 일시적 신체장애 수험자 중 시험시간 연장 내용이 포함될 경우 반드시 의료법 제3조제2항제3호마목의 종합병원 의사진단서 제출(진단서 유효기간 기입 필요, 소견서 불인정)

※ 복합장애인 중 손부위 장애의 정도가 심한 장애인에 대한 시간 산정 방법(예시)

시험시간이 60분인 경우(지체장애 상지장애① + 하지장애③ 작업형 시험 적용시)⇒ ①의 장애 정도에 부여한 시간[표준시간(60분) + {(60분)*0.3)=78분]+ ③의 장애 시 추가 부여한 시간[(60분*0.1)=6분] = 84분

◈ 국가자격검정 전자통신기기 관리운영 기준

전자·통신기기(전자계산기, 수험자지참공구 등 우리 공단에서 사전 소지를 지정한 물품은 제외)의 시험장 반입은 원칙적으로 금지함

- 시험장 반입금지 전자·통신기기(사례)
  ①휴대폰, ②스마트워치 · 스마트센서 등 웨어러블 기기, ③테이블릿, ④통신기능 및 전자식 화면표시기가 있는 시계(시각표시 기능만 있는 시계는 사용가능), ⑤MP3 플레이어, ⑥디지털카메라, ⑦카메라 펜, ⑧전자사전, ⑨라디오, ⑩미디어 플레이어 등
- 소지품 정리시간(입실시간 이후, 수험자교육 시작 이전) 이후 **전자 · 통신기기 등 소지불가 물품을 소지 · 착용하고 있는 경우에는 당해시험이 정지(퇴실) 및 무효 처리됨.**
- 시험당일 시험시작 전 “(1)신분증, (2)수험표, (3)필기구, (4)수정테이프, (5)시각표시 기능만 있는 시계, (6)전자계산기, (7)우리 공

단에서 지정한 수험자지참공구, (8)간식" 이외물품은 시험실 전면 등의 별도 지정장소에 배치하고 시험에 임해야 함. 따라서, 물품분실이 발생할 수 있고, 이 경우 우리 공단은 일체 책임을 지지 아니하므로 귀중품 등의 소지·반입을 자제하시기 바람.

* 국가전문자격(변리사, 감정평가사 등)은 적용 제외
* 허용군 내 기종번호 말미의 영어 표기(ES, MS, EX 등)은 무관

- ※ 공단 서식은 [큐넷 – 고객지원 – 자료실 – 각종 서식 자료]를 참고하시기 바랍니다.

3. 제출서류 [이메일, 팩스 불가]

◈ 공통사항 - 유의사항

① 시험 시작시간 이후 입실 및 응시가 불가하며, 수험표 및 접수내역 사전확인을 통한 시험장 위치, 시험장 입실가능 시간을 숙지하시기 바랍니다. - 접수내역확인 (바로가기)

② 시험 준비물 - 공단인정 신분증(바로가기), 수험표, 흑색 사인펜(PBT시험), 수정테이프 , 계산기[필요시], 흑색 볼펜류 필기구(필답, 기술사 필기), 계산기[필요시], 수험자지참준비물(작업형실기, 바로가기)

※ 공학용계산기는 일부 등급에서 제한된 모델로만 사용이 가능하므로 사전에 필히 확인 후 지참 바랍니다.(공학용계산기 허용군 바로가기)

③ 부정행위 관련 유의사항 - 시험 중 다음과 같은 행위를 하는 자는 국가기술자격법 제10조 제6항의 규정에 따라 당해 검정을 중지 또는무효로 하고 3년간 국가기술자격법에 의한 검정을 받을 자격이 정지됩니다.

④ 부정행위 관련 유의사항 - 시험 중 다음과 같은 행위를 하는 자는 국가기술자격법 제10조 제6항의 규정에 따라 당해 검정을 중지 또는 무효로 하고 3년간 국가기술자격법에 의한 검정을 받을 자격이 정지됩니다.

- 시험 중 다른 수험자와 시험과 관련된 대화를 하거나 답안지(작품 포함)를 교환하는 행위
- 시험 중 다른 수험자의 답안지(작품) 또는 문제지를 엿보고 답안을 작성하거나 작품을 제작하는 행위
- 다른 수험자를 위하여 답안(실기작품의 제작방법 포함)을 알려주거나 엿보게 하는 행위
- 시험 중 시험문제 내용과 관련된 물건을 휴대하여 사용하거나 이를 주고받는 행위
- 시험장 내외의 자로부터 도움을 받고 답안지를 작성하거나 작품을 제작하는 행위
- 다른 수험자와 성명 또는 수험번호(비번호)를 바꾸어 제출하는 행위
- 대리시험을 치르거나 치르게 하는 행위
- 시험시간 중 통신기기 및 전자기기를 사용하여 답안지를 작성하거나 다른 수험자를 위하여 답안을 송신하는 행위
- 그 밖에 부정 또는 불공정한 방법으로 시험을 치르는 행위

⑤ 시험시간 중 전자·통신기기를 비롯한 불허물품 소지가 적발되는 경우 퇴실조치 및 당해시험은 무효처리 됩니다.

◈ 필기시험 - 수험자 유의사항

① PBT 필기시험

1. 답안카드는 반드시 검정색 사인펜으로 기재하고 마킹하시기 바랍니다.
2. 답안카드 채점은 전산 판독결과에 따르며 문제지 형별 및 답안 란의 마킹누락, 마킹착오로 인한 불이익은 전적으로 수험자의 귀책사유입니다.
3. 답안카드 오작성 시 교체 또는 수정테이프를 사용하여 수정 가능하나, 불완전한 수정처리로 인해 발생하는 채점결과는 수험자 귀책사유이므

로 주의하시기 바랍니다.

※ 인적사항 란은 수정불가하며, 수정액 또는 수정스티커는 사용이 불가함

4. 감독위원 확인이 없는 답안카드는 무효 처리됩니다.
5. 부정행위 예방을 위해 문제지에도 수험번호 및 성명을 기재하여야 합니다.
6. 시험시간이 종료되면 즉시 답안작성을 멈춰야 하며, 종료시간 이후 계속 답안을 작성하거나 감독위원의 답안제출 지시에 불응할 때에는 채점대상에서 제외될 수 있습니다.
7. 시험 중에는 통신기기 및 전자기기(휴대전화기 등)의 소지 또는 사용이 불가합니다.

② CBT 필기시험

1. CBT 시험이란 인쇄물 기반 시험인 PBT와 달리 컴퓨터 화면에 시험문제가 표시되어 응시자가 마우스를 통해 문제를 풀어나가는 컴퓨터기반의 시험을 말합니다. (CBT체험 바로가기)
2. 입실 전 본인좌석을 반드시 확인 후 착석하시기 바랍니다.
3. 전산으로 진행됨에 따라, 안정적 운영을 위해 입실 후 감독위원 안내에 적극 협조하여 응시하여 주시기 바랍니다.
4. 최종 답안 제출 시 수정이 절대 불가하오니 충분히 검토 후 제출 바랍니다.
5. 제출 후 본인 점수 확인완료 후 퇴실 바랍니다.

③ 기술사 필기시험

1. 답안지가 분리 훼손되지 않도록 주의바랍니다.
2. 문제지 종목확인 및 답안지 인적사항에 대해 정확하게 기재해야 합니다.

3. 답안지 내 인적사항 및 답안작성(계산식 포함)은 검정색 필기구만을 계속 사용하여야 합니다.

4. 답안정정 시에는 두 줄(=)을 긋고 다시 기재 가능하며, 수정테이프 사용 또한 가능합니다.

5. 답안지 내부 연습지에 기재한 내용은 채점하지 않으며, 답안지(연습지 포함)에 답안과 관련 없는 특수한 표시를 하거나 특정인임을 암시하는 경우 답안지 전체가 0점 처리 됩니다.

6. 답안작성 시 자(직선자, 곡선자, 템플릿 등)를 사용할 수 있습니다.

7. 문제의 순서에 관계없이 작성하여도 되나 주어진 문제번호와 문제를 기재한 후 답안을 작성하고 전문용어는 원어로 기재하여도 무방합니다.

8. 요구한 문제수 보다 많은 문제를 답하는 경우 기재 순으로 요구한 문제수 까지 채점하고 나머지 문제는 채점대상에서 제외됩니다.

9. 답안 작성 시 답안지 양면의 페이지 순으로 작성하시기 바랍니다.

10. 기 작성 문항 전체를 삭제하고자 할 경우 반드시 해당 문항의 답안 전체에 대해 명확하게 'X'표시 하시기 바랍니다(X표시 한 답안은 채점대상에서 제외)

11. 시험시간이 종료되면 즉시 답안작성을 멈춰야 하며, 종료 이후 계속 답안을 작성하거나 감독의 제출 지시에 불응할 때에는 채점대상에서 제외됩니다.

12. 각 문제의 답안작성이 끝나면 "끝"이라고 쓰고 다음 문제는 두 줄 띄워 기재하여야 하며, 최종적으로 전체 답안 작성이 끝나면 그 다음 줄에 "이하빈칸"이라고 써야 합니다.

◈ 실기시험 - 수험자 유의사항

① 작업형 실기시험

1. 수험자지참준비물을 반드시 확인 후 준비해오셔야 응시 가능합니다.
2. 수험자는 시험위원의 지시에 따라야 하며 시험실 출입 시 부정한 물품 소지여부 확인을 위해 시험위원의 검사를 받아야 합니다.
3. 시험시간 중 전자·통신기기를 비롯한 불허물품 소지가 적발되는 경우 퇴실조치 및 당해시험은 무효처리 됩니다.
4. 수험자는 답안 작성 시 검정색 필기구만 사용하여야 합니다.(그 외 연필류, 유색 필기구 등을 사용한 답항은 채점하지않으며 0점 처리됩니다.)
5. 수험자는 시험시작 전에 지급된 재료의 이상 유무를 확인하고 이상이 있을 경우에는 시험위원으로 부터 조치를 받아야 합니다.(시험시작 후 재료교환 및 추가지급 불가)
6. 수험자는 시험 종료후 문제지와 작품(답안지)을 시험위원에게 제출하여야 합니다.(단, 문제지 제공 지정종목은 시험 종료 후 문제지를 회수하지 아니함)
7. 복합형(필답형+작업형)으로 시행되는 종목은 전 과정을 응시하지 않는 경우 채점대상에서 제외 됩니다.
8. 다음과 같은 경우는 득점에 관계없이 불합격 처리 합니다.
 - 시험의 일부 과정에 응시하지 아니하는 경우.
 - 문제에서 주요 직무내용이라고 고지한 사항을 전혀 해결하지 못하는 경우
 - 시험 중 시설 장비의 조작 또는 재료의 취급이 미숙하여 위해를 일으킬 것으로 시험위원 전원이 합의 하여 판단한 경우
9. 수험자는 시험 중 안전에 특히 유의하여야 하며, 시험장에서 소란을 피우거나 타인의 시험을 방해하는 자는 질서유지를 위해 시험을 중지시키고 시험장에서 퇴장 시킵니다.

② **필답형 실기시험**

1. 문제지를 받는 즉시 응시 종목의 문제가 맞는지 확인하셔야 합니다.
2. 답안지 내 인적사항 및 답안작성(계산식 포함)은 검정색 필기구만을 계속 사용하여야 합니다.
3. 답안정정 시에는 두 줄(=)을 긋고 다시 기재 가능하며, 수정테이프 사용 또한 가능합니다.
4. 계산문제는 반드시 '계산과정'과 '답'란에 정확히 기재하여야 하며 계산과정이 틀리거나 없는 경우 0점 처리됩니다.

※ 연습이 필요 시 연습란을 이용하여야 하며, 연습란은 채점대상이 아닙니다.

5. 계산문제는 최종결과 값(답)에서 소수 셋째자리에서 반올림하여 둘째자리까지 구하여야 하나 개별 문제에서 소수처리에 대한 별도 요구사항이 있을 경우, 그 요구사항에 따라야 합니다.
6. 답에 단위가 없으면 오답으로 처리됩니다.(단, 문제의 요구사항에 단위가 주어졌을 경우는 생략되어도 무방합니다)
7. 문제에서 요구한 가지 수 이상을 답란에 표기한 경우, 답란기재 순으로 요구한 가지 수만 채점합니다.

4. 인정신분증

◈ 신분증 범위 기준

① 국가기술자격검정(한국산업인력공단 시행)에 응시하는 수험자는 시험 시 아래 "규정신분증"을 반드시 지참하여야 하며, 일체 훼손·변형이 없는 경우만 유효·인정

② 주의사항: 신분증은 사진·주민등록번호(최소 생년월일)·성명·발급기관 직인이 있는 경우만 인정됩니다.

◈ 신분증 인정범위

※ 모든 수험자 공통 적용

① 주민등록증(주민등록증발급신청확인서 포함)

② 운전면허증(경찰청에서 발행된 것)

③ 건설기계조종사면허증

④ 여권

⑤ 공무원증(장교 · 부사관 · 군무원신분증 포함)

⑥ 장애인등록증(복지카드)(주민등록번호가 표기된 것)

⑦ 국가유공자증

⑧ 국가기술자격증

* 국가기술자격법에 의거 한국산업인력공단 등 10개 기관에서 발행된 것

⑨ 동력수상레저기구 조종면허증(해양경찰청에서 발행된 것)

※ 해당 수험자 한정 적용

- 초·중·고 및 만18세 이하인 자

① 초·중·고등학교 학생증(사진 · 생년월일 · 성명 · 학교장 직인이 표기 · 날인된 것)

② 국가자격검정용 신분확인증명서(별지1호 서식에 따라 학교장 확인 · 직인이 날인된 것)

③ 청소년증(청소년증발급신청확인서 포함)

④ 국가자격증(국가공인 및 민간자격증 불인정)

- 미취학아동

① 한국산업인력공단 발행 "국가자격검정용 임시신분증"(별지2호 서식에 따라 공단 직인이 날인된 것)

* 국가자격검정용 임시신분증 발급을 원하는 수험자는 별지3호 서식의 신

청서를 작성하여 한국산업인력공단 지부(지사)로 사전제출(시험당일 발급불가)

② 국가자격증(국가공인 및 민간자격증 불인정)

- 사병(군인)

① 국가자격검정용 신분확인증명서

(별지1호 서식에 따라 소속부대장이 증명 · 날인한 것)

- 외국인

① 외국인등록증

② 외국국적동포국내거소신고증

③ 영주증

◈ 신분증 인정기준

① 일체 훼손 · 변형*이 없는 원본 신분증인 경우만 유효 · 인정

* 사진 또는 외지(코팅지)와 내지가 탈착 · 분리 등의 변형이 있는 것, 훼손으로 사진 · 인적사항 등을 인식할 수 없는 것 등

* 신분증이 훼손된 경우 시험응시는 허용하나, 당해시험 유효처리 후 별도절차를 통해 사후 신분확인 실시

② 사진, 주민등록번호(최소 생년월일), 성명, 발급자(직인 등)가 모두 기재된 경우에 한하여 유효 · 인정

③ 상기 인정신분증에 포함되지 않는 증명서 등은 ①, ②항의 요건을 충족하더라도 신분증으로 인정하지 않음

◈ **신분증 인정이 불가능한 사항 예시**

① 초·중·고등학교 학생증에 사진·성명·주민등록번호(생년월일)·학교장 직인 중 하나라도 표기·날인되지 않은 경우

② 건강보험증, 주민등록초본, 대학학생증, 사원증, 민간자격증, 신용카드, 운전경력증명서 등

③ 통신사에서 제공하는 모바일 운전면허 확인 서비스

5. 공학용계산기

◈ **국가기술자격 공학용계산기 기종 한정**

- 적용시기
  - – 기능사 : 2019. 1. 1 부터
  - – 기사, 산업기사, 서비스 : 2020. 7. 1 부터
- 적용대상 : 국가기술자격 기사, 산업기사, 서비스, 기능사 등급 전 종목 수험자
- 주요내용 : 기종 허용군에 한하여 사용이 가능하며, 그 외 제조사 및 기종의 공학용계산기는 사용불가

◈ **기술사, 기능장 등급**

- 허용군 공학용계산기 사용 가능
- 허용군 외 공학용계산기를 사용하고자 하는 경우, 수험자가 계산기 메뉴얼 등을 확인하여 직접 초기화(리셋) 및 감독위원 확인 후 사용가능

※ 직접 초기화가 불가능한 계산기는 사용 불가

◈ 공학용 계산기 기종 허용군

연번	제조사	허용기종군	비고
1	카시오 (CASIO)	FX-901~999	
2	카시오 (CASIO)	FX-501~599	
3	카시오 (CASIO)	FX-301~399	
4	카시오 (CASIO)	FX-80~120	
5	샤프 (SHARP)	EL-501~599	
6	샤프 (SHARP)	EL-5100, EL-5230 EL-5250, EL-5500	
7	유니원(UNIONE)	UC-600E, UC-400M, UC-800X	
8	캐논(Canon)	F-715SG, F-788SG, F-792SGA	
9	모닝글로리 (MORNING GLORY)	ECS-101	

* 국가전문자격(변리사, 감정평가사 등)은 적용 제외
* 허용군 내 기종번호 말미의 영어 표기(ES, MS, EX 등)은 무관
* 사칙연산만 가능한 일반계산기는 기종 상관없이 사용

PART II

각종 국가기술자격시험 가이드

게임그래픽전문가

(Certificate of Game Graphics Designer)

◈ 수행직무

게임 화면의 그래픽에 관한 드로잉, 원화작업 및 컴퓨터 그래픽, 동영상 제작 등의 직무수행를 행한다.

◈ 진로 및 전망

관련 직업 : 게임그래픽디자이너, 게임원화가. 게임디자이너

◈ 실시기관 홈페이지

한국콘텐츠진흥원(http://www.kgq.or.kr)

◈ 시험정보

수수료

- 필기 : 18,800 원
- 실기 : 25,000 원

◈ 출제기준

* 별도 파일 삽입(31쪽)

◈ 출제경향

- 게임기획에 대한 전반적인 개념의 숙지 여부
- 게임기획 전반에 관한 게임디자인 실무 능력의 유무

◈ 취득방법

① 응시자격 : 제한없음

② 시험방법 및 검정기준

<table>
<tr><th colspan="2">시험과목</th><th>출제문항수</th><th>검정방법</th><th>시험시간</th></tr>
<tr><td rowspan="3">필기</td><td>1. 게임그래픽개론</td><td>25</td><td rowspan="3">객관식
4지 선다형</td><td rowspan="3">2시간</td></tr>
<tr><td>2. 게임그래픽제작 I</td><td>25</td></tr>
<tr><td>3. 게임그래픽제작 II</td><td>25</td></tr>
<tr><td>실기</td><td>게임그래픽 실무</td><td>-</td><td>작업형</td><td>5시간</td></tr>
</table>

③ 필기 합격기준 : 응시과목별 정답비율이 40% 이상인 자 중에서, 응시한 과목의 전체 정답 비율이 60% 이상인 자

④ 실기 합격기준 : 총점 60점 이상인 자

◈ 신분증인정범위

구분	신분증 인정 범위	대체가능 신분증
일반인/대학생	주민등록증, 운전면허증, 여권, 공무원증, 국가기술자격증	해당 동사무소에서 발급한 기간만료전의 [주민등록발급 신청서]
중/고등학생	주민등록증, 학생증, 여권, 국가기술자격증, 청소년증	*학교발행 신분확인증명서 하단에 첨부 한 양식으로 작성하여 시험당일지참
초등학생	여권, 건강보험증, 청소년증, 주민등록증/초본, 국가기술자격증	*하단에 첨부 한 양식으로 작성하여 시험당일에 지참
군인	주민등록증, 장교 부사관 신분증, 군무원증	없음
외국인	외국인 등록증, 여권	없음

- 중/고등학교 재학중인 학생은 학생증에 반드시 사진, 이름, 주민등록번호(최소 생년월일 기재) 등이 기재되어 있어야 신분증으로
  인정됩니다.
- 위에 명시되지 않은 신분증 및 유효기간이 지난 신분증은 인정하지 않습니다.
- 인정하지 않는 신분증의 예 : 학생증(대학원, 대학), 사원증, 각종사진이 부착된 신용카드, 복지카드, 기타 민간자격증 등
  *** 학교 발행 신분확인증명서는 한글파일로 별도 첨부합니다.

◈ 년도별 검정현황

구분		필기시험			실기시험		
종목	연도	응시	합격	합격률	응시	합격	합격률
게임그래픽전문가	2003	1,874	1,220	65.1%	773	184	23.8%
	2004	1,479	883	59.7%	879	172	19.6%
	2005	1,119	846	75.6%	825	121	14.7%
	2006	1,029	887	86.2%	849	219	25.8%
	2007	764	569	74.5%	659	248	37.6%
	2008	915	657	71.8%	786	257	32.7%
	2009	633	515	81.4%	584	210	36.0%
	2010	553	394	71.25%	503	167	33.2%
	2011	502	197	39.2%	320	100	31.3%
	2012	277	125	47.61%	163	42	25.80%
	2013	289	158	54.67%	158	81	51.27%
	2014	271	166	61.25%	189	73	38.62%
	2015	208	119	57.2%	190	80	42.1%
	2016	193	66	34.2%	110	46	41.8%
	2017	209	146	69.9%	149	64	43%
	2018	237	129	54.43%	165	59	35.76%
	2019	236	116	49.2%	157	60	38.2%
	2020	135	75	55.6%	89	32	36.0%
	소계	10,923	7,267	66.5%	7,548	2,215	29.3%

◈ 자격취득자에 대한 법령상 우대현황

① 본 자료는 종목별 국가기술자격 취득자 우대 법령을 자체 조사한 자료이다.

② 본 자료는 2020년 하반기에 법제처(www.law.go.kr) 홈페이지를 통해 조사하였으며, 법령 개정 시점 등에 따라 변경된 내용이 미반영 될 수 있다.

③ 법령별 세부 우대현황에 대한 적용은 관련법령을 담당하는 부처의 유권해석에 따른다.

④ 조문내역을 클릭하면 해당 법령의 세부정보(국가법령정보센터)를 확인하실 수 있다.

게임그래픽전문가 우대현황

우대법령	조문내역	활용내용
공무원수당등에관한규정	제14조특수업무수당(별표11)	특수업무수당지급
공무원임용시험령	제27조경력경쟁채용시험등의응시자격등(별표7,별표8)	경력경쟁채용시험등의응시
공무원임용시험령	제31조자격증소지자등에대한우대(별표12)	6급이하공무원채용시험가산대상자격증
공연법시행령	제10조의4무대예술전문인자격검정의응시기준(별표2)	무대예술전문인자격검정의등급별응시기준
교육감소속지방공무원평정규칙	제23조자격증등의가산점	5급이하공무원,연구사및지도사관련가점사항
국가공무원법	제36조의2채용시험의가점	공무원채용시험응시가점
군무원인사법시행	제10조경력경쟁채용요건	경력경쟁채용시험으로

령		신규채용할수있는경우
군인사법시행규칙	제14조부사관의임용	부사관임용자격
근로자직업능력개발법시행령	제27조직업능력개발훈련을위하여근로자를가르칠수있는사람	직업능력개발훈련교사의정의
근로자직업능력개발법시행령	제28조직업능력개발훈련교사의자격취득(별표2)	직업능력개발훈련교사의자격
근로자직업능력개발법시행령	제38조다기능기술자과정의학생선발방법	다기능기술자과정학생선발방법중정원내특별전형
근로자직업능력개발법시행령	제44조교원등의임용	교원임용시자격증소지자에대한우대
기초연구진흥및기술개발지원에관한법률시행규칙	제2조기업부설연구소등의연구시설및연구전담요원에대한기준	연구전담요원의자격기준
독학에의한학위취득에관한법률시행규칙	제4조국가기술자격취득자에대한시험면제범위등	같은분야응시자에대해교양과정인정시험,전공기초과정인정시험및전공심화과정인정시험면제
정보통신공사업법	제2조정의	정보통신기술자의자격기준
중소기업인력지원특별법	제28조근로자의창업지원등	해당직종과관련분야에서신기술에기반한창업의경우지원
지방공무원수당등에관한규정	제14조특수업무수당(별표9)	특수업무수당지급
지방공무원임용령	제17조경력경쟁임용시험등을통한임용의요건	경력경쟁시험등의임용
지방공무원임용령	제55조의3자격증소지자에대한신규임용시험의특전	6급이하공무원신규임용시필기시험점수가산

지방공무원평정규칙	제23조자격증등의가산점	5급이하공무원연구사및지도사관련가점사항
통신비밀보호법시행령	제30조불법감청설비탐지업의등록요건(별표1)	불법감청섭리탐지업의등록요건
헌법재판소공무원수당등에관한규칙	제6조특수업무수당(별표2)	특수업무수당 지급구분표
국가기술자격법	제14조국가기술자격취득자에대한우대	국가기술자격취득자우대
국가기술자격법시행규칙	제21조시험위원의자격등(별표16)	시험위원의자격
국가기술자격법시행령	제27조국가기술자격취득자의취업등에대한우대	공공기관등채용시국가기술자격취득자우대
국가를당사자로하는계약에관한법률시행규칙	제7조원가계산을할때단위당가격의기준	노임단가의가산
국회인사규칙	제20조경력경쟁채용등의요건	동종직무에관한자격증소지자에대한경력경쟁채용
군무원인사법시행규칙	제18조채용시험의특전	채용시험의특전
비상대비자원관리법	제2조대상자원의범위	비상대비자원의인력자원범위

출제기준 (필기)

직무분야	정보통신	중직무 분야	정보기술	자격종목	게임 그래픽 전문가	적용기간	2019.1.1. ~ 2022.12.31
○직무내용 : 게임그래픽을 디자인(설계)하기 위하여 게임제작활동에 필요한 배경 및 캐릭터, 아이템, 오브젝트, UI 등의 원화작업 및 CG작업을 수행							

필기검정방법	객관식	문제수	75	시험시간	2시간

필기과목명	출제문제수	주요항목	세부항목	세세항목
게임그래픽 개론	25	1. 게임 그래픽 개론	1. 컴퓨터 그래픽 개론	1) 컴퓨터 그래픽 개요 2) 컴퓨터 그래픽 S/W 활용 3) 컴퓨터 그래픽 용어 4) 인쇄 및 인화용 작업 기법
			2. 게임아트 이론	1) 콘셉아트에 대한 이론 2) 데생, 구도, 투시, 크로키, 해부학 3) 캐릭터 드로잉 4) 배경 드로잉(지형, 자연물, 건축물의 특징)
		2. 미술이론	1. 기초 미술 이론	1) 디지털 페인팅 기법 2) 색채학 3) 조형이론 4) 카메라 기초 5) 미술의 역사 6) 건축학 7) 식생학
		3. 캐릭터 및 배경 원화 제작	1. 캐릭터 및 배경 원화제작	1) 캐릭터 원화 제작 2) 배경 원화 제작 3) 배경 레벨 디자인
게임 그래픽 제작 I (캐릭터 제작, 배경, 애니메이션)	25	1. 캐릭터 제작	1. 2D 캐릭터 제작	1) 2D 캐릭터의 특징 2) 2D 캐릭터 제작 기법 3) 게임엔진 활용법
			2. 3D 캐릭터 제작	1) 3D 캐릭터의 특징 2) 3D 캐릭터 모델링 3) 3D 캐릭터 맵핑 4) 게임엔진 활용법
		2. 배경 제작	1. 2D 배경제작	1) 2D 배경의 특징 2) 2D 배경 제작 기법

필기과목명	출제문제수	주요항목	세부항목	세세항목
				3) 레벨 디자인 4) 게임엔진 활용법
			2. 3D 배경 제작	1) 3D 배경의 특징 2) 3D 배경 모델링 3) 3D 배경 맵핑 4) 레벨 디자인 5) 게임엔진 활용법
		3. 애니메이션 제작	1. 2D 애니메이션 제작	1) 2D 애니메이션의 특징 2) 2D 애니메이션 제작 기법 3) 게임엔진 활용법
			2. 3D 애니메이션 제작	1) 3D 애니메이션의 특징 2) 3D 애니메이션 제작 기법 3) 모션 캡쳐 데이터 활용 4) 게임엔진 활용법
게임 그래픽 제작 II (GUI, 이펙트, 테크니컬 아트)	25	1. GUI 제작	1. 인터페이스 제작	1) 인터페이스의 개념과 종류 2) 인터페이스의 구성요소 3) 인터페이스 디자인 원리와 방법 4) 사용자 경험 디자인 5) 타이포그래픽 제작 6) 게임엔진 활용법
		2. 이펙트 제작	1. 이펙트 제작	1) 이펙트의 특징 2) 이펙트의 제작 기법 3) 게임엔진 활용법
		3. 테크니컬아트	1. 셰이더 제작	1) 셰이더의 특징 2) 셰이더 제작을 위한 컴퓨터 그래픽스 이론 3) 셰이더 제작 기법
			2. 조명연출	1) 게임 조명의 특징 2) 게임조명 연출 3) 게임엔진 활용법
			3. 그래픽 최적화	1) 그래픽 최적화의 특징 2) 컴퓨터 그래픽스 이론 3) 그래픽 최적화 기법

출제기준 (실기)

직무분야	정보통신	중직무분야	정보기술	자격종목	게임 그래픽 전문가	적용기간	2019.1.1. ~ 2022.12.31

○직무내용 : 게임그래픽을 디자인(설계)하기 위하여 게임제작활동에 필요한 배경 및 캐릭터, 아이템, 오브젝트, UI 등의 원화작업 및 CG작업을 수행
○수행준거 : 캐릭터 및 배경 원화제작, 2D 및 3D 캐릭터 · 배경 · 애니메이션제작, GUI, 이펙트, 테크리컬차트 제작

실기검정방법	작업형	시험시간	5시간

실기과목명	주요항목	세부항목	세세항목
게임그래픽 개론	1. 캐릭터 및 배경 원화 제작	1. 캐릭터 및 배경 원화제작	1) 캐릭터 원화 제작을 할 수 있어야 한다. 2) 배경 원화 제작을 할 수 있어야 한다. 3) 배경 레벨 디자인을 할 수 있어야 한다.
게임 그래픽 제작 I (캐릭터 제작, 배경, 애니메이션)	1. 캐릭터 제작	1. 2D 캐릭터 제작	1) 2D 캐릭터의 특징을 파악 할 수 있어야 한다. 2) 2D 캐릭터 제작 기법을 활용할 수 있어야 한다. 3) 게임엔진 활용법을 이용할 수 있어야 한다.
		2. 3D 캐릭터 제작	1) 3D 캐릭터의 특징을 파악 할 수 있어야 한다. 2) 3D 캐릭터 모델링을 할 수 있어야 한다. 3) 3D 캐릭터 맵핑을 할 수 있어야 한다. 4) 게임엔진 활용법을 이용할 수 할 수 있어야 한다.
	2. 배경 제작	1. 2D 배경제작	1) 2D 배경의 특징을 파악 할 수 있어야 한다. 2) 2D 배경 제작 기법을 활용할 수 있어야 한다. 3) 레벨 디자인을 할 수 있어야 한다. 4) 게임엔진 활용법을 이용할 수 있어야 한다.

실기과목명	주요항목	세부항목	세세항목
		2. 3D 배경 제작	1) 3D 배경의 특징을 파악 할 수 있어야 한다. 2) 3D 배경 모델링을 할 수 있어야 한다. 3) 3D 배경 맵핑을 할 수 있어야 한다. 4) 레벨 디자인을 할 수 있어야 한다. 5) 게임엔진 활용법을 이용할 수 있어야 한다.
	3. 애니메이션제작	1. 2D 애니메이션 제작	1) 2D 애니메이션의 특징을 파악할 수 있어야 한다. 2) 2D 애니메이션 제작 기법을 활용할 수 있어야 한다. 3) 게임엔진 활용법을 이용할 수 있어야 한다.
		2. 3D 애니메이션 제작	1) 3D 애니메이션의 특징을 파악할 수 있어야 한다. 2) 3D 애니메이션 제작 기법을 활용할 수 있어야 한다. 3) 모션 캡처 데이터 활용할 수 있어야 한다. 4) 게임엔진 활용법을 이용할 수 있어야 한다.

게임기획전문가
(Certificate of Game Planner)

◈ 수행직무

게임 시나리오, 게임 이벤트 연출, 게임 시스템 설계 등 게임 기획 실무를 담당하며 게임 제작 준비단계를 수행하기 위한 게임 설계 업무수행를 행한다.

◈ 진로 및 전망

관련 직업 : 게임기획자

◈ 실시기관 홈페이지

한국콘텐츠진흥원(http://www.kgq.or.kr)

◈ 시험정보

수수료

- 필기 : 18,800 원
- 실기 : 24,600 원

◈ 출제기준

* 별도 파일 삽입(40쪽)

◈ 출제경향

- 게임기획에 대한 전반적인 개념의 숙지 여부
- 게임기획 전반에 관한 게임디자인 실무 능력의 유무

◈ 취득방법

① 응시자격 : 제한없음

② 시험방법 및 검정기준

시험과목		출제문항수	검정방법	시험시간
필기	1. 게임콘텐츠기획	25	객관식 4지 선다형	2시간
	2. 게임시스템기획	25		
	3. 게임레벨기획	25		
실기	게임기획 실무	-	작업형	5시간

③ 필기 합격기준 : 응시과목별 정답비율이 40% 이상인 자 중에서, 응시한 과목의 전체 정답 비율이 60% 이상인 자

④ 실기 합격기준 : 총점 60점 이상인 자

◈ 신분증인정범위

구분	신분증 인정 범위	대체가능 신분증
일반인/대학생	주민등록증, 운전면허증, 여권, 공무원증, 국가기술자격증	해당 동사무소에서 발급한 기간만료전의 [주민등록발급 신청서]
중/고등학생	주민등록증, 학생증, 여권, 국가기술자격증, 청소년증	*학교발행 신분확인증명서 하단에 첨부 한 양식으로 작성하여 시험당일지참
초등학생	여권, 건강보험증, 청소년증, 주민등록증/초본, 국가기술자격증	*하단에 첨부 한 양식으로 작성하여 시험당일에 지참
군인	주민등록증, 장교 부사관 신분증, 군무원증	없음
외국인	외국인 등록증, 여권	없음

- 중/고등학교 재학중인 학생은 학생증에 반드시 사진, 이름, 주민등록번호(최소 생년월일 기재) 등이 기재되어 있어야 신분증으로
  인정됩니다.
- 위에 명시되지 않은 신분증 및 유효기간이 지난 신분증은 인정하지 않습니다.
- 인정하지 않는 신분증의 예 : 학생증(대학원, 대학), 사원증, 각종사진이 부착된 신용카드, 복지카드, 기타 민간자격증 등
  *** 학교 발행 신분확인증명서는 한글파일로 별도 첨부합니다.

◈ 년도별 검정현황

구분		필기시험			실기시험		
종목	연도	응시	합격	합격률	응시	합격	합격률
게임기획 전문가	2003	1,729	1,656	95.80%	1,023	187	18.30%
	2004	841	820	97.50%	644	127	19.70%
	2005	472	455	96.40%	462	118	25.50%
	2006	495	491	99.20%	428	154	36.00%
	2007	424	419	98.80%	341	119	34.90%
	2008	401	394	98.30%	357	199	55.70%
	2009	477	459	96.20%	394	123	31.20%
	2010	469	461	98.30%	419	194	46.30%
	2011	644	481	74.70%	468	134	28.60%
	2012	358	146	46.25%	216	70	34.15%
	2013	494	108	21.86%	126	79	62.70%
	2014	353	261	73.93%	222	50	22.52%
	2015	190	95	50%	131	44	33.6%
	2016	180	101	56.1%	107	51	47.7%
	2017	172	122	70.9%	123	61	49.6%
	2018	270	153	56.67%	156	50	32.05%
	2019	187	89	47.6%	111	35	31.5%
	2020	117	62	53.0%	73	25	34.2%
	소계	8,273	6,773	81.9%	5,801	1,820	31.4%

◈ 자격취득자에 대한 법령상 우대현황

① 본 자료는 종목별 국가기술자격 취득자 우대 법령을 자체 조사한 자료이다.

② 본 자료는 2020년 하반기에 법제처(www.law.go.kr) 홈페이지를 통해 조사하였으며, 법령 개정 시점 등에 따라 변경된 내용이 미반영 될 수 있다.

③ 법령별 세부 우대현황에 대한 적용은 관련법령을 담당하는 부처의 유권해석에 따른다.

④ 조문내역을 클릭하면 해당 법령의 세부정보(국가법령정보센터)를 확인하실 수 있다.

게임기획전문가 우대현황

우대법령	조문내역	활용내용
공연법시행령	제10조의4무대예술전문인자격검정의응시기준(별표2)	무대예술전문인자격검정의등급별응시기준
교육감소속지방공무원평정규칙	제23조자격증등의가산점	5급이하공무원,연구사및지도사관련가점사항
국가공무원법	제36조의2채용시험의가점	공무원채용시험응시가점
군무원인사법시행령	제10조경력경쟁채용요건	경력경쟁채용시험으로신규채용할수있는경우
군인사법시행규칙	제14조부사관의임용	부사관임용자격
근로자직업능력개발법시행령	제27조직업능력개발훈련을위하여근로자를가르칠수있는사람	직업능력개발훈련교사의정의
근로자직업능력개발	제28조직업능력개발훈련	직업능력개발훈련교사

법시행령	교사의자격취득(별표2)	의자격
근로자직업능력개발법시행령	제44조교원등의임용	교원임용시자격증소지자에대한우대
기초연구진흥및기술개발지원에관한법률시행규칙	제2조기업부설연구소등의연구시설및연구전담요원에대한기준	연구전담요원의자격기준
정보통신공사업법	제2조정의	정보통신기술자의자격기준
중소기업인력지원특별법	제28조근로자의창업지원등	해당직종과관련분야에서신기술에기반한창업의경우지원
지방공무원임용령	제17조경력경쟁임용시험등을통한임용의요건	경력경쟁시험등의임용
지방공무원임용령	제55조의3자격증소지자에대한신규임용시험의특전	6급이하공무원신규임용시필기시험점수가산
지방공무원평정규칙	제23조자격증등의가산점	5급이하공무원연구사및지도사관련가점사항
통신비밀보호법시행령	제30조불법감청설비탐지업의등록요건(별표1)	불법감청섭리탐지업의등록요건
국가기술자격법	제14조국가기술자격취득자에대한우대	국가기술자격취득자우대
국가기술자격법시행규칙	제21조시험위원의자격등(별표16)	시험위원의자격
국가기술자격법시행령	제27조국가기술자격취득자의취업등에대한우대	공공기관등채용시국가기술자격취득자우대
국회인사규칙	제20조경력경쟁채용등의요건	동종직무에관한자격증소지자에대한경력경쟁채용
군무원인사법시행규칙	제18조채용시험의특전	채용시험의특전
비상대비자원관리법	제2조대상자원의범위	비상대비자원의인력자원범위

출제기준 (필기)

직무분야	정보통신	중직무 분야	정보기술	자격종목	게임 기획 전문가	적용기간	2019.1.1. ~ 2022.12.31
○직무내용 : 게임제작에 대한 전반적인 과정의 이해와 게임 콘셉트 디자인, 게임시스템 디자인, 게임서비스 디자인 등의 게임 기획 실무를 수행							

필기검정방법	객관식	문제수	75	시험시간	2시간

필기과목명	출제 문제수	주요항목	세부항목	세세항목
게임콘텐츠 기획	25	1. 콘셉트기획	1. 세계관 기획하기	1) 게임세계관의 규모설정 2) 세계관요소에 대한 개요 작성 3) 세계관의 역사 설정 4) 세계관 구체화
			2. 시나리오 기획하기	1) 스토리 방향 설정 2) 게임 스토리규모결정 3) 주요 캐릭터와 사건작성 4) 스토리타입 분류 5) 상세 시나리오 작성
			3. 캐릭터 기획하기	1) 캐릭터 목록 작성 2) 캐릭터 분류 3) 캐릭터 간 관계 설정 4) 캐릭터별 배경 스토리 설정 5) 캐릭터 상세설정
			4. 배경 기획하기	1) 장소 및 지역별 특성 설정 2) 게임 진행 요소 설정 3) 연결관계 구성
		2. 서비스기획	1. 비즈니스모델 기획하기	1) 목표대상 특징분석 2) 비즈니스모델 방향설정 3) 판매상품과 판매방법 기획
			2. 지표 기획하기	1) 플레이패턴 정보구성 2) 시각화 자료작성 3) 데이터 특징요소추출 4) 특징요소 원인분석
게임시스템 기획	25	1. 시스템기획	1. 시스템 규칙 기획하기	1) 게임 구성요소 분석 2) 구성요소별 설계방향결정 3) 다이어그램 작성 4) 시스템별 규칙 기획

			2. 시스템 공식 기획하기	1) 시스템 공식기준 설정 2) 구성요소별 공식설계
			3. 시스템 테이블 기획하기	1) 시스템 테이블기준설정 2) 구성요소별 테이블설계
		2. UI/UX	1. 화면구성하기	1) UI의 방향 제안 2) 화면구조도 작성 3) 화면 표시정보 배치 4) UI상태와 속성 상세 기획
			2. 조작구성하기	1) 조작기준 제안 2) 콘텐츠의 구체적 조작방법
게임레벨기획	25	1. 레벨기획	1. 밸런스 공식 기획하기	1) 밸런스 방향 기획 2) 구성요소 초기공식 설계
			2. 데이터 작성하기	1) 테이블별 데이터 입력 2) 테이블 간 데이터연동
			3. 공간설계하기	1) 공간요소 정의 2) 동선 구조화 3) 도면작성 4) 리소스 기획
			4. 레벨 구축하기	1) 플레이 콘텐츠 배치 2) 플레이 콘텐츠 제어

출제기준 (실기)

직무분야	정보통신	중직무분야	정보기술	자격종목	게임 기획 전문가	적용기간	2019년 ~ 2022

○직무내용 : 게임제작에 대한 전반적인 과정의 이해와 게임 컨셉 디자인, 게임시스템 디자인, 게임서비스 디자인 등의 게임 기획 실무를 수행

○수행준거 : 게임 제작과정에 필요한 게임제안서 작성 및 게임 기획서 작성을 게임제작의 전반적인 지식(시나리오, 그래픽, 프로그래밍, 사운드, 마케팅)을 활용하여 문서 편집 프로그램으로 수행할 수 있을 것

실기검정방법	작업형	시험시간	5시간

실기과목명	주요항목	세부항목	세세항목
게임콘텐츠 기획	1. 콘셉트기획	1. 세계관 기획하기	1) 게임세계관의 규모를 설정할 수 있어야 한다. 2) 세계관요소에 대한 개요를 작성할 수 있어야 한다. 3) 세계관 역사를 설정할 수 있어야 한다. 4) 세계관을 구체화 할 수 있어야 한다.
		2. 시나리오 기획하기	1) 스토리 콘셉트 방향을 설정할 수 있어야 한다. 2) 게임 스토리규모를 결정할 수 있어야 한다. 3) 주요 캐릭터와 사건작성을 할 수 있어야 한다. 4) 스토리타입을 분류할 수 있어야 한다. 5) 상세 시나리오를 작성할 수 있어야 한다.
		3. 캐릭터 기획하기	1) 캐릭터 목록을 작성할 수 있어야 한다. 2) 캐릭터 분류를 할 수 있어야 한다. 3) 캐릭터 간 관계 설정을 할 수 있어야 한다. 4) 캐릭터별 배경 스토리 설정을 할 수 있어야 한다. 5) 캐릭터 상세설정을 할 수 있어야 한다.
		4. 배경 기획하기	1) 장소 및 지역별 특성 설정을 할 수 있어야 한다. 2) 게임 진행 요소 설정을 할 수 있어야 한다. 3) 연결관계 구성을 할 수 있어야 한다.
	2. 서비스기획	1. 비즈니스모델 기획하기	1) 목표대상 특징분석을 할 수 있어야 한다. 2) 비즈니스모델 방향설정을 할 수 있어야 한다. 3) 판매상품과 판매방법 기획을 할 수 있어야 한다.

실기과목명	주요항목	세부항목	세세항목
		2. 지표 기획하기	1) 플레이 패턴분석 정보구성을 할 수 있어야 한다. 2) 시각화 자료작성을 할 수 있어야 한다. 3) 데이터 특징요소추출을 할 수 있어야 한다. 4) 특징요소 원인분석을 할 수 있어야 한다.
게임시스템 기획	1. 시스템기획	1. 시스템 규칙 기획하기	1) 게임 구성요소 분석을 할 수 있어야 한다. 2) 구성요소별 설계방향결정을 할 수 있어야 한다. 3) 다이어그램 작성을 할 수 있어야 한다. 4) 시스템별 규칙 기획을 할 수 있어야 한다.
		2. 시스템 공식 기획하기	1) 시스템 공식기준 설정을 할 수 있어야 한다. 2) 구성요소별 공식설계를 할 수 있어야 한다.
		3. 시스템 테이블 기획하기	1) 시스템 테이블기준설정을 할 수 있어야 한다. 2) 구성요소별 테이블설계를 할 수 있어야 한다.
	2. UI/UX	1. 화면 구성하기	1) UI의 방향 제안을 할 수 있어야 한다. 2) 화면구조도 작성을 할 수 있어야 한다. 3) 화면 표시정보 배치를 할 수 있어야 한다. 4) UI상태와 속성의 상세기획을 할 수 있어야 한다.
		2. 조작 구성하기	1) 조작기준 제안을 할 수 있어야 한다. 2) 콘텐츠의 구체적 조작 방법을 할 수 있어야 한다.
게임레벨기획	1. 레벨기획	1. 밸런스공식 기획하기	1) 밸런스 방향 기획을 할 수 있어야 한다. 2) 구성요소 초기공식 설계를 할 수 있어야 한다.
		2. 데이터 작성하기	1) 테이블별 데이터 입력을 할 수 있어야 한다. 2) 테이블 간 데이터연동을 할 수 있어야 한다.
		3. 공간 설계하기	1) 공간요소 정의를 할 수 있어야 한다. 2) 동선 구조화를 할 수 있어야 한다. 3) 도면작성을 할 수 있어야 한다. 4) 리소스 기획을 할 수 있어야 한다.
		4. 레벨 구축하기	1) 플레이 콘텐츠 배치를 할 수 있어야 한다. 2) 플레이 콘텐츠 제어를 할 수 있어야 한다.

게임프로그래밍전문가

(Certificate of Game Programmer)

◈ 수행직무

게임 제작의 전반적인 개념 이해를 토대로 게임 동작을 구현하는 프로그래밍 작성 직무수행을 행한다.

◈ 진로 및 전망

관련 직업 : 게임프로그래머

◈ 실시기관 홈페이지

한국콘텐츠진흥원(http://www.kgq.or.kr)

◈ 시험정보

수수료

- 필기 : 18,800 원
- 실기 : 23,700 원

◈ 출제기준

* 별도 파일 삽입(50쪽)

◈ 출제경향

- 게임프로그래밍에 대한 전문적인 지식의 숙지 여부
- 게임설계, 코딩, 원리구현능력, 프로젝트 등 주어진 과제 수행 능력의 유무

◈ 취득방법

① 응시자격 : 제한없음

② 시험방법 및 검정기준

시험과목		출제문항수	검정방법	시험시간
필기	1. 게임프로그래밍 방법론	25	객관식 4지 선다형	2시간
	2. 게임알고리즘과 설계	25		
	3. 게임콘텐츠 프로그래밍	25		
실기	게임프로그래밍 실무	-	작업형	5시간

③ 필기 합격기준 : 응시과목별 정답비율이 40% 이상인 자 중에서, 응시한 과목의 전체 정답 비율이 60% 이상인 자

④ 실기 합격기준 : 총점 60점 이상인 자

◈ 신분증인정범위

구분	신분증 인정 범위	대체가능 신분증
일반인/대학생	주민등록증, 운전면허증, 여권, 공무원증, 국가기술자격증	해당 동사무소에서 발급한 기간만료전의 [주민등록발급 신청서]
중/고등학생	주민등록증, 학생증, 여권, 국가기술자격증, 청소년증	*학교발행 신분확인증명서 하단에 첨부 한 양식으로 작성하여 시험당일지참
초등학생	여권, 건강보험증, 청소년증, 주민등록증/초본, 국가기술자격증	*하단에 첨부 한 양식으로 작성하여 시험당일에 지참
군인	주민등록증, 장교 부사관 신분증, 군무원증	없음
외국인	외국인 등록증, 여권	없음

- 중/고등학교 재학중인 학생은 학생증에 반드시 사진, 이름, 주민등록번호(최소 생년월일 기재) 등이 기재되어 있어야 신분증으로
인정됩니다.
- 위에 명시되지 않은 신분증 및 유효기간이 지난 신분증은 인정하지 않습니다.
- 인정하지 않는 신분증의 예 : 학생증(대학원, 대학), 사원증, 각종사진이 부착된 신용카드, 복지카드, 기타 민간자격증 등
*** 학교 발행 신분확인증명서는 한글파일로 별도 첨부합니다.

◈ 년도별 검정현황

구분		필기시험			실기시험		
종목	연도	응시	합격	합격률	응시	합격	합격률
게임프로그래밍 전문가	2003	518	199	38.4%	113	98	86.7%
	2004	500	284	56.8%	177	58	32.8%
	2005	329	118	35.9%	102	66	64.7%
	2006	399	256	64.2%	164	68	41.5%
	2007	450	236	52.4%	192	80	41.7%
	2008	375	162	43.2%	199	131	65.8%
	2009	361	156	43.2%	124	100	80.6%
	2010	268	89	33.2%	86	24	27.9%
	2011	290	70	24.1%	90	22	24.4%
	2012	158	37	23.42%	35	10	28.27%
	2013	97	35	36.08%	19	17	89.47%
	2014	97	55	56.70%	41	32	78.04%
	2015	94	40	42.6%	33	24	72.7%
	2016	90	22	24.4%	24	20	83.3%
	2017	48	34	70.8%	19	17	89.5%
	2018	76	34	44.74%	32	25	78.13%
	2019	54	19	35.2%	25	14	56%
	2020	32	23	71.9%	20	13	65.0%
	소계	4,236	1,869	44.1%	1,495	819	54.8%

◈ 자격취득자에 대한 법령상 우대현황

① 본 자료는 종목별 국가기술자격 취득자 우대 법령을 자체 조사한 자료이다.

② 본 자료는 2020년 하반기에 법제처(www.law.go.kr) 홈페이지를 통해 조사하였으며, 법령 개정 시점 등에 따라 변경된 내용이 미반영 될 수 있다.

③ 법령별 세부 우대현황에 대한 적용은 관련법령을 담당하는 부처의 유권해석에 따른다.

④ 조문내역을 클릭하면 해당 법령의 세부정보(국가법령정보센터)를 확인하실 수 있다.

게임프로그래밍전문가 우대현황

우대법령	조문내역	활용내용
공연법시행령	제10조의4무대예술전문인자격검정의응시기준(별표2)	무대예술전문인자격검정의등급별응시기준
교육감소속지방공무원평정규칙	제23조자격증등의가산점	5급이하공무원,연구사및지도사관련가점사항
국가공무원법	제36조의2채용시험의가점	공무원채용시험응시가점
군무원인사법시행령	제10조경력경쟁채용요건	경력경쟁채용시험으로신규채용할수있는경우
군인사법시행규칙	제14조부사관의임용	부사관임용자격
근로자직업능력개발법시행령	제27조직업능력개발훈련을위하여근로자를가르칠수있는사람	직업능력개발훈련교사의정의
근로자직업능력개발법시행령	제28조직업능력개발훈련교사의자격취득(별표2)	직업능력개발훈련교사의자격
근로자직업능력개발법시행령	제44조교원등의임용	교원임용시자격증소지자에대한우대

기초연구진흥및기술개발지원에관한법률시행규칙	제2조기업부설연구소등의연구시설및연구전담요원에대한기준	연구전담요원의자격기준
정보통신공사업법	제2조정의	정보통신기술자의자격기준
중소기업인력지원특별법	제28조근로자의창업지원등	해당직종과관련분야에서신기술에기반한창업의경우지원
지방공무원임용령	제17조경력경쟁임용시험등을통한임용의요건	경력경쟁시험등의임용
지방공무원임용령	제55조의3자격증소지자에대한신규임용시험의특전	6급이하공무원신규임용시필기시험점수가산
지방공무원평정규칙	제23조자격증등의가산점	5급이하공무원연구사및지도사관련가점사항
통신비밀보호법시행령	제30조불법감청설비탐지업의등록요건(별표1)	불법감청섭리탐지업의등록요건
국가기술자격법	제14조국가기술자격취득자에대한우대	국가기술자격취득자우대
국가기술자격법시행규칙	제21조시험위원의자격등(별표16)	시험위원의자격
국가기술자격법시행령	제27조국가기술자격취득자의취업등에대한우대	공공기관등채용시국가기술자격취득자우대
국회인사규칙	제20조경력경쟁채용등의요건	동종직무에관한자격증소지자에대한경력경쟁채용
군무원인사법시행규칙	제18조채용시험의특전	채용시험의특전
비상대비자원관리법	제2조대상자원의범위	비상대비자원의인력자원범위

출제기준 (필기)

직무분야	정보통신	중직무분야	정보기술	자격종목	게임 프로그래밍 전문가	적용기간	2019.1.1. ~ 2022.12.31

○직무내용 : 게임동작을 구현하는 프로그래밍을 작성하는 업무를 담당하는 자로, 컴퓨터언어의 사용능력, 운영체제프로그래밍, 게임제작툴 사용능력, 다양한 게임알고리즘의 이해 등 게임제작의 전반에 관한 업무를 수행

○수행준거 : 게임프로그래밍에 관한 전반적인 지식과 컴퓨터언어(C/C++언어, C#, Java) 프로그래밍 기술, 게임프로그래밍 설계, 컴퓨터H/W기술, 네트워크 기술, 수학적인 계산논리, 프로그래밍 논리, DirectX 등을 활용하여 게임프로그램을 작성할 수 있을 것

실기검정방법	작업형	시험시간	2시간

필기과목명	주요항목	세부항목	세세항목
게임프로그래밍 방법론	1. 게임 제작 개론	1. 게임의 산업	1) 게임의 역사 2) 게임 제작 기술
		2. 게임 개발 관리 기법	1) 게임 개발 프로젝트 관리 2) 게임 사업 제안
		3. 게임 QA 및 운영	1) 게임 QA 2) 게임 운영
	2. 게임프로그래밍 언어	1. 시스템 프로그래밍	1) 컴퓨터 시스템 구성 2) 컴퓨터 운영체제
		2.프로그래밍 언어	1) 프로그래밍 언어 이해 2) 최적화 및 디버깅
	3. 게임네트워크 프로그래밍	1. 네트워크 프로그래밍	1) 네트워크기초이론 2) 네트워크 프로그래밍 3) 서버 구조와 패킷 설계 4) 서버 콘텐츠 구현 5) 운영 툴 및 게임로그
게임 알고리즘과 설계	1. 게임 알고리즘	1. 게임 수학과 물리	1) 선형대수 2) 랜더링 파이프라인 3) 속도와 가속도 4) 미분과 적분
		2. 자료구조 와 알고리즘	1) 배열, 스택/큐, 리스트 2) 정렬/검색 3) 트리/그래프 4) 패스 파인딩 5) 스트링 처리
	2. 게임설계	1. 요구사항 분석	1) 객체지향분석 2) 객체지향 설계
		2. 구조설계	1) 디자인 패턴 2) UML
게임 콘텐츠	1. 게임 그래픽	1.셰이더	1) 정점/픽셀 셰이더

필기과목명	주요항목	세부항목	세세항목
프로그래밍	연출개발		2) 셰이더 언어 3) 조명모델
		2.이펙트	1) 렌더링 파이프라인 2) 렌더 타겟 버퍼 3) 후처리
	2. 게임 엔진개발	1. 인공지능	1) FSM(Finite State Machine) 2) 머신러닝
		2. 툴 설계	1) 상용엔진 분석 2) 툴 개발
	3. 게임 클라이언트 프로그래밍	1.플레이	1) 입출력 설계 2) 사용자 캐릭터 3) 아이템 상호 작용
		2.지형	1) 실내지형 2) 실외지형
		3.이벤트	1) 캐릭터 이벤트 2) 지형 이벤트 3) 보상 이벤트

출제기준 (실기)

직무분야	정보통신	중직무분야	정보기술	자격종목	게임 프로그래밍 전문가	적용기간	2019.1.1. ~ 2022.12.31

○직무내용 : 게임동작을 구현하는 프로그래밍을 작성하는 업무를 담당하는 자로, 컴퓨터언어의 사용능력, 운영체제프로그래밍, 게임제작툴 사용능력, 다양한 게임알고리즘의 이해 등 게임제작의 전반에 관한 업무를 수행

○수행준거 : 게임프로그래밍에 관한 전반적인 지식과 컴퓨터언어(C/C++언어, C#, Java) 프로그래밍 기술, 게임프로그래밍 설계, 컴퓨터H/W기술, 네트워크 기술, 수학적인 계산논리, 프로그래밍 논리, DirectX 등을 활용하여 게임프로그램을 작성할 수 있을 것

실기검정방법	작업형	시험시간	5시간

실기과목명	주요항목	세부항목	세세항목
게임 프로그래밍 방법론	1. 게임 프로그래밍 언어	1. 시스템 프로그래밍 하기	1) 해당 운영시스템의 API를 사용하여 입·출력을 효율적으로 관리할 수 있어야 한다. 2) 해당 운영시스템의 API를 사용하여 메모리 관리를 효율적으로 할 수 있어야 한다. 3) 해당 운영시스템의 API를 사용하여 게임 리소스 파일을 효율적으로 관리할 수 있어야 한다. 4) 해당 운영시스템의 API를 사용하여 프로세스·스레드를 효율적으로 관리할 수 있어야 한다.
		2. 프로그래밍 언어 활용하기	1) 기능에 맞게 설계를 할 수 있어야 한다. 2) 설계를 토대로 문법에 맞게 코드를 작성할 수 있어야 한다. 3) 선택한 라이브러리를 사용하여 애플리케이션 구현에 적용할 수 있어야 한다. 4) 애플리케이션을 최적화하기 위해 프로그래밍 언어의 특성을 활용 할 수 있어야 한다. 5) 디버깅 작업을 수행할 수 있어야 한다.

<table>
<tr><th>실기과목명</th><th>주요항목</th><th>세부항목</th><th>세세항목</th></tr>
<tr><td rowspan="2"></td><td rowspan="2">2. 게임 네트워크 프로그래밍</td><td>1. 네트워크 프로그래밍 하기</td><td>1) TCP/IP 및 UDP/IP 소켓통신을 통해 네트워크 모듈을 제작할 수 있어야 한다.
2) 다량의 접속 및 요청을 처리하기 위해 멀티프로세스 및 멀티스레드를 활용할 수 있어야 한다.
3) 패킷 구조를 설계하고 암호화기법을 활용하여 패킷의 보안을 강화할 수 있어야 한다.
4) 패킷 부하테스트를 통해 네트워크 모듈의 안정성을 검증하고 최적화할 수 있어야 한다..</td></tr>
<tr><td>2. 게임 서버 제작하기</td><td>1) 게임의 장르 및 특성에 따라 분산서버 구조를 설계할 수 있어야 한다.
2) 게임에서 필요로 하는 콘텐츠(스킬, 아이템, AI, 전투, 커뮤니티 등)를 제작할 수 있어야 한다.
3) DB를 통해 게임데이터를 저장 및 검색할 수 있어야 한다.
4) 서버 안정성을 위해 부하테스트를 수행할 수 있어야 한다.
5) 서비스 운영 관련 요소(운영 툴, 게임 로그 등)를 제작할 수 있어야 한다.</td></tr>
<tr><td rowspan="2">게임 알고리즘과 설계</td><td rowspan="2">1. 게임 알고리즘 (프로그램 기반)</td><td>1. 게임수학 적용하기</td><td>1) 벡터와 행렬을 사용하여 변환을 수행할 수 있어야 한다.
2) 사원수와 기하학을 사용하여 애니메이션을 처리할 수 있어야 한다.
3) 렌더링 파이프라인을 사용하여 커스텀 렌더링을 수행할 수 있어야 한다.
4) 절두체 차폐 선별을 사용하여 렌더링을 효율적으로 처리할 수 있어야 한다.</td></tr>
<tr><td>2. 게임물리 적용하기</td><td>1) 속도와 가속도 연산을 수행 할 수 있어야 한다.
2) 운동량 연산을 통하여 충돌처리를 효율적으로 수행 할 수 있어야 한다.
3) 항력과 중력을 사용하여 발사체를 효율적으로 처리 할 수 있어야 한다.</td></tr>
</table>

실기과목명	주요항목	세부항목	세세항목
		3. 게임 자료구조 이용하기	1) 다양한 자료구조들의 특성을 알고 자료구조를 구현할 수 있어야 한다. 2) 게임 기획에 따른 적합한 자료구조를 선택하고 설계할 수 있어야 한다. 3) 설계된 자료 구조가 구동될 수 있도록 자료구조를 프로그래밍 언어로 구현할 수 있어야 한다. 4) 수행 결과를 검토하고 최적의 효율을 가질 수 있도록 자료구조를 개선할 수 있어야 한다.
		4. 게임 알고리즘 적용하기	1) 다양한 알고리즘들의 특성을 알고 알고리즘을 구현할 수 있어야 한다. 2) 게임 기획에 따라 설계된 자료구조에 맞춰 게임 알고리즘을 설계할 수 있어야 한다. 3) 설계된 알고리즘을 프로그래밍 언어로 구현할 수 있어야 한다. 4) 수행 결과를 검토하고 최적의 효율을 가질 수 있도록 알고리즘을 개선할 수 있어야 한다.
게임 콘텐츠 프로그래밍	1. 게임 그래픽 연출개발	1. 셰이더 프로그래밍하기	1) 정점 셰이더를 사용하여 변환을 처리할 수 있어야 한다. 2) 픽셀 셰이더를 사용하여 렌더링을 처리할 수 있어야 한다. 3) 조명모델을 사용하여 음영을 현실적으로 구현 할 수 있어야 한다. 4) 물리기반 렌더링을 사용하여 영상의 질을 향상시킬 수 있어야 한다.
		2. 이펙트 프로그래밍하기	1) 셰이더 언어를 사용하여 셰이더 코드를 효율적으로 작성할 수 있어야 한다. 2) 필터를 사용하여 영상을 후처리 할 수 있어야 한다. 3) 지연 렌더링 등의 스크린 좌표계 영상 렌디렁 기법을 효율적으로 처리할 수 있어야 한다.

실기과목명	주요항목	세부항목	세세항목
	2. 게임 클라이언트 프로그래밍	1. 플레이 프로그래밍하기	1) 사용자가 조작 가능한 입출력 및 캐릭터 반응을 설계 할 수 있어야 한다. 2) 사용자 입출력에 반응한 캐릭터의 동작과 반응을 구현할 수 있어야 한다. 3) 플레이어 캐릭터와 다른 캐릭터 및 게임 오브젝트 간의 상호 작용을 구현할 수 있어야 한다. 4) 플레이어 캐릭터에 부가된 추가 아이템의 해제, 교체, 상호 작용을 구현할 수 있어야 한다. 5) 플레이어 캐릭터 반응의 결과에 따른 보상과 캐릭터의 상태 정보를 구현할 수 있어야 한다.
		2. 지형 프로그래밍하기	1) 게임 기획에 따른 게임의 지형과 월드를 설계할 수 있어야 한다. 2) 게임 플레이에 적합한 인스턴스 던전을 구현할 수 있어야 한다. 3) 캐릭터의 오픈 플레이에 적합한 오픈 월드를 구현할 수 있어야 한다. 4) 캐릭터 플레이에 적합한 물리적 반응, 지형 네비게이션, 지형 오브젝트의 자료구조와 알고리즘을 구현할 수 있어야 한다.
		3. 이벤트 프로그래밍하기	1) 게임 기획에 따른 게임 플레이 이벤트 설계를 할 수 있어야 한다. 2) 캐릭터의 아이템 인벤토리, 아이템 교체, 아이템 효과 반영에 대한 이벤트를 구현할 수 있어야 한다. 3) 사용자 캐릭터와 타 사용자 및 비사용자 캐릭터 사이의 상호 작용에 대한 이벤트를 구현할 수 있어야 한다. 4) 사용자 캐릭터와 지형 및 게임 오브젝트 사이의 상호 작용에 대한 이벤트를 할 수 있어야 한다. 5) 사용자 캐릭터의 행동에 대한 보상 이벤트를 구현할 수 있어야 한다.

국제의료관광코디네이터
(International Medical Tour Coordinator)

◈ 개요

의료관광(Medical Tourism)을 종합적으로 정의하면 해외여행과 의료서비스 선택의 자유화로 인해 건강 요양·치료 등의 의료혜택을 체험하기 위한 목적으로 세계 일부 지역을 방문하면서 환자 치료에 필요한 휴식과 기분전환이 될 수 있는 그 지역 주변의 관광·레저·문화 등을 동시에 체험하는 관광활동을 안내하는 직업을 말한다.

◈ 수행직무

국제화되는 의료시장에서 외국인환자를 유치하고 관리하기 위한 구체적인 진료서비스지원, 관광지원, 국내외 의료기관의 국가 간 진출을 지원할 수 있는 의료관광 마케팅, 의료관광 상담, 리스크 관리 및 행정업무 등을 담당함으로써 우리나라의 글로벌 헬스케어 산업의 발전 및 대외 경쟁력을 향상시키는 직무를 행한다.

◈ 진로 및 전망

① 의료관광을 포함한 국제의료 시장규모의 급속한 성장하면서 :2004년 400불에서 2012년 1,000억불 규모로 예상(McKinsey & Company)된다.

② 2015년 12월 의료 해외진출 및 외국인환자 유치 지원에 관한 법률이 제정되어 새로운 국가성장 동력으로 높은 관심을 받고 있는 의료 해외진출 및 외국인환자 유치사업에 대한 법적, 제도적 지원장치

마련하였다.

③ 2010년 4월말 기준 외국인환자 유치 등록기관 1,747개소로 증가(의료기관 1,612개소, 유치업소 134개소), 담당 인력이 요구되고 있다.

④ 정부차원에서 글로벌 헬스케어를 신성장동력 분야로 인정, 지원센터 등 부서 구성 : 정책적, 실무적 지원 위한 전문 인력이 필요하다.

⑤ 의료관광관련하여 지방자치단체 사업이 증가하고 있다.

⑥ 국제진료의료관광 관련 교육생 연 배출인원 약 5,340명 중 기존 직종의 응시비율(약 92%~98%)을 고려할 때 연간 5,000명 이상의 수요가 예상된다.

⑦ 그 외 기존 의료 또는 관광 관련 종사자들 중 추가 취득수요가 발생할 것으로 예상된다.

◈ 실시기관 홈페이지

한국산업인력공단(http://www.q-net.or.kr/)

◈ 시험정보

수수료

- 필기 : 19400 원 /
- 실기 : 20800 원

◈ 출제기준

＊ 별도 파일 삽입(62쪽)

◈ 취득방법

① 시 행 처 : 한국산업인력공단

② 관련학과 : 대학 및 전문대학의 의료 및 관광 관련학과

③ 시험과목

- 필기 : 1.보건의료관광행정 2.보건의료서비스지원관리 3.보건의료관광마케팅 4. 관광서비스지원관리 5.의학용어 및 질환의 이해
- 실기 : 보건의료관광실무

④ 검정방법

- 필기 : 객관식 4지 택일형 과목당 20문항(과목당 30분)
- 실기 : 필답형(2시간 30분, 100점)

⑤ 합격기준

- 필기 : 100점을 만점으로 하여 과목당 40점 이상, 전과목 평균 60점 이상
- 실기 : 100점을 만점으로 하여 60점 이상

◈ 자격취득자에 대한 법령상 우대현황

① 본 자료는 종목별 국가기술자격 취득자 우대 법령을 자체 조사한 자료이다.

② 본 자료는 2020년 하반기에 법제처(www.law.go.kr) 홈페이지를 통해 조사하였으며, 법령 개정 시점 등에 따라 변경된 내용이 미반영될 수 있다.

③ 법령별 세부 우대현황에 대한 적용은 관련법령을 담당하는 부처의 유권해석에 따르고 있다.

국제의료관광코디네이터 우대현황

우대법령	조문내역	활용내용
공무원수당등에관한규정	제14조특수업무수당(별표11)	특수업무수당지급
공무원임용시험령	제27조경력경쟁채용시험등의응시자격등(별표7,별표8)	경력경쟁채용시험등의응시
공무원임용시험령	제31조자격증소지자등에대한우대(별표12)	6급이하공무원채용시험가산대상자격증
교육감소속지방공무원평정규칙	제23조자격증등의가산점	5급이하공무원,연구사및지도사관련가점사항
국가공무원법	제36조의2채용시험의가점	공무원채용시험응시가점
군무원인사법시행령	제10조경력경쟁채용요건	경력경쟁채용시험으로신규채용할수있는경우
군인사법시행규칙	제14조부사관의임용	부사관임용자격
근로자직업능력개발법시행령	제27조직업능력개발훈련을위하여근로자를가르칠수있는사람	직업능력개발훈련교사의정의
근로자직업능력개발법시행령	제28조직업능력개발훈련교사의자격취득(별표2)	직업능력개발훈련교사의자격
근로자직업능력개발법시행령	제38조다기능기술자과정의학생선발방법	다기능기술자과정학생선발방법중정원내특별전형
근로자직업능력개발법시행령	제44조교원등의임용	교원임용시자격증소지자에대한우대
기초연구진흥및기술개발지원에관한법률시행규칙	제2조기업부설연구소등의연구시설및연구전담요원에대한기준	연구전담요원의자격기준
독학에의한학위취득에	제4조국가기술자격취	같은분야응시자에대해

관한법률시행규칙	득자에대한시험면제범위등	교양과정인정시험,전공기초과정인정시험및전공심화과정인정시험면제
중소기업인력지원특별법	제28조근로자의창업지원등	해당직종과관련분야에서신기술에기반한창업의경우지원
지방공무원수당등에관한규정	제14조특수업무수당(별표9)	특수업무수당지급
지방공무원임용령	제17조경력경쟁임용시험등을통한임용의요건	경력경쟁시험등의임용
지방공무원임용령	제55조의3자격증소지자에대한신규임용시험의특전	6급이하공무원신규임용시필기시험점수가산
지방공무원평정규칙	제23조자격증등의가산점	5급이하공무원연구사및지도사관련가점사항
헌법재판소공무원수당등에관한규칙	제6조특수업무수당(별표2)	특수업무수당 지급구분표
국가기술자격법	제14조국가기술자격취득자에대한우대	국가기술자격취득자우대
국가기술자격법시행규칙	제21조시험위원의자격등(별표16)	시험위원의자격
국가기술자격법시행령	제27조국가기술자격취득자의취업등에대한우대	공공기관등채용시국가기술자격취득자우대
국가를당사자로하는계약에관한법률시행규칙	제7조원가계산을할때단위당가격의기준	노임단가의가산
국회인사규칙	제20조경력경쟁채용등의요건	동종직무에관한자격증소지자에대한경력경쟁채용
군무원인사법시행규칙	제18조채용시험의특전	채용시험의특전
비상대비자원관리법	제2조대상자원의범위	비상대비자원의인력자원범위

출제기준(필기)

직무분야	보건.의료	중직무분야	보건.의료	자격종목	국제의료관광코디네이터	적용기간	2021. 1. 1. ~ 2023. 12. 31.

○직무내용 : 국제화되는 의료시장에서 외국인환자를 유치하고 관리하기 위한 구체적인 진료서비스지원, 관광지원, 의료관광 마케팅, 의료관광 상담, 리스크관리 및 행정업무 등을 수행하는 직무이다.

필기검정방법	객관식	문제수	100	시험시간	2시간 30분

필기과목명	문제수	주요항목	세부항목	세세항목
보건의료 관광행정	20	1. 의료관광의 이해	1. 의료관광의 개념	1. 의료관광(의료관광객)의 정의 및 역사 2. 국제 협정과 의료관광 3. 의료관광의 유형 및 특성 4. 의료관광코디네이터의 역할
			2. 의료관광의 구조	1. 의료관광의 메커니즘 2. 의료관광의 이해관계자 3. 의료 관광의 효과
			3. 의료관광 현황	1. 의료관광의 국내외 시장 환경 2. 해외 타겟 국가 및 경쟁국의 현황 3. 의료관광의 현황 및 문제점
		2. 원무관리	1. 원무관리의 이해	1. 원무관리의 개념 2. 원무관리의 필요성
			2. 환자관리	1. 외래관리/예약관리 2. 입·퇴원관리 3. 진료비 관리
			3. 의료보험	1. 의료보험에 대한 이해 2. 보험청구업무 3. 국제 의료보험 청구 사례 및 실무
			4. 의료정보관리	1. 의료정보관리의 이해 2. 병원통계관리
		3. 리스크관리	1. 리스크관리의 개념	1. 리스크의 정의 2. 리스크 관리의 개념
			2. 리스크관리의 체계	1. 리스크관리 정책 수립 2. 리스크관리 시스템 구축 3. 의료분쟁
		4. 의료 관광법규	1. 의료 관련법규	1. 의료법 2. 의료 해외진출 및 외국인환자 유치 지원에 관한 법률
			2. 관광관련법규	1. 관광진흥법 2. 출입국관리법(출입국 절차 및 비자 발급 등) 3. 재외동포의 출입국과 법적 지위에 관한 법률

필기과목명	문제수	주요항목	세부항목	세세항목
보건의료서비스지원관리	20	1. 의료의 이해	1. 건강과 질병관리에 대한 이해	1. 공중보건의 정의 및 역사 2. 건강의 이해 3. 사고 및 질병관리의 이해 4. 건강증진의 개념과 전략 5. 감염병 및 만성질환의 이해
			2. 의료체계의 이해	1. 의료체계의 정의 2. 의료체계의 현황
		2. 병원서비스 관리	1. 병원의 이해	1. 병원의 정의 및 분류 2. 병원조직의 기능과 역할 3. 병원업무의 특성
			2. 진료서비스의 이해	1. 환자관리 서비스 2. 진료지원 서비스(약무, 진단방사선, 진단검사, 검사실, 재활의학실, 영양관리 등) 3. 종합검진 서비스
		3. 의료서비스의 이해	1. 의료 서비스 개념	1. 의료서비스의 정의 및 유형 2. 의료서비스의 특성 3. 국가별 의료와 문화 특성
			2. 의료 서비스 과정	1. 의료관광 프로세스 2. 초기접촉과정 3. 확인과정 4. 서비스과정 5. 매뉴얼작성법
		4. 의료 커뮤니케이션	1. 의료 커뮤니케이션의 개념	1. 의료 커뮤니케이션의 정의 2. 의료 커뮤니케이션의 이론 3. 의료 커뮤니케이션과 문화
			2. 의료 커뮤니케이션의 유형	1. 환자와의 커뮤니케이션 2. 보호자와의 커뮤니케이션 3. 동선별 커뮤니케이션

필기과목명	문제수	주요항목	세부항목	세세항목
보건의료 관광 마케팅	20	1. 마케팅의 이해	1. 의료관광 마케팅의 이해	1. 의료서비스 마케팅의 이해 2. 관광 마케팅의 이해
			2. 환경분석	1. 거시환경 분석 2. 산업분석 3. 내부환경 분석
			3. 시장분석	1. 시장 크기 분석 2. 잠재성장력 분석 3. 경쟁자 분석
			4. 고객분석	1. 고객행동 영향요인 분석 2. 고객 정보처리과정 분석 3. 구매의사 결정과정 분석
			5. STP(시장세분화, 표적시장, 포지셔닝) 및 마케팅 믹스	1. 시장 세분화 2. 표적시장 선정 3. 포지셔닝 4. 마케팅 믹스
		2. 상품개발하기 (의료, 관광)	1. 신상품 아이디어 창출	1. 신상품 아이디어 창출 2. 기존 상품 개선방안 3. 신상품 아이디어 수집
			2. 상품 콘셉트 개발 및 평가	1. 신상품 콘셉트 개발 2. 신상품 콘셉트 평가 3. 신상품 테스트 및 사후평가
		3. 가격 및 유통 관리	1. 가격결정	1. 신제품 가격전략 2. 유사상품의 가격 분석 3. 가격조정전략 4. 공공정책과 가격결정
			2. 마케팅 경로와 공급망 관리	1. 마케팅경로 설계 2. 마케팅경로 관리 3. 공공정책과 유통경로 결정
		4. 통합적 커뮤니케이션	1. 통합적 커뮤니케이션 이해하기	1. 커뮤니케이션 과정 2. 효과적인 커뮤니케이션 개발 3. 커뮤니케이션 예산 4. 커뮤니케이션믹스 결정
			2. 광고와 홍보	1. 의료광고의 규제와 허용 2. 광고 메시지 개발 3. 광고 및 홍보 미디어 선정

필기과목명	문제수	주요항목	세부항목	세세항목
			3. 인적판매와 판매 촉진	1. 인적판매 및 촉진전략 2. 인적판매자원 관리 3. 인적판매 과정 4. 판매촉진 도구 선정 5. 판매촉진 프로그램 개발
			4. 마케팅 기법	1. 마케팅 모델과 유형 2. 온라인 마케팅
		5. 고객만족도 관리	1. 고객만족도 조사	1. 조사계획 수립 2. 자료 수집 3. 자료 분석 4. 결과해석 및 보고서 작성
			2. 고객관계 구축	1. 고객 데이터베이스 구축 2. 고객 분석 3. 구매연관성 분석 4. 유형별 고객관계 구축전략

필기과목명	문제수	주요항목	세부항목	세세항목
관광서비스 지원관리	20	1. 관광과 산업의 이해	1. 관광의 이해	1. 관광의 정의와 관련용어 2. 관광동기와 욕구
			2. 관광객의 이해	1. 관광객의 정의 2. 관광객의 유형
			3. 관광 서비스 이해	1. 관광 서비스의 정의 2. 관광 서비스의 특성 3. 관광 서비스 활동의 유형과 역할
			4. 관광 활동의 이해	1. 관광 활동의 정의 2. 관광 활동의 특성
			5. 관광 산업의 이해	1. 관광 산업의 정의 2. 관광 산업의 유형 3. 관광 산업의 시스템 4. 관광 산업의 효과
		2. 항공 서비스의 이해	1. 항공 산업의 이해	1. 항공운송업의 정의 2. 항공운송업의 현황과 유형
			2. 항공수배업무의 이해	1. 항공수배업무의 정의 2. 항공수배업무의 특성
		3. 지상업무 수배 서비스의 이해	1. 숙박시설의 이해	1. 숙박업(호텔, 리조트 등)의 정의 2. 숙박업(호텔, 리조트 등)의 종류와 특성 3. 숙박업(호텔, 리조트 등)의 조직구성과 기능 4. 숙박업(호텔, 리조트 등)의 예약시스템 이해
			2. 관광교통의 이해	1. 관광교통 정의 2. 관광교통의 유형과 특성 3. 관광교통 예약시스템
			3. 외식업의 이해	1. 외식업의 정의 2. 외식업의 유형과 특성 3. 국가별 외식문화의 특성
			4. 관광쇼핑과 공연안내 서비스의 이해	1. 관광쇼핑 서비스의 이해 2. 공연안내 서비스의 이해
			5. 관광안내와 정보 이해	1. 관광정보의 정의 2. 관광정보의 매체유형 3. 관광지 안내와 예약시스템

필기과목명	문제수	주요항목	세부항목	세세항목
		4. 관광자원 및 이벤트의 이해	1. 관광종사원에 대한 이해	1. 관광종사원의 정의 2. 관광종사원의 역할
			2. 관광자원의 이해	1. 관광자원의 정의와 개념 2. 관광자원의 유형과 특성
			3. 관광이벤트의 이해	1. 관광이벤트의 정의와 개념 2. 관광이벤트의 유형과 특성
의학용어 및 질환의 이해	20	1. 의학용어 및 질환	1. 기본구조 및 신체구조	1. 의학용어의 어근 2. 의학용어의 접두사 3. 의학용어의 접미사 4. 신체의 구분 및 방향
			2. 심혈관 및 조혈 계통	1. 해부 생리학적 용어 2. 증상용어 3. 진단용어 4. 수술 처치용어 5. 약어
			3. 호흡계통	1. 해부 생리학적 용어 2. 증상용어 3. 진단용어 4. 수술 처치용어 5. 약어
			4. 소화계통	1. 해부 생리학적 용어 2. 증상용어 3. 진단용어 4. 수술 처치용어 5. 약어
			5. 비뇨계통	1. 해부 생리학적 용어 2. 증상용어 3. 진단용어 4. 수술 처치용어 5. 약어
			6. 여성생식계통	1. 해부 생리학적 용어 2. 증상용어 3. 진단용어 4. 수술 처치용어 5. 약어
			7. 남성생식계통	1. 해부 생리학적 용어 2. 증상용어 3. 진단용어 4. 수술 처치용어 5. 약어

필기과목명	문제수	주요항목	세부항목	세세항목
			8. 신경계통	1. 해부 생리학적 용어 2. 증상용어 3. 진단용어 4. 수술 처치용어 5. 약어
			9. 근골격계통	1. 해부 생리학적 용어 2. 증상용어 3. 진단용어 4. 수술 처치용어 5. 약어
			10. 외피계통	1. 해부 생리학적 용어 2. 증상용어 3. 진단용어 4. 수술 처치용어 5. 약어
			11. 감각계통	1. 해부 생리학적 용어 2. 증상용어 3. 진단용어 4. 수술 처치용어 5. 약어
			12. 내분비계통	1. 해부 생리학적 용어 2. 증상용어 3. 진단용어 4. 수술 처치용어 5. 약어
			13. 면역계통	1. 해부 생리학적 용어 2. 증상용어 3. 진단용어 4. 수술 처치용어 5. 약어
			14. 정신의학	1. 기본용어 2. 증상용어 3. 진단용어 4. 치료용어 5. 약어
			15. 방사선학	1. 기본용어 2. 약어
			16. 종양학	1. 기본용어 2. 약어
			17. 약리학	1. 기본용어 2. 약어

출제기준(실기)

직무분야	보건.의료	중직무분야	보건.의료	자격종목	국제의료관광코디네이터	적용기간	2021. 1. 1. ~ 2023. 12. 31.

○ 직무내용 : 국제화되는 의료시장에서 외국인환자를 유치하고 관리하기 위한 구체적인 진료서비스지원, 관광지원, 의료관광 마케팅, 의료관광 상담, 리스크관리 및 행정업무 등을 수행하는 직무이다.

○ 수행준거 : 1. 의료관광마케팅, 관광상담 등 의료관광을 기획할 수 있다.
2. 진료서비스 관리, 관광관리 등 의료관광을 실행할 수 있다.
3. 고객만족서비스를 실시하고 관리할 수 있다.

실기검정방법	필답형	시험시간	2시간 30분

실기과목명	주요항목	세부항목	세세항목
보건의료 관광실무	1. 의료관광 기획	1. 의료관광 마케팅기획하기	1. 의료관광 상품 기획 및 개발 할 수 있다. 2. 가격 및 유통관리를 할 수 있다. 3. 통합적 커뮤니케이션을 할 수 있다.
		2. 의료관광 상담하기	1. 의료관광 상담기법을 적용할 수 있다. 2. 문화별 커뮤니케이션을 할 수 있다.
		3. 의료관광 사전관리하기	1. 의료관광 상품을 관리할 수 있다. 2. 진료를 사전관리 할 수 있다. 3. 관광을 사전관리 할 수 있다.
	2. 의료관광실행	1. 진료서비스 관리하기	1. 진료서비스 관리를 할 수 있다. 2. 진료비 및 보험관리를 할 수 있다. 3. 병원생활을 관리할 수 있다.
		2. 리스크 관리하기	1. 리스크 확인 및 분석할 수 있다. 2. 의료리스크를 확인 및 관리할 수 있다. 3. 관광리스크를 확인 및 관리할 수 있다.
		3. 관광 관리하기	1. 지상업무 수배서비스를 할 수 있다. 2. 고객별로 관광서비스 유형을 알고 관리할 수 있다.
		4. 상담 관리하기	1. 의료관광서비스 단계별커뮤니케이션을 할 수 있다. 2. 환자 및 보호자와 커뮤니케이션을 할 수 있다.
	3. 고객만족 서비스	1. 고객만족도 관리하기	1. 고객만족도 관리를 할 수 있다. 2. 의료관광상품 만족도 관리를 할 수 있다.
		2. 리스크 사후관리하기	1. 리스크 유형에 따른 관리를 할 수 있다. 2. 리스크 사후관리를 할 수 있다. 3. 의료분쟁 처리를 할 수 있다.
		3. 네트워크 구축하기	1. 의료관광 관련 업체와 협력을 구축할 수 있다.

멀티미디어콘텐츠제작전문가

(Specialist-Multimedia Contents Producing)

◈ 개요

산업별로 차별화된 제작방식이 장르와 형태에 관계없이 제작 공정, 유통구조 등 가치사슬 전반에 걸쳐 디지털화가 급속히 진전되어 디지털콘텐츠형태(에 듀테인먼트), 인터넷만화(웹툰), 플래시 애니메이션 모바일 캐주얼 게임, e-스포츠, 전자책(e-Book), 디지털싱글로 통합되어 하나의 통합된 네트워크를 통해 여러 종류의 플랫폼으로 콘텐츠를 제공하는 직업군이다.

◈ 진로 및 전망

① 관련직업 : 영상프로듀서, 웹프로듀서, 멀티미디어 디자이너

② 전망

- 중소기업 위주의 취업 수요 시장
- 문화콘텐츠 인력 수요기업은 전체 사업체의 94.5%가 10인 미만의 규모로 영세한 중소기업이 대부분을 차지하고 있다.
- 시장 구성의 영세성은 보상체계와 맞물려 성장잠재력이 높은 산업이라는 향후 전망에도 불구하고 신규 우수 인력의 노동시장 진입을 방해하는 요소로 작용하고 있어 강소기업 및 우수한 중견기업 육성이 절실하다.

◈ 실시기관 홈페이지

한국산업인력공단(http://www.q-net.or.kr/)

◈ 시험정보

수수료

- 필기 : 19,400 원
- 실기 : 26,300 원

◈ 출제경향

- 멀티미디어콘텐츠의 기획, 설계, 제작을 할 수 있는 능력의 유무
- 시스템 지원, 운용 및 사용할 S/W를 활용 기본적인 프로그래밍과 디자인 작업을 수행 할 수 있는 능력의 유무 평가

◈ 출제기준

* 별도 파일 삽입(77쪽)

◈ 취득방법

① 시 행 처 : 한국산업인력공단

② 응시자격 : 제한없음

③ 시험과목

- 필기 1. 멀티미디어개론 2. 멀티미디어 기획 및 디자인 3. 멀티미디어저작 4. 멀티미디어 제작 기술
- 실기 : 멀티미디어콘텐츠제작 실무

④ 검정방법

- 필기 : 객관식 4지 택일형 과목당 20문항(과목당 30분)
- 실기 : 작업형(시험시간 : 4시간)

⑤ 합격기준

- 필기: 100점을 만점으로 하여 과목당 40점 이상, 전 과목 평균 60점 이상
- 실기: 100점을 만점으로 하여 60점 이상

◈ 년도별 검정현황

종목명	연도	필기			실기		
		응시	합격	합격률(%)	응시	합격	합격률(%)
소 계		22,276	9,964	44.7%	8,904	3,850	43.2%
멀티미디어콘텐츠제작전문가	2020	884	444	50.2%	463	341	73.7%
멀티미디어콘텐츠제작전문가	2019	815	526	64.5%	420	163	38.8%
멀티미디어콘텐츠제작전문가	2018	859	413	48.1%	418	202	48.3%
멀티미디어콘텐츠제작전문가	2017	579	246	42.5%	249	94	37.8%
멀티미디어콘텐츠제작전문가	2016	502	199	39.6%	210	56	26.7%
멀티미디어콘텐츠제작전문가	2015	808	189	23.4%	200	63	31.5%
멀티미디어콘텐츠제작전문가	2014	1,020	172	16.9%	290	87	30%
멀티미디어콘텐츠제작전문가	2013	1,046	337	32.2%	321	122	38%
멀티미디어콘텐츠제작전문가	2012	1,168	387	33.1%	314	116	36.9%
멀티미디어콘텐츠제작전문가	2011	1,729	240	13.9%	458	217	47.4%
멀티미디어콘텐츠제작전문가	2010	2,236	941	42.1%	1,072	384	35.8%
멀티미디어콘텐츠제작전문가	2009	2,066	1,307	63.3%	1,001	449	44.9%
멀티미디어콘텐츠제작전문가	2008	1,444	996	69%	923	390	42.3%
멀티미디어콘텐츠제작전문가	2007	1,242	943	75.9%	782	466	59.6%

멀티미디어콘텐츠제작전문가	2006	1,205	854	70.9%	726	348	47.9%
멀티미디어콘텐츠제작전문가	2005	1,158	695	60%	522	166	31.8%
멀티미디어콘텐츠제작전문가	2004	1,036	179	17.3%	196	61	31.1%
멀티미디어콘텐츠제작전문가	2003	1,490	422	28.3%	339	125	36.9%
멀티미디어콘텐츠제작전문가	2002	989	474	47.9%	0	0	0%

◈ 자격취득자에 대한 법령상 우대현황

① 본 자료는 종목별 국가기술자격 취득자 우대 법령을 자체 조사한 자료이다.

② 본 자료는 2020년 하반기에 법제처(www.law.go.kr) 홈페이지를 통해 조사하였으며, 법령 개정 시점 등에 따라 변경된 내용이 미반영 될 수 있다.

③ 법령별 세부 우대현황에 대한 적용은 관련법령을 담당하는 부처의 유권해석에 따른다.

④ 조문내역을 클릭하면 해당 법령의 세부정보(국가법령정보센터)를 확인하실 수 있다.

멀티미디어콘텐츠제작전문가 우대현황

우대법령	조문내역	활용내용
공무원임용시험령	제18조응시에필요한자격증(별표5)	채용시험과전직시험의응시에필요한자격증
공무원임용시험령	제27조경력경쟁채용시험등의응시자격등(별표7,별표8)	경력경쟁채용시험등의응시
공연법시행령	제10조의4무대예술전문인자격검정의응시기준(별표2)	무대예술전문인자격검정의등급별응시기준
교육감소속지방공무원평정규칙	제23조자격증등의가산점	5급이하공무원,연구사및지도사관련가점사항
국가공무원법	제36조의2채용시험의가점	공무원채용시험응시가점
국가기술자격법	제14조국가기술자격취득자에대한우대	국가기술자격취득자우대
국가기술자격법시행규칙	제21조시험위원의자격등(별표16)	시험위원의자격
국가기술자격법시행령	제27조국가기술자격취득자의취업등에대한우대	공공기관등채용시국가기술자격취득자우대
국회인사규칙	제20조경력경쟁채용등의요건	동종직무에관한자격증소지자에대한경력경쟁채용
군무원인사법시행규칙	제18조채용시험의특전	채용시험의특전
군무원인사법시행령	제10조경력경쟁채용요건	경력경쟁채용시험으로신규채용할수있는경우
군인사법시행규칙	제14조부사관의임용	부사관임용자격
근로자직업능력개발법시행령	제27조직업능력개발훈련을위하여근로자를가르칠수있는사람	직업능력개발훈련교사의정의
근로자직업능력개발법시행령	제28조직업능력개발훈련교사의자격취득(별표2)	직업능력개발훈련교사의자격
근로자직업능력개발법시행령	제44조교원등의임용	교원임용시자격증소지자에대한우대
기초연구진흥및기술개발지원에관한법률	제2조기업부설연구소등의연구시설및연구전담요원에대한기준	연구전담요원의자격기준

시행규칙		
비상대비자원관리법	제2조대상자원의범위	비상대비자원의인력자원범위
선거관리위원회공무원규칙	제21조경력경쟁채용등의요건(별표4)	같은종류직무에관한자격증소지자에대한경력경쟁채용
선거관리위원회공무원규칙	제29조전직시험의면제(별표12)	전직시험의면제
선거관리위원회공무원규칙	제83조응시에필요한자격증(별표12)	채용시험전직시험의응시에필요한자격증구분
선거관리위원회공무원평정규칙	제23조자격증의가점(별표5)	자격증소지자에대한가점평정
정보통신공사업법	제2조정의	정보통신기술자의자격기준
중소기업인력지원특별법	제28조근로자의창업지원등	해당직종과관련분야에서신기술에기반한창업의경우지원
지방공무원임용령	제17조경력경쟁임용시험등을통한임용의요건	경력경쟁시험등의임용
지방공무원임용령	제55조의3자격증소지자에대한신규임용시험의특전	6급이하공무원신규임용시필기시험점수가산
지방공무원평정규칙	제23조자격증등의가산점	5급이하공무원연구사및지도사관련가점사항
통신비밀보호법시행령	제30조불법감청설비탐지업의등록요건(별표1)	불법감청섭리탐지업의등록요건
헌법재판소공무원규칙	제71조응시에필요한자격증(별표10)	채용시험과전직시험의응시에필요한자격

출제기준(필기)

직무분야	정보통신	중직무분야	정보기술	자격종목	멀티미디어콘텐츠제작전문가	적용기간	2020.1.1.~2021.12.31.

○ 직무내용 : 다양한 사용자의 요구에 맞는 멀티미디어 콘텐츠의 기획, 설계, 디자인 및 프로그래밍, 제작, 운영을 수행하는 직무이다.

필기검정방법	객관식	문제수	80	시험시간	2시간

필기 과목명	출제 문제수	주요항목	세부항목	세세항목
멀티미디어 개론	20	1. 멀티미디어 시스템과 활용	1. 멀티미디어시스템	1. 하드웨어 환경 2. 시스템 소프트웨어(운영체제) 3. 윈도우 계열 OS, UNIX, LINUX, OSX 기능 4. 모바일 OS
			2. 멀티미디어 활용	1. 미디어처리장치(그래픽 프로세싱, 사운드프로세싱) 2. 미디어처리기술과 표준의 종류 3. 입력장치, 출력장치, 저장매체
		2. 멀티미디어 기술 발전	1. 뉴미디어	1. 인터넷방송기술 개요 2. IP-TV 기술 개요 3. 가상증강 현실(VR, AR) 개요
			2. 인터넷	1. 인터넷 표준기구 2. 인터넷 일반 3. OSI 7 계층
			3. 정보보안	1. 정보보호 관리의 개념 2. 공개 해킹도구에 대한 이해(트로이목마, 크래킹, 포트스캐닝 등) 3. ftp보안(ftp공격유형, ftp보안대책) 4. 메일보안(메일서비스공격유형, 스팸대책, 메일보안기술)
			4. 저작권	1. 저작권의 개념 및 종류 2. 저작물의 활용.
멀티 미디어기획 및 디자인	20	1. 기획 및 구성	1. 콘텐츠 기획	1. 프로젝트 기획과정(시장분석, 기획서 작성, 예산 수립, 일정 수립, 제작팀 구성 등) 2. 콘텐츠 기획 과정(아이디어 정립, 설계서 작성, 규격설정 등) 3. 기획서 제작 요건(목적, 대상, 규격, 자료선정, 표현 방법, 일정 등)
			2. 콘텐츠 구성	1. 정보디자인 개념(정보체계화, 정보유형, 정보단위 등) 2. 인터랙션 디자인 개념(상호작용성, 사용환경, 필요기능, 정보표현방식, 스토리보드 작성요건 등) 3. 사용자 인터페이스 개념 및 요건
		2. 멀티미디어 디자인 일반	1. 디자인 일반	1. 디자인의 의미 2. 디자인 분류 및 특징

필기 과목명	출제 문제수	주요항목	세부항목	세세항목
			2. 디자인 요소와 원리	1. 점, 선, 면, 입체, 질감 등 2. 리듬, 강조, 대비, 대칭 등 3. 변화와 통일, 조화
			3. 화면디자인	1. 화면상의 타이포그래피 2. 화면상의 레이아웃 디자인
			4. 디지털 색	1. 화면상의 색채조화와 배색 2. 웹 안전컬러 생성원리와 안전 컬러 선택법 3. RGB모드, CMYK모드, index 모드, 그레이스케일모드, Duotone모드 등의 색상모델 4. 컬리브레이션
		3. 컬러 디자인 일반	1. 색채지각	1. 색을 지각하는 기본원리
			2. 색의 분류, 성질, 혼합	1. 색의 3속성과 색입체 2. 색의 혼합
			3. 색의 표시	1. 표색계 2. 색명
			4. 색채조화	1. 색채조화 2. 배색
멀티 미디어 저작	20	1. 멀티미디어 프로그래밍	1. HTML & 자바 스크립트	1. HTML & 자바스크립트 문법 규칙 2. Tag(공통, 글자, 화상(image) 하이퍼링크 등) 3. CSS(기본규칙, 색상과 배경, 텍스트스타일, 상자스타일, 레이어스타일등)
			2. HTML5 API	1. HTML5의 개념 2. HTML5 기본구조 및 문법 3. API 개념
		2. 데이터베이스	1. 데이터베이스 일반	1. 데이터베이스 개념 2. DBMS의 기능 및 구성
			2. 관계형 데이터베이스 모델과 언어	1. 관계형 데이터 모델 2. SQL언어(DDL, DML, DCL, Embeded SQL)
멀티 미디어 제작 기술	20	1. 디지털 콘텐츠제작	1. 디지털영상 콘텐츠제작	1. 디지털 영상 개념 2. 영상 촬영 기법 3. 영상 편집기법 4. 영상콘텐츠 제작형태(format) 5. 조명기술
			2. 디지털음향 콘텐츠제작	1. 디지털음향 개념

필기 과목명	출제 문제수	주요항목	세부항목	세세항목
				2. 디지털음향 녹음기법 3. 디지털음향 편집기법 4. 오디오 콘텐츠 형태(format) 5. 미디장비, 미디소프트웨어, 미디용어
			3. 디지털 코덱	1. 영상신호 압축 및 복원 2. 음향신호 압축 및 복원 3. 디지털 효과 및 품질개선 신호처리
			4. 3D 영상 제작	1. 3D 영상 개념 2. 3D 영상 구현 원리 3. 3D 디스플레이 종류
		2. 그래픽 콘텐츠제작	1. 컴퓨터그래픽스 일반	1. 컴퓨터 그래픽스 개념 및 원리 2. 상용화된 저작도구
			2. 3D 그래픽스	1. 3D 그래픽스 개념 2. 모델링 3. 랜더링 4. 애니메이팅
		3. 애니메이션 콘텐츠 제작	1. 애니메이션 개요	1. 애니메이션의 원리 2. 애니메이션의 종류 3. 애니메이션 제작기법

출제기준(실기)

직무분야	정보통신	중직무분야	정보기술	자격종목	멀티미디어콘텐츠제작전문가	적용기간	2020.1.1.~2021.12.31.

○ 직무내용 : 다양한 사용자의 요구에 맞는 멀티미디어 콘텐츠의 기획, 설계, 디자인 및 프로그래밍, 제작, 운영을 수행하는 직무이다.

○ 수행준거 : 1. 멀티미디어 웹 콘텐츠 디자인할 수 있다.
2. 명확한 정보전달 및 멀티미디어 구성요소의 제거방법을 결정할 수 있다.
3. 하이퍼링크를 적절히 사용하여 관련정보를 신속히 참조할 수 있다.
4. 효율적이고 단순한 화면구성으로 전체 메뉴의 재 로딩을 최소화 할 수 있다.
5. 독창적인 디자인으로 콘텐츠를 구현할 수 있다.
6. 시나리오에 따라서 애니메이션의 움직임을 구현할 수 있다.

실기검정방법	작업형	시험시간	4시간 정도

실기 과목명	주요항목	세부항목	세세항목
멀티미디어 콘텐츠제작 실무	1. 시나리오 기획	1. 스토리텔링 작성하기	1. IT콘텐츠 시나리오 기획을 위하여 시나리오를 스토리텔링과 접목시킬 수 있다. 2. IT콘텐츠 시나리오 기획을 위하여 스토리텔링을 여러 가지 형태의 콘텐츠로 연출할 수 있다.
		2. 시나리오 흐름도 작성하기	1. IT콘텐츠 시나리오 기획을 위하여 시나리오 흐름도에 필요한 내용을 구성할 수 있다. 2. IT콘텐츠 시나리오 기획을 위하여 개발될 콘텐츠의 구조와 서로간의 유기적인 관계를 도표화 하고 흐름도를 작성할 수 있다. 3. IT콘텐츠 시나리오 기획을 위하여 개발될 콘텐츠의 카테고리, 단계, 링크를 작성할 수 있다.
	2. 콘텐츠 내용 구성	1. 스토리보드 작성하기	1. IT콘텐츠 스토리보드 작성을 위하여 문서화된 콘텐츠 내용을 읽고 파악할 수 있다. 2. IT콘텐츠 내용구성을 위하여 정해진 양식에 맞게 화면을 구성하고 그림으로 표현하여 스토리보드를 작성할 수 있다. 3. IT콘텐츠 내용구성을 위하여 콘텐츠의 내용에 맞는 각각 미디어를 정하고 스토리보드에 기술할 수 있다.
		2. 구성요소 취합하기	1. 영상, 사운드, 그래픽, 애니메이션으로 구분된 요소를 하나의 콘텐츠에서 실현할 수 있다.
	3. 애니메이션	1. 키프레임애니메이션하기	1. 스토리보드를 파악하여 그래픽 요소의 움직임과 타이밍을 분석 할 수 있다. 2. 애니메이션의 원리를 바탕으로 연출의도에 맞는 움직임을 부여할 수 있다.
	4. 영상편집	1. 편집구상하기	1. 촬영된 영상물을 확인하여 편집방향을 수립할 수 있다. 2. 기획의도에 대한 전반적인 이해를 바탕으로 컷 편집을 구상할 수 있다.
		2. 컷 편집하기	1. 구상된 편집방향을 통해 일차적인 컷 편집을 진행할 수 있다. 2. 진행된 컷 편집의 완성도에 대한 점검을 할 수 있다. 3. 1차편집 완성도 점검에 대한 분석을 토대로 컷 편집을 수정, 보완 할 수 있다.

실기 과목명	주요항목	세부항목	세세항목
		3. 파인편집하기	1. 컷 편집으로 완성된 일차적인 영상물을 서사구조에 맞게 리듬과 페이스를 조절할 수 있다. 2. 편집이 완료된 영상물을 러닝타임에 맞게 조정할 수 있다. 3. 최종적으로 영상물의 완성도를 높이기 위해 음향, 음악, 영상그래픽 효과 등을 적용할 수 있다.
	5. 효과편집	1. 비선형효과 편집하기	1. 분석된 비선형효과 적용 부분에 적합한 비디오효과 및 화면전환 효과를 선택 할 수 있다. 2. 선택된 비선형효과를 적용하고 효과의 세부설정을 이용하여 영상작품을 완성할 수 있다.
	6. 종합편집	1. 자막디자인하기	1. 영상작품 내용에 맞는 타이틀, 서브타이틀, 이름, 크레딧 등의 자막을 삽입할 수 있다. 2. 영상작품의 목적에 맞는 자막 합성작업과 효과작업을 할 수 있다. 3. 영상작품의 내용과 중요도에 따라 자막의 크기, 색상 등을 다르게 제작할 수 있다.
		2. A/V체크하기	1 영상작품 전체에 대한 비디오가 표준 신호에 부합하는지 체크할 수 있다. 2 영상작품 전체에 대한 오디오의 표준 신호에 부합하는지 체크할 수 있다. 3 영상작품을 최종적으로 NG컷이나 노이즈가 삽입되었는지 체크하여수정할 수 있다.
		3. 최종편집 출력하기	1. 영상제작물의 전・후 타이틀을 내용에 부합하게 편집, 제작할 수 있다. 2. 영상작품의 목적에 알맞은 컴퓨터그래픽 화면을 삽입할 수 있다. 3. 삽입된 그래픽 화면의 품질을 유지하기 위해 수정, 보완을 요구할수 있다. 4. 완성된 컴퓨터그래픽과 타이틀을 이용하여 영상물을 최종편집 할 수 있다. 5. 최종 편집된 영상물을 규격에 맞게 출력할 수 있다.
	7. 오디오 편집	1. 오디오 편집하기	1. 편집된 영상물에 따라 필요한 오디오를 선별하고 재조정할 수 있다. 2. 선별된 오디오를 콘텐츠에 맞게 효과적으로 배열, 변형할 수 있다. 3. 편집된 영상물에 배열된 오디오의 길이와 볼륨을 조정할 수 있다.
	8. 멀티미디어 콘텐츠 제작	1. 구성요소 취합하기	1. 영상, 사운드, 그래픽, 애니메이션으로 구분된 요소를 하나의 콘텐츠에서 실현할 수 있다.

비서 3급

◈ 개요

경영진이 행정업무로부터 벗어나 많은 시간을 중대한 의사결정에 집중하기 위해서는 비서의 역할이 매우 중요하다. 비서는 경영진을 보좌하는데 필요한 전반적인 실무능력을 평가하는 국가기술 자격시험이다.

◈ 수행직무

경영진 업무수행 보조 및 일정 관리.

◈ 진로 및 전망

과거에는 특별한 기술 없이 수려한 외모만이 자격 요건으로 인식 되었으나, 최근에는 각 종 사내 업무를 유연하게 처리할 수 있는 기술이 필요한 자격으로 인식 되고 있다.

◈ 출제경향

① 비서실무 : 비서의 정의와 종류, 비서자질과 역할, 비서의 자기관리, 중급비서의 업무, 비서의 인간 관계

② 생활영어 : 방문객 응대회화, 전화 회화, 업무관련 회화, 비즈니스 문서, 중급 사무영어

③ 일반상식 : 비서로서 갖추어야 할 상식과 시사에 관한 지식

◈ 실시기관 홈페이지

대한상공회의소(http://license.korcham.net/)

◈ 취득방법

① 시 행 처 - 대한상공회의소

② 시험과목 - 필기 (매과목100점) : 사무정보관리, 비서실무, 사무영어

- 실기 (100점) : 컴퓨터활용능력1급, 2급, 한글속기 1급, 2급,3급, 워드프로세서, 전산회계운용사 [택1]

③ 검정방법 - 필기, 실기

④ 합격기준 - 필기 : 매 과목 40점 이상, 전 과목 평균 60점 이상

- 실기 : 워드프로세서·컴퓨터활용능력·한글속기, 전산회계운용사의 합격결정기준에 준함

⑤ 응시자격 - 제한없음.

◈ 응시수수료

- 필기 : 17,500원
- 실기 : 선택 종목 검정 수수료

◈ 출제기준

□ 필기

○ 직무분야 : 사무	○ 자격종목 : 비서 3급	○ 적용기간 : 2016.1.1. ~ 2020.12.31
○ 직무내용 : 상사와 조직을 위하여 상호 신뢰를 바탕으로 기밀유지 및 비서윤리를 준수하고, 조직과 경영 전반에 관한 지식, 사무정보기술, 의사소통능력을 갖추어 경영진을 전문적으로 보좌하는 직무		
○ 필기검정방법 : 객관식(60문제)	○ 시험시간 : 60분	

확 정				
필기과목명	출제문제수	주요항목	세부항목	세세항목
비서실무	20	1.비서개요	1.비서역할과 자질	• 비서직무 특성 • 직업윤리 • 비서의 자질과 태도
			2.자기개발	• 네트워킹 관리
		2.대인관계업무	1.전화응대	• 전화 응대/걸기 원칙 및 예절 • 전화선별 요령 • 직급별 전화연결요령 • 상황별 전화연결 • 국제전화의 종류(국가코드) • 전화부가서비스 종류 및 사용방법 • 전화기록부 작성 관리방법 • 전화메모지 작성방법
			2.내방객 응대	• 내방객 응대 기본 원칙 • 내방객 정보 관리 • 내방객 응대 요령
			3.인간관계	• 조직구성원과의 관계 • 고객 및 이해관계자와의 관계 • 직장예절 규범 • 갈등 관리
		3.일정 및 출장관리	1.일정	• 일정표의 종류 • 비서업무일지 작성법 • 상사일정표 작성법(일일/주간/월간) • 일정관리 소프트웨어 사용법 • 일정관리절차(일정계획/정보수집/일정조율/일정보고)
			2.예약	• 예약 종류별 예약필요지식 • 예약 종류별 예약방법 및 절차 • 예약 이력정보

확 정				
필기 과목명	출제 문제 수	주요항목	세부항목	세세항목
			3.출장	• 출장 일정표작성 • 교통·숙소 예약방법 및 용어 • 국내/해외 출장준비물 • 상사 출장 중 업무 • 상사 출장 후 사후처리 업무
		4.회의 및 의전관리	1.회의업무	• 회의의 종류 및 절차 • 의사진행절차 • 회의관련 용어 • 회의록의 구성요소 • 회의록 배부 절차
		5.상사 지원업무	1.보고와 지시	• 지시보고 • 구두보고 방법 • 육하원칙보고 방법 • 지시받는 요령 및 전달 요령 • 화법 • 실용한자
			2.상사보좌	• 상사신상카드 작성방법 • 이력서 작성법 • 건강관리 관련 지식 • 홍보업무 • 비서의 사무환경 관리방법
			3.총무	• 회사 총무업무의 이해 • 경비처리 방법 • 경조사 업무
사무 영어	20	1.비즈니스 용어 및 문법	1.비즈니스 용어	• 영문 부서명과 직함명 • 약어 • 사무 비품 용어

확 정				
필기 과목명	출제 문제 수	주요항목	세부항목	세세항목
			2.영문법	• 문법 • 비즈니스 단어 • 기초문법의 정확성 • 영문첨삭법 • 영문구두법
		2.영문서의 이해	1.영문서 작성기본	• 비즈니스 레터 • 봉투 • 이메일 • 메모 • 팩스
			2.독해 및 작문	• 어휘·문법의 정확성 • 표현의 적절성
		3.사무영어 회화	1.내방객 응대	• 용건파악 • 안내 • 접대 • 배웅 • 상사 부재시의 응대
			2.전화응대	• 전화 응답 • 전화 스크린 • 전화 내용 전달 • 전화 중개 • 발신 • 국가번호와 세계 공통 알파벳 코드 • 상황별 전화영어 응대 요령
			3.예약	• 해외호텔, 항공 예약관련 지식
			4.일정관리	• 스케줄링 • 일정표 관리

확 정				
필기 과목명	출제 문제 수	주요항목	세부항목	세세항목
사무 정보 관리	20	1.문서작성	1.문서작성의 기본	• 문서의 이해 • 문서의 작성목적 • 문서의 형식·구성요소 • 문서의 종류 • 문장부호의 기능과 사용법 • 한글 맞춤법 • 문서 수·발신대장 작성방법 • 문서 수·발신 처리방법 • 우편관련 업무정보
		2.문서관리	2.전자문서관리	• 저장매체에 대한 이해
		3.정보관리	1.정보분석 및 활용	• 정보수집 및 검색방법 • 인터넷 활용 일반 • 각종 매체의 특성과 활용법
			2.보안관리	• 정보보안 관리의 개념 • 기밀문서에 대한 보안원칙 • 컴퓨터 바이러스 진단·방지법 • 컴퓨터 정보관리 지식
			3.사무정보기기	• 사무정보기기 사용법 • 컴퓨터와 스마트 모바일기기 특성과 활용법

◈ 자격취득자에 대한 법령상 우대현황

① 본 자료는 종목별 국가기술자격 취득자 우대 법령을 자체 조사한 자료이다.

② 본 자료는 2020년에 법제처(www.law.go.kr) 홈페이지를 통해 조사하였으며, 법령 개정 시점 등에 따라 변경된 내용이 미반영 될 수 있다.

③ 법령별 세부 우대현황에 대한 적용은 관련법령을 담당하는 부처의 유권해석에 따른다.

비서3급 우대현황

우대법령	조문내역	활용내용
교육감소속지방공무원평정규칙	제23조자격증등의가산점	5급이하공무원,연구사및지도사관련가점사항
국가공무원법	제36조의2채용시험의가점	공무원채용시험응시가점
군무원인사법시행령	제10조경력경쟁채용요건	경력경쟁채용시험으로신규채용할수있는경우
근로자직업능력개발법시행령	제27조직업능력개발훈련을위하여근로자를가르칠수있는사람	직업능력개발훈련교사의정의
근로자직업능력개발법시행령	제28조직업능력개발훈련교사의자격취득(별표2)	직업능력개발훈련교사의자격
근로자직업능력개발법시행령	제44조교원등의임용	교원임용시자격증소지자에대한우대
중소기업인력지원특별법	제28조근로자의창업지원등	해당직종과관련분야에서신기술에기반한창업의경우지원
지방공무원임용령	제17조경력경쟁임용시험등을통한임용의요건	경력경쟁시험등의임용
지방공무원임용령	제55조의3자격증소지자에대한신규임용시험의특전	6급이하공무원신규임용시필기시험점수가산
지방공무원평정규칙	제23조자격증등의가산점	5급이하공무원연구사및지도사관련가점사항
국가기술자격법	제14조국가기술자격취득자에대한우대	국가기술자격취득자우대
국가기술자격법시행규칙	제21조시험위원의자격등(별표16)	시험위원의자격
국가기술자격법시행령	제27조국가기술자격취득자의취업등에대한우대	공공기관등채용시국가기술자격취득자우대
국회인사규칙	제20조경력경쟁채용등의요건	동종직무에관한자격증소지자에대한경력경쟁채용
군무원인사법시행규칙	제18조채용시험의특전	채용시험의특전
비상대비자원관리법	제2조대상자원의범위	비상대비자원의인력자원범위

사회조사분석사 2급

(Survey Analyst,Junior)

◈ 개요

사회조사분석사란 다양한 사회정보의 수집·분석·활용을 담당하는 새로운 직종으로 기업, 정당, 지방자치단체, 중앙정부 등 각종 단체의 시장조사 및 여론조사 등에 대한 계획을 수립하고 조사를 수행하며 그 결과를 분석, 보고서를 작성하는 전문가이다. 지식 사회조사를 완벽하게 끝내기 위해서는
'사회조사방법론'은 물론이고 자료분석을 위한 '통계지식', 통계분석을 위한 '통계패키지프로그램' 이용법 등을 알아야 한다. 또, 부가적으로 알아야 할 분야는 마케팅관리론이나 소비자행동론, 기획론 등의 주변관련분야로 이는 사회조사의 많은 부분이 기업과 소비자를 중심으로 발생하기 때문이다. 사회조사분석사는 보다 정밀한 조사업무를 수행하기 위해 관련분야를 보다 폭넓게 경험하는 것이 중요하다.

◈ 수행직무

기업, 정당, 정부 등 각종단체에 시장조사 및 여론조사 등에 대한 계획을 수립하여 조사를 수행하고 그 결과를 통계처리 및 분석보고서를 작성하는 업무를 행한다.

◈ 진로 및 전망

각종연구소, 연구기관, 국회, 정당, 통계청, 행정부, 지방자치단체, 용역회사, 기업체, 사회단체 등의 조사업무를 담당한 부서 특히, 향후 지방자치단체에서의 수요가 클 것으로 전망된다.

◈ 실시기관 홈페이지

한국산업인력공단(http://www.q-net.or.kr/)

◈ 시험정보

수수료

- 필기 : 19,400 원 /
- 실기 : 33,900 원

◈ 출제기준

* 별도 파일 삽입(97쪽)

◈ 취득방법

① 시 행 처 : 한국산업인력공단

② 시험과목

- 필기 : 1. 조사방법론 Ⅰ(30문제), 2. 조사방법론Ⅱ(30문제), 3. 사회통계(40문제)
- 실기 : 사회조사실무 (설문작성, 단순통계처리 및 분석)

③ 검정방법

- 필기 : 객관식 4지 택일형 100문제(150분)
- 실기 : 복합형 [작업형 2시간 정도(40점)+ 필답형 2시간(60점)]

④ 합격기준

- 필기 : 100점을 만점으로 하여 과목당 40점 이상, 전과목 평균 60점 이상
- 실기 : 100점을 만점으로 하여 60점 이상

◈ 년도별 검정현황

종목명	연도	필기			실기		
		응시	합격	합격률 (%)	응시	합격	합격률 (%)
소 계		105,354	65,765	62.4%	70,633	39,337	55.7%
사회조사 분석사2급	2020	10,589	7,948	75.1%	8,595	6,072	70.6%
사회조사 분석사2급	2019	9,635	6,887	71.5%	6,921	4,029	58.2%
사회조사 분석사2급	2018	8,629	5,889	68.2%	5,907	3,234	54.7%
사회조사 분석사2급	2017	7,752	5,348	69%	5,335	3,731	69.9%
사회조사 분석사2급	2016	7,254	4,731	65.2%	4,673	3,204	68.6%
사회조사 분석사2급	2015	7,432	5,057	68%	5,288	3,231	61.1%
사회조사 분석사2급	2014	6,982	4,745	68%	5,041	3,745	74.3%
사회조사 분석사2급	2013	6,263	3,596	57.4%	4,501	1,574	35%
사회조사 분석사2급	2012	4,921	3,392	68.9%	3,960	2,094	52.9%
사회조사 분석사2급	2011	4,316	2,688	62.3%	2,878	1,458	50.7%
사회조사 분석사2급	2010	3,752	2,147	57.2%	2,628	1,078	41%
사회조사 분석사2급	2009	3,424	1,502	43.9%	2,031	988	48.6%
사회조사 분석사2급	2008	2,865	1,817	63.4%	1,930	694	36%
사회조사 분석사2급	2007	2,490	1,303	52.3%	1,216	521	42.8%

사회조사 분석사2급	2006	2,149	1,050	48.9%	1,037	655	63.2%
사회조사 분석사2급	2005	1,694	910	53.7%	848	588	69.3%
사회조사 분석사2급	2004	1,481	694	46.9%	723	470	65%
사회조사 분석사2급	2003	2,290	1,356	59.2%	1,357	592	43.6%
사회조사 분석사2급	2002	1,927	1,075	55.8%	1,378	548	39.8%
사회조사 분석사2급	2001	2,826	1,088	38.5%	1,895	451	23.8%
사회조사 분석사2급	2000	6,683	2,542	38%	2,491	380	15.3%

◈ 자격취득자에 대한 법령상 우대현황

① 본 자료는 종목별 국가기술자격 취득자 우대 법령을 자체 조사한 자료이다.

② 본 자료는 2020년 하반기에 법제처(www.law.go.kr) 홈페이지를 통해 조사하였으며, 법령 개정 시점 등에 따라 변경된 내용이 미반영될 수 있다.

③ 법령별 세부 우대현황에 대한 적용은 관련법령을 담당하는 부처의 유권해석에 따르고 있다.

사회조사분석사2급 우대현황

법령명	조문내역	활용내용
공무원수당등에관한규정	제14조특수업무수당(별표11)	특수업무수당지급
공무원임용시험령	제27조경력경쟁채용시험등의응시자격등(별표7,별표8)	경력경쟁채용시험등의응시
공무원임용시험령	제31조자격증소지자등에대한우대(별표12)	6급이하공무원채용시험가산대상자격증
공직선거관리규칙	제2조의2(여론조사기관단체의등록등)	선거여론조사심의위원회등록을위한분석전문인력의요건
교육감소속지방공무원평정규칙	제23조자격증등의가산점	5급이하공무원,연구사및지도사관련가점사항
국가공무원법	제36조의2채용시험의가점	공무원채용시험응시가점
군무원인사법시행령	제10조경력경쟁채용요건	경력경쟁채용시험으로신규채용할수있는경우
근로자직업능력개발법시행령	제27조직업능력개발훈련을위하여근로자를가르칠수있는사람	직업능력개발훈련교사의정의
근로자직업능력개발법시행령	제28조직업능력개발훈련교사의자격취득(별표2)	직업능력개발훈련교사의자격
근로자직업능력개발법시행령	제38조다기능기술자과정의학생선발방법	다기능기술자과정학생선발방법중정원내특별전형
근로자직업능력개발법시행령	제44조교원등의임용	교원임용시자격증소지자에대한우대
기초연구진흥및기술개발지원에관한법률시행규칙	제2조기업부설연구소등의연구시설및연구전담요원에대한기준	연구전담요원의자격기준
연구직및지도직공무원의임용등에관한규정	제26조의2채용시험의특전(별표6,별표7)	연구사및지도사공무원채용시험시가점
연구직및지도직공	제7조의2경력경쟁채용시	경력경쟁채용시험등의응

무원의임용등에관한규정	험등의응시자격	시자격
중소기업인력지원특별법	제28조근로자의창업지원등	해당직종과관련분야에서신기술에기반한창업의경우지원
지방공무원수당등에관한규정	제14조특수업무수당(별표9)	특수업무수당지급
지방공무원임용령	제17조경력경쟁임용시험등을통한임용의요건	경력경쟁시험등의임용
지방공무원임용령	제55조의3자격증소지자에대한신규임용시험의특전	6급이하공무원신규임용시필기시험점수가산
지방공무원평정규칙	제23조자격증등의가산점	5급이하공무원연구사및지도사관련가점사항
헌법재판소공무원수당등에관한규칙	제6조특수업무수당(별표2)	특수업무수당 지급구분표
국가기술자격법	제14조국가기술자격취득자에대한우대	국가기술자격취득자우대
국가기술자격법시행규칙	제21조시험위원의자격등(별표16)	시험위원의자격
국가기술자격법시행령	제27조국가기술자격취득자의취업등에대한우대	공공기관등채용시국가기술자격취득자우대
국가를당사자로하는계약에관한법률시행규칙	제7조원가계산을할때단위당가격의기준	노임단가의가산
국회인사규칙	제20조경력경쟁채용등의요건	동종직무에관한자격증소지자에대한경력경쟁채용
군무원인사법시행규칙	제18조채용시험의특전	채용시험의특전
비상대비자원관리법	제2조대상자원의범위	비상대비자원의인력자원범위

□ 필 기

직무분야	경영·회계·사무	중직무분야	경영	자격종목	사회조사분석사2급	적용기간	2020. 1. 1~2023. 12. 31

○직무내용 : 기업, 공공기관 등 각종단체의 조사목적에 따라 체계적인 조사를 수행하고 그 결과를 통계처리 및 분석, 해석하는 업무 수행

필기검정방법	객관식	문제수	100	시험시간	2시간 30분

필기과목명	출제문제수	주요항목	세부항목	세세항목
조사방법론 I	30	1. 과학적 연구의 개념	1. 과학적 연구의 의미	1. 과학적 연구의 의미 2. 과학적 연구의 논리체계
			2. 과학적 연구의 목적과 유형	1. 과학적 연구의 목적과 접근방법 2. 과학적 연구의 유형
			3. 과학적 연구의 절차와 계획	1. 과학적 연구의 절차 2. 과학적 연구의 분석단위
			4. 연구문제 및 가설	1. 연구문제의 의미와 유형 2. 이론 및 가설의 개념
			5. 조사윤리와 개인정보보호	1. 조사윤리의 의미 2. 개인정보보호의 의미
			6. 현장조사 이해 및 실무	1. 현장조사의 이해 2. 현장조사의 실무
		2. 조사설계의 이해	1. 설명적 조사 설계	1. 설명적 조사설계의 기본원리
			2. 기술적 조사 설계	1. 기술적 조사설계의 개념 2. 횡단면적 조사설계의 개념과 유형 3. 내용분석의 의미
			3. 질적 연구의 조사설계	1. 질적연구의 개념과 목적 2. 행위연구 설계의 의미 3. 사례연구 설계의 의미
		3. 자료수집방법	1. 자료의 종류와 수집방법의 분류	1. 자료의 종류 2. 자료수집방법의 분류
			2. 질문지법의 이해	1. 질문지법의 의의 2. 질문지 작성 3. 질문지 적용방법
			3. 관찰법의 이해	1. 관찰법의 이해 2. 관찰법의 유형 3. 관찰법의 장단점
			4. 면접법의 이해	1. 면접법의 의미 2. 면접법의 종류 3. 집단면접 및 심층면접의 개념

필 기 과목명	출 제 문제수	주요항목	세부항목	세세항목
조사방법론 II	30	1. 개념과 측정	1. 개념, 구성개념, 개념적 정의	1. 개념 및 구성개념 2. 개념적 정의
			2. 변수와 조작적 정의	1. 변수의 개념 및 종류 2. 개념적, 조작적 정의
			3. 변수의 측정	1. 측정의 개념 2. 측정의 수준과 척도
			4. 측정도구와 척도의 구성	1. 측정도구 및 척도의 의미 2. 척도구성방법 3. 척도분석의 방법
			5. 지수(index)의 의미	1. 지수(index)의 의미와 작성방법 2. 사회지표의 종류
		2. 측정의 타당성과 신뢰성	1. 측정오차의 의미	1. 측정오차의 개념 2. 측정오차의 종류
			2. 타당성의 의미	1. 타당성의 개념 2. 타당성의 종류
			3. 신뢰성의 의미	1. 신뢰성의 개념 2. 신뢰성 추정방법 3. 신뢰성 제고방안
		3. 표본 설계	1. 표본추출의 의미	1. 표본추출의 기초개념 2. 표본추출의 이점
			2. 표본추출의 설계	1. 표본추출설계의 의의 2. 확률표본추출방법 3. 비확률표본추출방법
			3. 표본추출오차와 표본크기의 결정	1. 표본추출 오차와 비표본추출 오차의 개념 2. 표본추출 오차의 크기 및 적정 표본 크기의 결정

필 기 과목명	출 제 문제수	주요항목	세부항목	세세항목
사회 통계	40	1. 기초통계량	1. 중심경향측정치	1. 평균, 중앙값, 최빈값
			2. 산포의 정도	1. 범위, 평균편차, 분산, 표준편차
			3. 비대칭도	1. 피어슨의 비대칭도 2. 분포의 모양과 평균, 분산, 비대칭도
		2. 확률이론 및 확률분포	1. 확률이론의 의미	1. 사건과 확률법칙
			2. 확률분포의 의미	1. 확률변수와 확률분포 2. 이산확률변수와 연속확률변수 3. 확률분포의 기댓값과 분산
			3. 이산확률분포의 의미	1. 이항분포의 개념
			4. 연속확률분포의 의미	1. 정규분포의 의미 2. 표준정규분포
			5. 표본분포의 의미	1. 평균의 표본분포 2. 비율의 표본분포
		3. 추정	1. 점추정	1. 모평균의 추정 2. 모비율의 추정 3. 모분산의 추정
			2. 구간추정	1. 모평균의 구간추정 2. 모비율의 구간추정 3. 모분산의 구간추정 4. 두 모집단의 평균차의 추정 5. 대응모집단의 평균차의 추정 6. 표본크기의 결정
		4. 가설검정	1. 가설검정의 기초	1. 가설검정의 개념 2. 가설검정의 오류
			2. 단일모집단의 가설검정	1. 모평균의 가설검정 2. 모비율의 가설검정 3. 모분산의 가설검정
			3. 두 모집단의 가설검정	1. 두 모집단평균의 가설검정 2. 대응 모집단의 평균차의 가설검정 3. 두 모집단비율의 가설검정
		5. 분산분석	1. 분산분석의 개념	1. 분산분석의 기본가정
			2. 일원분산분석	1. 일원분산분석의 의의 2. 일원분산분석의 전개과정
			3. 교차분석	1. 교차분석의 의의

필 기 과목명	출 제 문제수	주요항목	세부항목	세세항목
		6. 회귀분석	1. 회귀분석의 개념	1. 회귀모형
				2. 회귀식
			2. 단순회귀분석	1. 단순회귀식의 적합도 추정
				2. 적합도 측정방법
				3. 단순회귀분석의 검정
			3. 중회귀분석	1. 표본의 중회귀식
				2. 중회귀식의 적합도 검정
				3. 중회귀분석의 검정
				4. 변수의 선택 방법
			4. 상관분석	1. 상관계수의 의미
				2. 상관계수의 검정

□ 실 기

직무 분야	경영・회계・사무	중직무 분야	경영	자격 종목	사회조사분석사2급	적용 기간	2020. 1. 1~2023. 12. 31

○ 직무내용 : 기업, 공공기관 등 각종단체의 조사목적에 따라 체계적인 조사를 수행하고 그 결과를 통계처리 및 분석, 해석하는 업무 수행
○ 수행준거 : 1. 각종 자료수집방법을 통해 자료를 수집할 수 있다.
2. 설문지를 작성할 수 있다.
3. 표본을 설계할 수 있다.
4. 통계프로그램을 활용하여 통계처리 및 그 결과를 해석할 수 있다.

실기검정방법	복합형	시험시간	4시간 정도(필답형 : 2시간, 작업형 : 2시간정도)

실기 과목명	주요 항목	세부 항목	세세항목
사회조사분석실무(설문지작성, 단순통계처리 및 분석)	1.통계조사계획	1. 통계조사목적수립하기	1. 조사에 필요한 고객의 요구사항을 분석할 수 있다. 2. 수집된 요구사항에 따라 조사목적을 수립할 수 있다. 3. 조사목적을 달성하기 위한 세부 목표를 설정할 수 있다.
		2. 조사내용 결정하기	1. 수립된 조사목적에 따라 조사 가능한 주요 조사내용을 도출할 수 있다. 2. 주요 조사 내용에 대하여 측정 가능한 방법을 결정할 수 있다. 3. 결정된 측정방법을 고려하여 주요 조사 내용을 결정할 수 있다.
		3.조사방법 결정하기	1. 결정된 조사내용에 따라 적용 가능한 조사 방법의 목록을 작성할 수 있다. 2. 조사 목적을 달성하기 위하여 작성된 조사방법들을 비교분석할 수 있다. 3. 비교분석 결과에 따라 최적의 조사방법을 결정할 수 있다.
		4. 실행계획수립하기	1. 조사내용과 방법을 고려하여 조사환경을 분석할 수 있다. 2. 분석된 조사 환경과 조사예산을 고려하여 조사 범위를 결정할 수 있다. 3. 조사수행에 필요한 통계조사 실행계획을 수립할 수 있다.
	2. 표본설계	1. 조사대상 정하기	1. 수립된 조사 계획에 따라 조사목적에 적합한 모집단을 선택할 수 있다 . 2. 정의된 모집단을 기반으로 표본추출틀을 결정할 수 있다. 3. 모집단과 표본추출틀을 바탕으로 조사대상을 결정할 수 있다.
		2. 표본추출방법 결정하기	1. 조사대상과 표본추출틀에 따라 표본추출방법의 목록을 작성할 수 있다. 2. 오차와 비용을 고려하여 최적의 표본추출방법을 결정할 수 있다. 3. 결정된 표본추출 방법에 대하여 세부적인 표본추출 절차를 수립할 수 있다.

실 기 과목명	주요 항목	세부 항목	세세항목
		3. 표본크기 결정하기	1. 조사 목적에 따라 정확도 수준을 결정할 수 있다. 2. 주어진 예산과 표본추출방법을 고려하여 표본의 크기를 결정할 수 있다. 3. 결정된 표본의 크기에 따라 표본오차의 크기를 계산할 수 있다.
		4.표본배분하기	1. 조사 설계를 위하여 층화변수를 설정할 수 있다. 2. 층화변수에 따라 층화별 모집단 구성비를 계산할 수 있다. 3. 층화변수의 모집단 구성비에 따라 할당 표본 크기를 계산할 수 있다. 4. 층화별 최적 표본크기를 확보할 수 있도록 표본을 배분할 수 있다.
		5. 표본추출하기	1. 세부적인 표본추출절차에 대한 알고리즘을 개발할 수 있다. 2. 개발된 알고리즘과 층화별 표본크기에 따라 표본을 추출할 수 있다. 3. 추출된 표본에 따라 조사 대상 목록을 작성할 수 있다.
	3. 설문설계	1. 분석설계하기	1. 조사목적에 따라 산출할 수 있는 조사 내용을 구체화할 수 있다. 2. 구체화된 조사내용을 토대로 원시정보의 유형을 결정할 수 있다. 3. 구체화된 조사 내용에 따라 분석모형을 도출할 수 있다.
		2. 개별설문항목 작성하기	1. 분석 설계에 기초하여 필요한 설문 항목들을 구조화할 수 있다. 2. 개별 설문항목에 따라 적절한 질문항목을 만들 수 있다. 3. 개별 질문항목에 따라 적절한 응답항목을 만들 수 있다. 4. 개별 질문항목과 응답항목 간의 일관성을 검토할 수 있다.
		3. 설문시안 작성하기	1. 정확한 응답을 얻기 위하여 설문 항목들을 구조화할 수 있다. 2. 설문의 흐름에 따라 지문을 삽입할 수 있다. 3. 구조화된 설문내용을 토대로 설문 시안을 작성할 수 있다.
		4. 설문지 완성하기	1. 사전조사를 통하여 설문지 문제점을 점검할 수 있다. 2. 사전조사결과를 토대로 설문 내용을 보완할 수 있다. 3. 보완된 설문지를 바탕으로 최종설문지를 완성할 수 있다.

실 기 과목명	주요 항목	세부 항목	세세항목
	4. 실사관리	1. 실사준비하기	1. 조사방법에 맞추어 적절한 인원을 선발할 수 있다. 2. 선발 인력에 대해 필요한 교육을 실시할 수 있다. 3. 선발 인력에게 업무를 배정할 수 있다. 4. 자료 수집을 위한 필요한 준비를 할 수 있다.
		2. 실사진행 관리하기	1. 수립된 실행계획을 토대로 자료수집 계획서를 작성할 수 있다. 2. 자료수집 계획서에 따라 실사 진행 사항을 점검할 수 있다. 3. 점검 결과에 따라 필요조치를 취할 수 있다.
		3. 실사품질 관리하기	1. 수집된 자료의 정합성을 점검할 수 있다. 2. 정합성 점검을 바탕으로 필요한 조치를 취할 수 있다. 3. 실사 품질관리 결과를 문서화할 수 있다.
	5. 자료처리	1. 부호화 하기	1. 응답된 설문항목에 기초하여 자료 값이 가질 수 있는 범위를 정할 수 있다. 2. 개방형 응답 변수에 대한 응답내용을 부호화할 수 있다. 3. 부호화된 값과 설문항목 간 대응관계를 파악하기 위하여 부호화 지침서를 작성할 수 있다.
		2. 자료입력하기	1. 자료 분석을 위하여 설문 응답 자료를 데이터베이스에 입력할 수 있다. 2. 자료의 정확성을 확보하기 위하여 입력된 자료의 정합성을 판단할 수 있다. 3. 정합성 판단 결과를 토대로 오류값을 수정할 수 있다. 4. 데이터베이스에 입력된 자료를 기초로 자료 분석용 원시자료를 생성할 수 있다.
		3. 최종 원시자료 생성하기	1. 완성된 원시자료파일을 기반으로 각 응답항목에 대하여 빈도표를 작성할 수 있다. 2. 작성된 빈도표를 토대로 설문 항목별 자료의 특성을 분석할 수 있다. 3. 응답항목별 특성을 기초로 최종 원시자료를 생성할 수 있다.
	6. 2차 자료분석	1. 2차 자료 선정하기	1. 조사목적에 부합하는 2차 자료 유형을 조사할 수 있다. 2. 조사목적에 적합한 2차 자료 후보군을 수집할 수 있다. 3. 예산과 기간 범위 내에서 조사목적을 달성할 수 있는 2차 자료 대상을 결정할 수 있다.
		2. 2차 자료 수집하기	1. 선정된 2차 자료를 효과적으로 수집하기 위한 계획을 수립할 수 있다. 2. 수립한 계획에 따라 2차 자료를 수집할 수 있다. 3. 조사목적에 따라 수집한 2차 자료를 점검할 수 있다. 4. 점검 결과에 따라 필요한 조치를 취할 수 있다.

실 기 과목명	주요 항목	세부 항목	세세항목
		3. 2차 자료 분석하기	1. 분석하고자 하는 목적에 맞게 2차 자료를 분류할 수 있다. 2. 자료의 특성에 따라 적절한 분석기법을 적용하여 정밀 분석할 수 있다. 3. 조사목적에 맞게 분석한 결과의 결론을 도출할 수 있다. 4. 조사목적에 따라 2차 자료 분석 보고서를 작성할 수 있다.
	7. 기술통계분석	1. 추정·가설검정 하기	1. 분석 목적 달성을 위하여 수집된 자료를 파악할 수 있다. 2. 분석 목적에 적합한 통계 분석 방법을 적용하기 위하여 수집된 자료의 사전탐색을 통하여 가설을 설정할 수 있다. 3. 가설 검정을 위한, 통계치의 기준을 설정하고 적용할 수 있다.
		2. 기술통계량 산출하기	1. 조사 자료의 다양한 속성을 요약, 정리 할 수 있다. 2. 표본 전체의 전반적인 속성을 파악 할 수 있다. 3. 첨도, 왜도 등을 통해 자료의 기울기와 구조를 확인할 수 있다.
		3. 빈도분석하기	1. 분석설계에 따라 조사항목별로 빈도분석 결과를 산출할 수 있다. 2. 분석된 결과에 대하여 유의미한 정보를 도출할 수 있다.
		4. 교차분석하기	1. 가설 설정과 가설 검정을 할 수 있다. 2. 분석설계에 따라 교차분석 결과를 산출할 수 있다. 3. 분석된 결과에 대하여 통계적 의미를 도출할 수 있다.
		5. 평균차이 분석하기	1. 가설 설정과 가설 검정을 할 수 있다. 2. 분석설계에 따라 분석 결과를 산출할 수 있다. 3. 분석된 결과에 대하여 통계적 검정과 해석을 도출할 수 있다.
	8. 회귀분석	1. 신뢰도 분석하기	1. 분석 목적 달성을 위하여 수집된 자료의 신뢰도를 파악할 수 있다. 2. 수집된 자료의 신뢰도를 확보하고, 적용할 수 있다.
		2. 상관분석하기	1. 가설 설정 및 가설 검정을 할 수 있다. 2. 분석설계에 따라 분석 결과를 산출할 수 있다. 3. 분석된 결과에 대하여 통계적 검정과 해석을 도출할 수 있다.
		3. 단순회귀분석하기	1. 기술통계분석, 평균차이분석, 상관분석 결과를 고려하여 회귀분석 방법을 결정할 수 있다. 2. 분석설계에 따라 가설 설정과 가설 검정, 분석 결과를 산출할 수 있다. 3. 분석된 결과에 대하여 통계적 검정과 해석을 도출할 수 있다.

실 기 과목명	주요 항목	세부 항목	세세항목
	9. FGI 정성조사	1 .FGI 설계하기	1. 조사목적에 따라 FGI 주제를 선정할 수 있다. 2. 선정된 FGI 주제에 부합하는 인터뷰 대상을 선정할 수 있다. 3. FGI 주제에 부합하는 질문지를 작성할 수 있다. 4. FGI진행 환경을 고려하여 진행지침을 작성할 수 있다.
		2. FGI 실시하기	1. 작성된 진행 지침에 따라 그룹인터뷰를 진행할 수 있다. 2. 제한된 시간 안에 선정된 주제를 모두 인터뷰 할 수 있다. 3. 인터뷰가 진행되는 동안 적절한 질문과 경청으로 참가자의 응답을 이끌어 낼 수 있다.
		3. FGI 자료 분석하기	1. FGI 결과를 구체적인 정보단위로 정리할 수 있다. 2. 정리된 정보를 FGI 목적에 맞춰 분류할 수 있다. 3. FGI 자료 분석결과를 해석할 수 있다. 4. FGI 자료 분석결과 및 해석을 보고서 형태로 정리할 수 있다.

소비자전문상담사 2급

(Consumer Adviser Junior)

◈ 개요

현대사회에서는 기업들이 제공하는 다양한 형태의 제품과 서비스에 대한 소비자의 의견을 수렴하고, 소비자들이 가지는 불만과 문제점을 해결하는 등 소비자 권익 보호에 대한 관심이 높아지고 있다.

◈ 수행직무

기업 및 소비자단체, 행정기관의 소비자 관련부서에서 물품과 용역 등에 관한 소비자 불만 및 피해상담, 모니터링, 소비자교육프로그램의 기획 및 실시, 소비자조사등 소비자복지향상 유도하는 직무를 수행한다.

◈ 진로 및 전망

- 관련직업 : 고객상담원, 소보자 보호단체 관리자

◈ 실시기관명 및 홈페이지

한국산업인력공단(http://www.q-net.or.kr)

◈ 시험정보

수수료

- 필기 : 19,400 원
- 실기 : 20,800 원

◈ 취득방법

① 응시자격 : 응시자격에는 제한이 없다.

② 시험과목

1. 필기시험

- 소비자상담 및 피해구제
- 소비자관련법
- 소비자교육 및 정보제공
- 소비자와 시장

2. 실기시험

- 소비자상담 실무

③ 합격 기준

- 필기 : 100점을 만점으로 하여 매 과목 40점 이상, 전 과목 평균 60점 이상
- 실기 : 100점을 만점으로 하여 60점 이상

④ 필기시험 면제 : 필기시험에 합격한 자에 대하여는 필기시험 합격자 발표일로부터 2년간 필기시험을 면제한다.

◈ 출제기준

*<u>*벌도 파일 삽입(113쪽)*</u>

◈ 년도별 검정현황

종목명	연도	필기			실기		
		응시	합격	합격률(%)	응시	합격	합격률(%)
소 계		21,393	14,671	68.6%	15,434	3,795	24.6%
소비자전문상담사2급	2020	710	374	52.7%	414	226	54.6%
소비자전문상담사2급	2019	1,012	452	44.7%	522	134	25.7%
소비자전문상담사2급	2018	868	549	63.2%	530	190	35.8%
소비자전문상담사2급	2017	904	553	61.2%	512	299	58.4%
소비자전문상담사2급	2016	666	436	65.5%	605	250	41.3%
소비자전문상담사2급	2015	1,231	823	66.9%	795	285	35.8%
소비자전문상담사2급	2014	1,053	538	51.1%	624	240	38.5%
소비자전문상담사2급	2013	1,056	611	57.9%	1,058	55	5.2%
소비자전문상담사2급	2012	1,460	1,049	71.8%	1,281	438	34.2%
소비자전문상담사2급	2011	1,618	1,036	64%	1,089	195	17.9%
소비자전문상담사2급	2010	970	799	82.4%	840	223	26.5%
소비자전문상담사2급	2009	837	638	76.2%	775	105	13.5%
소비자전문상담사2급	2008	730	619	84.8%	695	158	22.7%
소비자전문상담사2급	2007	1,075	811	75.4%	848	138	16.3%
소비자전문상담사2급	2006	928	825	88.9%	768	166	21.6%
소비자전문상담사2급	2005	839	634	75.6%	813	214	26.3%
소비자전문상담사2급	2004	1,279	939	73.4%	1,192	318	26.7%
소비자전문상담사2급	2003	4,157	2,985	71.8%	2,073	161	7.8%

◈ 자격취득자에 대한 법령상 우대현황

① 본 자료는 종목별 국가기술자격 취득자 우대 법령을 자체 조사한 자료이다.

② 본 자료는 2020년에 법제처(www.law.go.kr) 홈페이지를 통해 조사하였으며, 법령 개정 시점 등에 따라 변경된 내용이 미반영 될 수 있다.

③ 법령별 세부 우대현황에 대한 적용은 관련법령을 담당하는 부처의 유권해석에 따른다.

소비자전문상담사2급 우대현황

법령명	조문내역	활용내용
공무원수당등에관한규정	제14조특수업무수당(별표11)	특수업무수당지급
공무원임용시험령	제27조경력경쟁채용시험등의응시자격등(별표7,별표8)	경력경쟁채용시험등의응시
공무원임용시험령	제31조자격증소지자등에대한우대(별표12)	6급이하공무원채용시험가산대상자격증
교육감소속지방공무원평정규칙	제23조자격증등의가산점	5급이하공무원,연구사및지도사관련가점사항
국가공무원법	제36조의2채용시험의가점	공무원채용시험응시가점
군무원인사법시행령	제10조경력경쟁채용요건	경력경쟁채용시험으로신규채용할수있는경우
근로자직업능력개발법시행령	제27조직업능력개발훈련을위하여근로자를가르칠수있는사람	직업능력개발훈련교사의정의
근로자직업능력개발법시행령	제28조직업능력개발훈련교사의자격취득(별표2)	직업능력개발훈련교사의자격
근로자직업능력개	제38조다기능기술자과정의	다기능기술자과정학생

발법시행령	학생선발방법	선발방법중정원내특별전형
근로자직업능력개발법시행령	제44조교원등의임용	교원임용시자격증소지자에대한우대
기초연구진흥및기술개발지원에관한법률시행규칙	제2조기업부설연구소등의연구시설및연구전담요원에대한기준	연구전담요원의자격기준
연구직및지도직공무원의임용등에관한규정	제7조의2경력경쟁채용시험등의응시자격	경력경쟁채용시험등의응시자격
중소기업인력지원특별법	제28조근로자의창업지원등	해당직종과관련분야에서신기술에기반한창업의경우지원
지방공무원수당등에관한규정	제14조특수업무수당(별표9)	특수업무수당지급
지방공무원임용령	제17조경력경쟁임용시험등을통한임용의요건	경력경쟁시험등의임용
지방공무원임용령	제55조의3자격증소지자에대한신규임용시험의특전	6급이하공무원신규임용시필기시험점수가산
지방공무원평정규칙	제23조자격증등의가산점	5급이하공무원연구사및지도사관련가점사항
헌법재판소공무원수당등에관한규칙	제6조특수업무수당(별표2)	특수업무수당지급구분표
국가기술자격법	제14조국가기술자격취득자에대한우대	국가기술자격취득자우대
국가기술자격법시행규칙	제21조시험위원의자격등(별표16)	시험위원의자격
국가기술자격법시행령	제27조국가기술자격취득자의취업등에대한우대	공공기관등채용시국가기술자격취득자우대
국가를당사자로하는계약에관한법률	제7조원가계산을할때단위당가격의기준	노임단가의가산

시행규칙		
국회인사규칙	제20조경력경쟁채용등의요건	동종직무에관한자격증소지자에대한경력경쟁채용
군무원인사법시행규칙	제18조채용시험의특전	채용시험의특전
비상대비자원관리법	제2조대상자원의범위	비상대비자원의인력자원범위

□ 필 기

직무분야	경영 · 회계 · 사무	중직무분야	경영	자격종목	소비자전문상담사 2급	적용기간	2019. 1. 1.~2022. 12. 31.

○직무내용 : 소비자 관련법과 보호제도를 토대로 물품 · 서비스 등에 관한 소비자의 불만을 상담, 해결하고 물품 · 서비스 등의 구매 · 사용 · 관리방법을 상담하여 모니터링, 시장조사 및 각종 정보를 수집, 분석 · 가공 · 제공하고 소비자교육용 자료를 수집, 제작, 시행하는 직무수행

필기검정방법	객관식	문제수	100	시험시간	2시간 30분

필기과목명	문제수	주요항목	세부항목	세세항목
소비자상담 및 피해구제	25	1. 소비자상담의 개요	1. 소비자상담의 필요성 등	1. 소비자상담의 필요성 및 특성 2. 소비자상담의 영역과 기능
			2. 소비자상담사의 역할과 능력	1. 소비자상담사의 역할 및 업무내용 2. 소비자상담사의 요구능력
		2. 소비자단체와 행정기관의 소비자 상담	1. 소비자단체 소비자상담의 특성과 현황	1. 소비자단체의 상담현황 및 기능 2. 소비자단체의 상담 활성화 방향
			2. 행정기관의 소비자상담의 특성과 현황	1. 소비자상담 행정기구 2. 행정기구의 소비자상담 특성, 현황, 개선방향
		3. 기업의 소비자 상담	1. 기업의 소비자 상담과 고객만족	1. 고객만족경영과 소비자상담 2. 소비자상담실의 조직, 업무, 평가, 개선방향 3. 고객만족경영전략 수립과 소비자상담
			2. 기업의 소비자 상담과 고객관계 관리	1. 고객관계 관리와 소비자상담 전략 2. 고객관계 관리를 위한 상담전략 및 상담 활성화 방안
			3. 기업의 소비자 상담 결과의 활용	1. 소비자상담실 업무의 표준화 및 평가 2. 소비자상담결과의 피드백 및 활용
		4. 구매 단계별 소비자 상담	1. 구매 전 상담	1. 구매 전 상담의 필요성과 역할 2. 각 기관별 구매 전 상담의 특성 3. 구매 전 상담과 피해예방 전략
			2. 구매 시 상담	1. 구매 시 상담의 필요성과 역할 2. 구매 시 상담원에게 요구되는 능력과 상담내용
			3. 구매 후 상담	1. 구매 후 상담의 필요성과 역할 2. 구매 후 상담내용과 상담기관 3. 기관별 구매 후 상담 활성화 방안
		5. 효율적인 상담을 위한 기술	1. 소비자심리의 이해와 상담	1. 상담의 핵심원리 2. 소비심리의 이해 3. 소비자설득전략과 소비자저항
			2. 의사소통능력	1. 언어적 소통기술 2. 비언어적 소통기술

필기과목명	문제수	주요항목	세부항목	세세항목
		6. 소비자를 이해하기 위한 기술	1. 소비자욕구파악	1. 소비자의 일반적인 욕구 파악 2. 소비자의 구체적인 욕구 파악
			2. 소비자의 행동 스타일 이해	1. 소비자 행동스타일 파악 2. 소비자 행동스타일에 따른 소비자 상담전략
			3. 소비자유형별 상담기술	1. 다양한 소비자 유형별 상담기술
		7. 상담접수와 처리기술	1. 매체별 상담의 특성 및 상담기술	1. 매체별 상담의 특성, 현황, 상담기술 2. 전화상담의 현황, 표준화, 평가, 활용, 활성 방안 3. 온라인 상담의 현황, 표준화, 평가, 활용, 활성화 방안
			2. 콜센터의 소비자 상담	1. 콜센터의 인바운드 상담과 아웃바운드 상담 2. 콜센터 운영의 현황, 평가, 개선방향
			3. 상담처리 순서 및 방법	1. 상담처리 순서 및 방법 2. 내용증명작성 및 처리 3. 소비자 스스로의 문제해결방법 4. 상담자료 수집 및 처리결과자료 구축
		8. 소비자분쟁해결기준과 상품 및 서비스의 피해구제	1. 소비자분쟁해결 기준	1. 목적과 성격 2. 일반적 소비자분쟁해결기준 3. 품목별 소비자분쟁해결기준
			2. 상품과 서비스의 피해구제	1. 식품, 건강보조/다이어트식품, 가구, 가전, 자동차, 중고차, 화장품 등의 피해구제 2. 세탁, 여행사, 부동산중개, 이사, 예식업, 교통, 견인, 학원, 택배 등의 피해구제
			3. 전문서비스의 피해구제	1. 의료, 법률, 금융, 보험의 피해구제
			4. 거래 관련 피해 구제	1. 광고 관련 피해구제 2. 약관 관련 피해구제 3. 신용카드 관련 피해구제 4. 특수판매방법과 피해구제 5. 전자상거래와 피해구제

필기과목명	문제수	주요항목	세부항목	세세항목
소비자관련법	25	1. 민법기초	1. 민법의 의의와 총칙편	1. 민법의 기본원리와 효력 2. 법률관계의 권리・의무 3. 권리의 주체 및 객체 4. 권리의 변동 5. 기간 및 소멸시효
			2. 채권편	1. 계약총론 2. 전형 계약 3. 법정채권관계
		2. 소비자보호 관련 법률	1. 소비자기본법	1. 소비자기본법, 시행령
			2. 약관의 규제에 관한 법률	1. 약관의 규제에 관한 법률, 시행령
			3. 방문판매 등에 관한 법률	1. 방문판매 등에 관한 법률, 시행령, 시행규칙
			4. 할부거래에 관한 법률	1. 할부거래에 관한 법률, 시행령, 시행규칙
			5. 전자상거래 등에서의 소비자보호에 관한 법률	1. 전자상거래 등에서의 소비자보호에 관한 법률, 시행령, 시행규칙
			6. 표시・광고의 공정화에 관한 법률	1. 표시・광고의 공정화에 관한 법률, 시행령
			7. 제조물책임법	1. 제조물책임법

필기과목명	문제수	주요항목	세부항목	세세항목
소비자교육 및 정보제공	25	1. 소비자교육의 의의와 방법	1. 소비자교육과 능력개발	1. 소비자교육의 개념과 필요성 2. 소비자능력개발의 의의 3. 소비자능력개발 방안 4. 각국의 소비자교육 전개와 현황
			2. 소비자교육 내용과 방법	1. 소비자요구조사 2. 소비자교육내용의 구성 3. 소비자교육의 구체적 방법
		2. 유형별 소비자 문제와 교육	1. 소비자유형별 특성, 소비자 문제, 교육방안	1. 아동소비자의 특성, 소비자문제, 교육 방안 2. 청소년소비자의 특성, 소비자문제, 교육방안 3. 성인소비자의 특성, 소비자문제, 교육 방안 4. 특수소비자(노인, 장애인, 외국인 등)의 특성, 소비자문제, 교육방안
		3. 소비자교육 프로그램 설계의 원리와 적용	1. 소비자교육 프로그램 설계의 의의	1. 소비자교육 요구조사 2. 소비자교육 프로그램의 목적과 특성 3. 소비자교육 프로그램의 내용선정과 설계
			2. 소비자교육 프로그램의 실행과 평가	1. 소비자교육 프로그램의 실행방법 2. 상담원 전화모니터링 및 교육훈련 프로그램의 개발과 평가
		4. 소비자정보의 이해	1. 소비자정보에 관한 의의 및 이론	1. 소비자정보의 필요성 2. 소비자정보의 의의 3. 소비자정보의 기초이론
		5. 소비자정보제공과 고객관계 유지를 위한 교육	1. 소비생활관련 정보의 수집과 제공	1. 소비생활관련 정보의 수집과 제공 2. 소비생활 향상을 위한 정보제공 자료 제작
			2. 고객에 대한 정보제공 자료의 검토 및 작성	1. 고객에 대한 주기적인 제품 및 서비스 정보제공 2. 고객을 위한 제품 팜플렛, 사용설명서 등 자료검토 및 작성
			3. 고객관계유지를 위한 다양한 교육	1. 다양한 이벤트 기획 및 시행을 위한 교육 2. 고객접점 종사 직원에 대한 소비자동향 파악 및 업무지침 교육

필기과목명	문제수	주요항목	세부항목	세세항목
소비자와 시장	25	1. 시장환경의 이해	1. 시장구조와 시장 환경	1. 시장의 개념과 시장구조 2. 시장구조와 소비자권익 3. 소비자와 유통환경
		2. 기업의 마케팅활동과 소비자 주권	1. 마케팅전략	1. 광고 2. 제품 3. 가격 4. 촉진
			2. 소비자주권	1. 경쟁 상태와 소비자주권 2. 전자상거래의 발전과 소비자주권
		3. 소비자의사 결정의 이해	1. 의사결정의 이해	1. 의사결정의 필요성 2. 의사결정의 제단계
			2. 의사결정이론	1. 경제적 이론 2. 심리적 이론 3. 행동과학적 이론
			3. 소비자의사결정	1. 문제인식 2. 정보탐색 3. 대안평가 및 선택 4. 구매 5. 구매 후 평가
			4. 소비자의사결정 영향 요인	1. 개인적 영향요인 2. 사회적 영향요인
			5. 소비자의사결정의 합리성과 효율성	1. 합리적 소비자 의사결정 2. 효율적 소비자 의사결정
		4. 소비문화와 환경문제	1. 소비문화와 트렌드	1. 소비문화와 소비자 2. 현대 소비문화의 특성
			2. 비이성적 소비행동	1. 충동구매 2. 과시소비 3. 보상구매 4. 중독구매
			3. 소비자와 지속가능한 소비	1. 환경소비자문제와 지속가능한 소비 2. 구매행동 단계별 지속가능한 소비 3. 환경친화적 소비자행동

□ 실 기

직무분야	경영·회계·사무	중직무분야	경영	자격종목	소비자전문상담사 2급	적용기간	2019. 1. 1.~2022. 12. 31.

○직무내용 : 소비자 관련법과 보호제도를 토대로 물품·서비스 등에 관한 소비자의 불만을 상담, 해결하고 구매·사용·관리방법을 상담하여 모니터링, 시장조사 및 각종 정보를 수집, 분석·가공·제공하고 소비자 교육용 자료를 수집, 제작, 시행하는 직무수행

○수행준거 : 1. 소비자 정보를 구축, 제공, 활용할 수 있다.
2. 소비자 자료를 수집하고 관리할 수 있다.
3. 관련자료를 활용하여 효과적인 소비자상담을 수행할 수 있다.
4. 소비자요구사항을 파악하고 대응할 수 있다.
5. 소비자 관련 피드백을 활용하여 소비자상담업무를 할 수 있다.
6. 소비자관련 마케팅전략 및 계획을 수립할 수 있다.

실기검정방법	필답형	시험시간	2시간 30분

실기과목명	주요항목	세부항목	세세항목
소비자상담실무	1. 마케팅전략계획수립	1. 마케팅 실행계획 수립하기	1. 설정된 마케팅 목표에 따라 핵심성공요인을 도출할 수 있다. 2. 핵심성공요인에 따라 실행방안을 수립할 수 있다. 3. 마케팅 실행을 위한 물적·인적자원계획을 수립할 수 있다. 4. 마케팅 목표에 따라 통합적 마케팅 커뮤니케이션 실행계획을 수립할 수 있다. 5. 마케팅 실행 성과를 관리하기 위하여 성과지표를 수립할 수 있다.
		2. 마케팅 목표 설정하기	1. 전기 마케팅 성과분석 결과에 따라 당해년도 실행 개선사항을 도출할 수 있다. 2. 시장 및 경쟁 상황을 파악하기 위하여 내·외부 환경을 분석할 수 있다. 3. 내·외부 환경을 고려하여 정량적·정성적 마케팅 목표를 설정할 수 있다.
	2. 소비자 정보 구축	1. 소비자관련 업무 분석하기	1. 소비자상담관련 조직의 업무분장, 업무의 내용을 파악할 수 있다. 2. 소비자 상담 관련 조직관리 체계도 및 업무분장 분석표, 의사결정 프로세스 등을 평가할 수 있다.
		2. 소비자모니터링 기획 분석하기	1. 소비자 모니터링 제도를 기획하고 관리할 수 있다.
		3. 소비자 정보 분석 및 활용	1. 통계 프로그램을 활용하여 소비자 데이터를 효율적으로 분석하고 해석할 수 있다.
	3. 소비자 통계조사계획	1. 조사내용 결정하기	1. 조사목적에 따라 조사 가능한 주요조사 내용을 도출할 수 있다. 2. 주요 조사 내용에 대하여 측정 가능한 방법을 결정할 수 있다. 3. 측정방법을 고려하여 주요 조사 내용을 결정할 수 있다.
		2. 조사방법 결정하기	1. 조사내용에 따라 적용 가능한 조사방법의 목록을 작성할 수 있다. 2. 조사 목적을 달성하기 위한 조사방법들을 비교분석할 수 있다. 3. 분석 결과에 따라 최적의 조사방법을 결정할 수 있다.

실기과목명	주요항목	세부항목	세세항목
	4. 소비자 자료 관리	1. 자료 수집하기	1. 소비자 의식, 요구, 트렌드 등을 조사할 수 있다. 2. 필요한 자료가 무엇인지 파악하고 이를 획득하기 위한 조사설계를 할 수 있다.
	5. 소비자 상담	1. 소비자 의사소통하기	1. 소비자 행동에 대한 충분한 지식을 갖고 응대하여 소비자와 원활한 의사소통을 할 수 있다. 2. 소비자 정보를 수집하고 가공할 수 있다.
		2. 소비자 불만처리	1. 소비자 관련 법제도에 대한 지식을 갖고 응대하여 고객 불만을 처리 할 수 있다.
		3. 소비자 관계 강화하기	1. 일반고객을 충성고객으로 전환시킬 수 있다.
		4. 소비자 제안·정보·수집·활용하기	1. 소비자제안제도를 기획하고 관리할 수 있다
	6. 고객지원과 고객관리	1. 고객요구 관리하기	1. 고객요구사항을 파악할 수 있다. 2. 고객요구사항 및 이력을 관리할 수 있다.
		2. 고객 응대하기	1. 고객에게 발생되는 문제를 응대 할 수 있다. 2. 고객응대 절차에 따라 불만을 처리할 수 있다. 3. 고객과의 분쟁 발생 시 유관기관과의 교섭을 통해 문제를 처리할 수 있다.
		3. 고객관계 유지하기	1. 고객과의 효과적인 커뮤니케이션 전략을 수립할 수 있다. 2. 고객관계 유지 활동을 수행할 수 있다.
		4. 필요 정보산출하기 0201030206_14v2.1	1. 고객에게 적합한 정보를 결정할 수 있다. 2 고객에게 적합한 정보 및 자료를 수집할 수 있다. 3. 고객에게 제공할 정보 및 자료를 가공할 수 있다.
		5. 경로별 정보 제공하기	1. 고객에게 정보제공 경로를 선정할 수 있다. 2. 고객에게 산출된 정보를 효율적으로 제공할 수 있다.
		6. 정보관리하기	1. 고객반응 정보를 분석할 수 있다. 2. 고객에게 제공하고자하는 정보 항목을 조정할 수 있다. 3. 고객별 정보제공이력을 관리할 수 있다.
	7. 소비자업무 피드백	1. 소비자업무 피드백 활용하기	1. 소비자업무의 계획된 목표와 실제 결과 등을 분석할 수 있다. 2. 피드백자료를 소비자·기업·소비자단체 정부에 피드백 제공 ·활용 할 수 있다
		2. 보고서 발표하기	1. 보고서 내용을 효과적으로 전달하기 위하여 발표 내용을 기획할 수 있다. 2. 기획된 내용에 따라 발표 자료를 작성할 수 있다. 3. 작성된 자료를 바탕으로 내·외부 고객에게 발표할 수 있다.

스포츠경영관리사

(Sport Business Manager)

◈ 개요

스포츠에 대한 관심과 참여의 증대에 따른 스포츠 시장의 다양화와 스포츠산업의 다변화는 다양한 직업 유형과 함께 고용기회를 제공하고 있다. 국내도 이미 아마 및 프로 스포 츠의 발전으로 인해 스포츠경영 전문가의 필요성이 요구되고 있다. 스포츠경영관리는 특 히 젊은 층에서 새로운 직업으로 인식되고 있기 때문에 스포츠경영관리 분야의 전문적 인 교육이 요구된다. 따라서 스포츠경영 분야에서의 적응과 올바른 직무활동을 위하여 보다 체계적이고 다양한 학문의 교류와 전문가 양성의 필요성이 증대되고 있다.

◈ 수행직무

스포츠이벤트의 기획 및 운영, 스포츠스폰서 및 광고주 유치, 프로 및 아마 스포츠 구 단 스포츠마케팅 기획 및 운영, 스포츠콘텐츠의 확보 및 상품화, 스포츠선수대리인 사업 의 시행, 스포츠시설 회원 모집, 관리 등 회원서비스, 스포츠시설 설치 및 경영 컨설팅, 공공 및 민간체육시설 관리 운영하는 직무를 행한다.

◈ 진로 및 전망

공공기관 종합체육시설, 프로스포츠 구단, 각종 경기단체, 일반기업체, 교육기관 등에 진출하고 있다.

◈ 실시기관 홈페이지

한국산업인력공단(http://www.q-net.or.kr/)

◈ 시험정보

수수료

- 필기 : 19,400 원
- 실기 : 20,800 원

◈ 출제기준

** 별도 파일 삽입(126쪽)*

◈ 취득방법

① 시행처 : 한국산업인력공단

② 관련학과 : 대학 및 전문대학의 스포츠경영, 스포츠마케팅, 체육, 사회체육 등 체육계열과 스포츠산업 관련학과

③ 시험과목

- 필기 : 1. 스포츠산업론 2. 스포츠경영론 3. 스포츠마케팅론 4. 스포츠 시설론
- 실기 : 스포츠마케팅 및 스포츠시설경영실무

④ 검정방법

- 필기 : 객관식 4지 택일형 과목당 25문항(2시간 30분)
- 실기 : 필답형(3시간 정도, 100점)

⑤ 합격기준

- 필기 : 100점을 만점으로 하여 과목당 40점 이상, 전과목 평균 60점 이상
- 실기 : 100점을 만점으로 하여 60점 이상

◈ 년도별 검정현황

종목명	연도	필기			실기		
		응시	합격	합격률(%)	응시	합격	합격률(%)
소 계		21,318	14,358	67.4%	13,441	5,638	41.9%
스포츠경영관리사	2020	1,332	934	70.1%	1,156	476	41.2%
스포츠경영관리사	2019	1,655	1,203	72.7%	1,106	805	72.8%
스포츠경영관리사	2018	1,569	975	62.1%	968	663	68.5%
스포츠경영관리사	2017	1,560	1,001	64.2%	875	427	48.8%
스포츠경영관리사	2016	1,700	1,087	63.9%	903	489	54.2%
스포츠경영관리사	2015	1,428	945	66.2%	940	439	46.7%
스포츠경영관리사	2014	1,589	992	62.4%	1,039	267	25.7%
스포츠경영관리사	2013	1,973	1,382	70%	1,218	350	28.7%
스포츠경영관리사	2012	1,194	776	65%	686	358	52.2%
스포츠경영관리사	2011	1,030	731	71%	616	141	22.9%
스포츠경영관리사	2010	573	433	75.6%	357	116	32.5%
스포츠경영관리사	2009	538	390	72.5%	347	267	76.9%
스포츠경영관리사	2008	548	426	77.7%	468	111	23.7%
스포츠경영관리사	2007	754	582	77.2%	639	96	15%
스포츠경영관리사	2006	1,073	880	82%	907	285	31.4%
스포츠경영관리사	2005	2,802	1,621	57.9%	1,216	348	28.6%

◈ 자격취득자에 대한 법령상 우대현황

① 본 자료는 종목별 국가기술자격 취득자 우대 법령을 자체 조사한 자료이다.

② 본 자료는 2020년 하반기에 법제처(www.law.go.kr) 홈페이지를 통해 조사하였으며, 법령 개정 시점 등에 따라 변경된 내용이 미반영될 수 있다.

③ 법령별 세부 우대현황에 대한 적용은 관련법령을 담당하는 부처의 유권해석에 따른다.

스포츠경영관리사 우대현황

법령명	조문내역	활용내용
교육감소속지방공무원평정규칙	제23조자격증등의가산점	5급이하공무원,연구사및지도사관련가점사항
국가공무원법	제36조의2채용시험의가점	공무원채용시험응시가점
군무원인사법시행령	제10조경력경쟁채용요건	경력경쟁채용시험으로신규채용할수있는경우
군인사법시행규칙	제14조부사관의임용	부사관임용자격
근로자직업능력개발법시행령	제27조직업능력개발훈련을위하여근로자를가르칠수있는사람	직업능력개발훈련교사의정의
근로자직업능력개발법시행령	제28조직업능력개발훈련교사의자격취득(별표2)	직업능력개발훈련교사의자격
근로자직업능력개발법시행령	제44조교원등의임용	교원임용시자격증소지자에대한우대
기초연구진흥및기술개발지원에관한법률시행규칙	제2조기업부설연구소등의연구시설및연구전담요원에대한기준	연구전담요원의자격기준
중소기업인력지원특별법	제28조근로자의창업지원등	해당직종과관련분야에서신기

		술에기반한창업의경우지원
지방공무원임용령	제17조경력경쟁임용시험등을통한임용의요건	경력경쟁시험등의임용
지방공무원임용령	제55조의3자격증소지자에대한신규임용시험의특전	6급이하공무원신규임용시필기시험점수가산
지방공무원평정규칙	제23조자격증등의가산점	5급이하공무원연구사및지도사관련가점사항
국가기술자격법	제14조국가기술자격취득자에대한우대	국가기술자격취득자우대
국가기술자격법시행규칙	제21조시험위원의자격등(별표16)	시험위원의자격
국가기술자격법시행령	제27조국가기술자격취득자의취업등에대한우대	공공기관등채용시국가기술자격취득자우대
국회인사규칙	제20조경력경쟁채용등의요건	동종직무에관한자격증소지자에대한경력경쟁채용
군무원인사법시행규칙	제18조채용시험의특전	채용시험의특전
비상대비자원관리법	제2조대상자원의범위	비상대비자원의인력자원범위

출제기준(필기)

직무 분야	이용·숙박·여행·오락·스포츠	중직무 분야	이용·숙박·여행·오락·스포츠	자격 종목	스포츠경영관리사	적용 기간	2020. 1. 1.~2024. 12. 31.

○직무내용 : 경기촉진, 스포츠제품에 대한 부가가치 창출, 중계권 포함 스포츠와 연관된 무형 자산의 상품화 및 판매, 스폰서 모집, 선수와 팀의 매니지먼트, 스포츠제품에서 파생되는 확장제품 판매, 시설관리 및 가치사슬과 연관된 직무 수행

필기검정방법	객관식	문제수	100	시험시간	2시간 30분

필기과목명	문제수	주요항목	세부항목	세세항목
스포츠산업론	25	1. 스포츠 산업의 이해	1. 스포츠 산업의 개념	1. 스포츠제품의 이해 2. 스포츠산업의 정의와 특성 3. 스포츠 산업분류 4. 스포츠산업의 트렌드 이해
			2. 스포츠산업 환경	1. 스포츠 산업의 정책 2. 스포츠 산업 관련 제도 및 법률 3. 스포츠의 경제적 가치
		2. 스포츠 시장	1. 스포츠 공급	1. 스포츠 생산 요소 2. 스포츠 제품의 가치 사슬 3. 스포츠 제품 제조 공정
			2. 스포츠 수요	1. 스포츠 소비의 단계별 특징 2. 스포츠 수요 환경 및 분류 3. 스포츠 소비집단의 이해
			3. 스포츠 유통	1. 스포츠 콘텐츠의 유통 2. 참여 스포츠 유통 3. 스포츠 용품 유통
스포츠경영론	25	1. 스포츠 비즈니스의 이해	1. 스포츠 비즈니스 환경의 이해	1. 스포츠 비즈니스의 개념 2. 스포츠 비즈니스의 가치 사슬 3. 스포츠 비즈니스 자원 4. 스포츠 비즈니스 시스템
			2. 스포츠 비즈니스 전략	1. 스포츠 비즈니스 환경분석 2. 스포츠 비즈니스전략 요인 3. 스포츠 비즈니스전략 수립 기법
		2. 스포츠 경영관리	1. 스포츠 조직관리	1. 스포츠조직 구조의 이해 2. 스포츠조직 자원 및 인적관리 요소 3. 스포츠조직 역량 강화 요소
			2. 스포츠 파이낸싱	1. 스포츠 재무관리의 기초 2. 스포츠 조직의 재무 분석 3. 스포츠 조직의 투자결정 및 자본조달
			3. 스포츠 제품 개발 및 생산 관리	1. 스포츠 이벤트 기획 및 실행 2. 스포츠 계약 및 협상 구조 이해 3. 스포츠 융합 상품 개발

필기과목명	문제수	주요항목	세부항목	세세항목
스포츠 마케팅론	25	1. 스포츠 마케팅의 이해	1. 스포츠 마케팅의 개념	1. 스포츠 마케팅의 속성 2 스포츠 마케팅의 구조
			2. 스포츠 마케팅 환경 분석 및 조사 방법	1. 스포츠 마케팅 환경분석 2. 스포츠 마케팅 조사기법 3. 스포츠정보 분석·활용
			3. 스포츠 마케팅 전략	1. 마케팅 프로세스 2. 마케팅 믹스 3. 마케팅전략
			4. 스포츠 브랜드	1. 스포츠 브랜드의 가치 창출 2. 스포츠 브랜드의 확장 및 강화 3. 스포츠 브랜드 커뮤니케이션
		2. 스포츠 마케팅의 실제	1. 스포츠 스폰서십	1. 스폰서십의 종류 및 특성 2. 스폰서십 교환속성 3. 스폰서십 유치기법
			2. 스포츠 관리	1. 미디어의 역할 2. 스포츠와 미디어의 관계 3. 스포츠 PR기법 4. TV방송중계권
			3. 스포츠라이선싱	1. 스포츠조직과 라이선싱 관계 2. 스포츠라이선싱 구조 3. 스포츠라이선싱 계약기법
			4. 스포츠에이전트	1. 스포츠에이전트 구조와 특성 2. 스포츠법률 지원 3. 선수가치분석 및 계약관리

필기과목명	문제수	주요항목	세부항목	세세항목
스포츠시설론	25	1. 스포츠 시설의 이해	1. 스포츠 시설의 개요	1. 스포츠시설의 구분 2. 관람스포츠시설의 특성 및 종류 3. 참여스포츠시설의 특성 및 종류
			2. 스포츠 시설 공간 계획 및 효율화	1. 스포츠시설의 기본구조 이해 및 특성 2. 관람스포츠 시설 활용 3. 참여스포츠 시설 활용
			3. 스포츠 시설 관련 법령	1. 참여스포츠시설 관련 법률 및 제도 2. 관람스포츠 시설 관련 법률 및 제도
		2. 스포츠 시설경영	1. 스포츠 시설 관리 운영	1. 스포츠 프로그램 개발 2. 스포츠 시설업 현황 및 사업성분석 3. 스포츠 시설 이용 안전 관리 4. 스포츠 시설이용 상해 및 보험
			2. 참여 스포츠 시설 사업	1. 종목/ 지역 특성별 스포츠시설 관리 2. 고객유치 및 관리 3. 스포츠 시설 홍보 및 프로모션
			3. 관람스포츠 시설 사업	1. 경기장 광고 판매 사업 2. 경기장 임대 사업 3. 이벤트 개발 및 유치 4. 경기장 식음료 및 부대사업

출제기준(실기)

직무분야	이용·숙박·여행·오락·스포츠	중직무분야	이용·숙박·여행·오락·스포츠	자격종목	스포츠경영관리사	적용기간	2020. 1. 1.~2024. 12. 31.

○ 직무내용 : 경기촉진, 스포츠제품에 대한 부가가치 창출, 중계권 포함 스포츠와 연관된 무형 자산의 상품화 및 판매, 스폰서 모집, 선수와 팀의 매니지먼트, 스포츠 제품에서 파생되는 확장제품 판매, 시설관리 및 가치사슬과 연관된 직무 수행

○ 수행준거 : 1. 스포츠 산업에 영향을 주는 산업구조, 비즈니스 구조, 환경적 요인과 시장의 특징을 파악하여 목표 고객의 특성, 구매과정, 니즈를 분석 마케팅에 활용할 수 있다.
2. 스포츠 소비자의 성향과 수요분석을 통해 관람 및 참여 스포츠 조직의 경영 운영 방안을 수립할 수 있다.
3. 제공된 스포츠 제품 및 서비스의 품질의 만족도를 조사 분석하여 고객에 대한 서비스 품질 개선 대책을 마련할 수 있다.

실기검정방법	필답형	시험시간	3시간 정도

실기과목명	주요항목	세부항목	세세항목
스포츠 마케팅 및 스포츠시설 경영 실무	1. 스포츠용품제작	1. 스포츠용품개발계획 수립	1. 스포츠용품 개발 계획서를 작성할 수 있다. 2. 스포츠용품 개발 계획을 수행 할 수 있다.
	2. 스포츠시설개발	1. 스포츠시설 고객요구 파악하기	1. 스포츠시설 시장조사를 할수 있다. 2. 스포츠시설 이용 고객을 분석할 수 있다. 3. 스포츠시설 이용 고객 트랜드를 파악할 수 있다.
		2. 스포츠시설 부지 선정하기	1. 접근성을 파악할 수 있다. 2. 경제적 적합성을 파악할 수 있다. 3. 부지환경을 조사할 수 있다.
		3. 스포츠시설 사업 타당성 평가	1. 사업필요성을 검토할수 있다. 2. 실행가능성을 검토할 수 있다. 3. 사업계획서를 작성할 수 있다.
		4. 스포츠시설 운영 지원하기	1. 스포츠시설 인사관리를 할 수 있다. 2. 스포츠시설 자산관리를 할 수 있다. 3. 스포츠시설 대외협력 지원을 할 수 있다.
		5. 스포츠시설 고객관리	1. 스포츠시설 고객선호도 평가를 할 수 있다. 2. 스포츠시설 고객만족 교육을 할 수 있다. 3. 스포츠시설 고객민원을 해결할 수 있다. 4. 스포츠시설 고객정보를 관리할 수 있다.
		6. 스포츠시설 서비스운영하기	1. 스포츠시설 입장객을 관리할 수 있다. 2. 스포츠시설 고객을 응대할 수 있다. 3. 스포츠시설 현장서비스를 관리할 수 있다. 4. 스포츠시설 일정을 관리할 수 있다. 5. 스포츠시설 부대시설을 관리 할 수 있다.

실기과목명	주요항목	세부항목	세세항목
	3. 스포츠이벤트	1. 스포츠이벤트 전략기획하기	1. 스포츠이벤트 기획예산을 관리할 수 있다. 2. 스포츠이벤트 환경을 분석할 수 있다. 3. 스포츠이벤트 전략을 수립할 수 있다. 4. 스포츠이벤트재정운용을 기획할 수 있다.
		2. 스포츠이벤트 비즈니스를 개발하기	1. 스포츠이벤트 를개발 계획서를 작성할 수 있다. 2. 스포츠이벤트 를개발 홍보물을 제작할 수 있다. 3. 스포츠이벤트 를개발을 위한 온라인 매체를 관리할 수 있다. 4. 스포츠이벤트 를개발을 위한 프리젠테이션을 할 수 있다.
		3. 스포츠이벤트 협상하기	1. 갈등, 쟁점을 중재할 수 있다. 2. 스포츠이벤트를 계약할 수 있다. 3. 대외 협력을 할수 있다.
		4. 스포츠이벤트 자원관리하기	1. 스포츠이벤트 자원 인력관리 기획을 할수 있다 2. 스포츠이벤트 자원 수송관리 기획을 할 수 있다. 3. 스포츠이벤트 자원 물자관리를 기획할 수 있다. 4. 스포츠이벤트 자원 시간, 공간관리를 기획할 수 있다.
		5. 스포츠이벤트 경기운영 지원하기	1. 스포츠이벤트 경기규정을 활용할 수 있다. 2. 경기데이터를 활용할 수 있다. 3. 스포츠이벤트 경기일정을 운영할 수 있다.
		6. 스포츠이벤트 마케팅하기	1. 후원사 권리 프로그램 개발을 관리할 수 있다. 2. 스포츠 이벤트를 홍보할 수 있다. 3. 경기장내외 광고, 보드, 엠부시를 관리할 수 있다. 4. 티켓, 입장을 관리할 수 있다.
		7. 스포츠이벤트 관광기획하기	1. 스포츠이벤트 문화행사를 기획할 수 있다. 2. 스포츠이벤트 개·폐회식 관리를 기획 할수 있다. 3. 시상운영을 기획할 수 있다. 4. 스포츠이벤트 관광상품을 개발할 수 있다.
		8. 스포츠이벤트 안전기획하기	1. 스포츠이벤트 안전을 기획할 수 있다. 2. 법률정보를 활용할 수 있다. 3. 보험정보를 활용할 수 있다.
		9. 스포츠이벤트 결과보고·사후평가	1. 스포츠이벤트 영향력을 평가할 수 있다. 2. 스포츠이벤트 재정성과를 관리할 수 있다. 3. 스포츠이벤트 DB를 구축할 수 있다.
	4. 스포츠라이선싱	1. 스포츠라이선싱 환경분석하기	1. 스포츠라이선싱 외부환경을 분석할 수 있다. 2. 스포츠라이선싱 내부환경을 분석할 수 있다. 3. 스포츠라이선싱 라이선싱 시장을 분석할 수 있다. 4. 스포츠라이선싱 사업가능성을 분석할 수 있다.
		2. 스포츠라이선싱 권리관계 파악하기	1. 스포츠라이선싱 대상의 권리성격을 파악할 수 있다. 2. 스포츠라이선싱 이용권리의 귀속관계를 파악할 수 있다. 3. 스포츠라이선싱 권리이용시 제약과 이해상충을 파악할 수 있다.

실기과목명	주요항목	세부항목	세세항목
		3. 스포츠라이선싱 계약	1. 스포츠라이선싱 계약조건에 대한 자사의 입장을 파악할 수 있다. 2. 제시조건에 대한 수용가능성을 파악할 수 있다. 3. 스포츠라이선싱 협상대안을 마련할 수 있다. 4. 스포츠라이선싱 계약서를 작성하고 세부사항을 검토할 수 있다. 5. 스포츠라이선싱 계약체결을 준비할 수 있다.
		4. 스포츠라이선싱 제품 프로모션	1. 스포츠라이선싱제품 프로모션을 기획할 수 있다. 2. 스포츠라이선싱 프로모션을 실행할 수 있다. 3. 스포츠라이선싱 프로모션 성과를 평가할 수 있다.
		5. 스포츠라이선싱 권리침해대응하기	1. 스포츠라이선싱 권리침해 매뉴얼을 작성할 수 있다. 2. 스포츠라이선싱 권리침해사항을 모니터링 할 수 있다. 3. 스포츠라이선싱 권리침해시 대응을 할 수 있다.
		6. 퍼블리시티권 관리하기	1. 퍼블리시티권 가치를 분석하고 평가할 수 있다. 2. 퍼블리시티권을 계약할 수 있다.
	5. 스포츠 정보	1. 스포츠 정보 체계 기획하기	1. 스포츠정보 기획주제를 선정할 수 있다. 2. 스포츠정보 시스템을 설계할 수 있다. 3. 스포츠정보 실행계획을 수립할 수 있다.
		2. 스포츠정보 수집하기	1. 스포츠정보 대상방법을 설정할 수 있다. 2. 스포츠정보 양적 데이터를 수집할 수 있다. 3. 스포츠정보 질적 데이터를 수집할 수 있다.
		3. 스포츠정보 분류하기	1. 스포츠정보 분류체계를 구축할 수 있다. 2. 스포츠정보를 주제별로 분류할 수 있다. 3. 스포츠정보 키워드, 태그를 입력할 수 있다.
		4. 스포츠정보 분석하기	1. 스포츠정보의 신뢰성, 타당성을 분석할 수 있다. 2. 스포츠정보 세부분석기법을 선정하고 적용할 수 있다. 3. 스포츠정보 분석결과를 도출할 수 있다.

시각디자인기사

(Engineer Visual Communication Design)

◈ 개요

정보전달방법이 바뀌고 문화와 정보의 집중으로 인해 시각디자인의 중요성이 점차 증가됨에 따라 인쇄, 영상 매체들을 이용하여 정보를 효율적으로 시각화하고 종합적인 조형능력을 갖춘 전문인력인 그래픽디자이너와 영상디자이너를 양성하기 위해 시각디자인기사 자격제도가 제정되었다.

◈ 수행직무

시각디자인기사는 디자인에 필요한 이론 및 자료를 분석하고 디자인 도구와 컴퓨터시스템을 이용하여 포스터, 팸플릿, 잡지, 포장지, 포장박스 등 일상생활에서 쉽게 접할 수 있는 매체에 시각이미지를 디자인하는 작업을 한다.

◈ 진로 및 전망

과학기술의 발전과 새로운 매체의 등장으로 제품이나 광고 등에서 시각적으로 보이는 디자인의 효과가 매출로 연결되는 비중이 점차 커지게 되자 기업경영에 있어 디자인이 경영전략의 핵심요소로 인식되고 있다. 최근 디자인에 대한 대중의 관심이 높아지면서 광고 및 마케팅 영역에서 소비자의 감성을 자극하기 위한 요소로 시각디자인을 다양하게 접목하고 있으며, 영상, 잡지, 포장, 기업이미지 등에 적극적으로 활용하고 있다.

◈ 실시기관명 및 홈페이지

한국산업인력공단(http://www.q-net.or.kr)

◈ 시험정보

수수료

- 필기 : 19,400 원
- 실기 : 29,900 원

◈ 출제경향

- 시각디자인계획(디자인기획서), 디자인실무(컴퓨터작업, 프레젠테이션) 작업 평가.

◈ 출제기준

*별도 파일 삽입(140쪽)

◈ 취득방법

① 응시자격 : 응시자격에는 제한이 있다.

기술자격 소지자	관련학과 졸업자	순수 경력자
· 동일(유사)분야 기사 · 산업기사 + 1년 · 기능사 + 3년 · 동일종목의 외국자격취득자	· 대졸(졸업예정자) · 3년제 전문대졸 + 1년 · 2년제 전문대졸 + 2년 · 기사수준의 훈련과정 이수자 · 산업기사수준 훈련과정 이수 + 2년	· 4년(동일, 유사 분야)

② 관련학과 : 시각디자인과, 시각미디어, 시각전달디자인, 시각정보디자인 등

③ 시험과목

- 필기 : 1. 시각디자인론 2. 조형심리학 3. 광고학 4. 색채학 5. 사진 및 인쇄제판론
- 실기 : 시각디자인계획 및 실무

④ 검정방법

- 필기 : 객관식 4지 택일형 과목당 20문항(과목당 30분)
- 실기 : 작업형(7시간, 100점)

⑤ 합격기준

- 필기 : 100점을 만점으로 하여 과목당 40점 이상, 전과목 평균 60점 이상
- 실기 : 100점을 만점으로 하여 60점 이상

◈ 년도별 검정현황

종목명	연도	필기			실기		
		응시	합격	합격률(%)	응시	합격	합격률(%)
소 계		5,134	3,373	65.7%	3,364	1,641	48.8%
시각디자인기사	2020	302	241	79.8%	246	121	49.2%
시각디자인기사	2019	281	196	69.8%	178	111	62.4%
시각디자인기사	2018	212	156	73.6%	180	137	76.1%
시각디자인기사	2017	250	189	75.6%	165	67	40.6%
시각디자인기사	2016	183	117	63.9%	139	60	43.2%
시각디자인기사	2015	228	164	71.9%	169	94	55.6%
시각디자인기사	2014	255	130	51%	167	60	35.9%
시각디자인기사	2013	280	167	59.6%	177	64	36.2%
시각디자인기사	2012	261	168	64.4%	182	87	47.8%
시각디자인기사	2011	276	219	79.3%	241	158	65.6%

시각디자인기사	2010	351	243	69.2%	229	109	47.6%
시각디자인기사	2009	241	137	56.8%	138	59	42.8%
시각디자인기사	2008	212	113	53.3%	129	73	56.6%
시각디자인기사	2007	244	186	76.2%	151	68	45%
시각디자인기사	2006	309	145	46.9%	140	86	61.4%
시각디자인기사	2005	266	199	74.8%	205	90	43.9%
시각디자인기사	2004	245	172	70.2%	160	53	33.1%
시각디자인기사	2003	205	128	62.4%	118	31	26.3%
시각디자인기사	2002	196	163	83.2%	130	55	42.3%
시각디자인기사	2001	150	51	34%	42	28	66.7%
시각디자인기사	1999 ~2000	187	89	47.6%	78	30	38.5%

◈ 자격취득자에 대한 법령상 우대현황

① 본 자료는 종목별 국가기술자격 취득자 우대 법령을 자체 조사한 자료이다.

② 본 자료는 2020년 하반기에 법제처(www.law.go.kr) 홈페이지를 통해 조사하였으며, 법령 개정 시점 등에 따라 변경된 내용이 미반영 될 수 있다.

③ 법령별 세부 우대현황에 대한 적용은 관련법령을 담당하는 부처의 유권해석에 따른다.

④ 조문내역을 클릭하면 해당 법령의 세부정보(국가법령정보센터)를 확인하실 수 있다.

시각디자인기사 우대현황

우대법령	조문내역	활용내용
공무원수당등에관한규정	제14조특수업무수당(별표11)	특수업무수당지급
공무원임용시험령	제27조경력경쟁채용시험등의응시자격등(별표7,별표8)	경력경쟁채용시험등의응시
공무원임용시험령	제31조자격증소지자등에대한우대(별표12)	6급이하공무원채용시험가산대상자격증
공직자윤리법시행령	제34조취업승인	관할공직자윤리위원회가취업승인을하는경우
공직자윤리법의시행에관한대법원규칙	제37조취업승인신청	퇴직공직자의취업승인요건
공직자윤리법의시행에관한헌법재판소규칙	제20조취업승인	퇴직공직자의취업승인요건
교원자격검정령시행규칙	제9조무시험검정의신청	무시험검정관련실기교사무시험검정일경우해당과목관련국가기술자격증사본첨부
교육감소속지방공무원평정규칙	제23조자격증등의가산점	5급이하공무원,연구사및지도사관련가점사항
국가공무원법	제36조의2채용시험의가점	공무원채용시험응시가점
국가과학기술경쟁력강화를위한이공계지원특별법시행령	제20조연구기획평가사의자격시험	연구기획평가사자격시험일부면제자격
국가과학기술경쟁력강화를위한이공계지원특별법시행령	제2조이공계인력의범위등	이공계지원특별법해당자격
군무원인사법시행령	제10조경력경쟁채용요건	경력경쟁채용시험으로신규채용할수있는경우
군인사법시행규칙	제14조부사관의임용	부사관임용자격
군인사법시행령	제44조전역보류(별표2,별표5)	전역보류자격
근로자직업능력개발법시행령	제27조직업능력개발훈련을위하여근로자를가르칠수있는사람	직업능력개발훈련교사의정의
근로자직업능력개발법시행령	제28조직업능력개발훈련교사의자격취득(별	직업능력개발훈련교사의자격

	표2)	
근로자직업능력개발법시행령	제38조다기능기술자과정의학생선발방법	다기능기술자과정학생선발방법중정원내특별전형
근로자직업능력개발법시행령	제44조교원등의임용	교원임용시자격증소지자에대한우대
기초연구진흥및기술개발지원에관한법률시행규칙	제2조기업부설연구소등의연구시설및연구전담요원에대한기준	연구전담요원의자격기준
독학에의한학위취득에관한법률시행규칙	제4조국가기술자격취득자에대한시험면제범위등	같은분야응시자에대해교양과정인정시험, 전공기초과정인정시험및전공심화과정인정시험면제
문화산업진흥기본법시행령	제26조기업부설창작연구소등의인력시설등의기준	기업부설창작연구소의창작전담요원인력기준
소재부품전문기업등의육성에관한특별조치법시행령	제14조소재부품기술개발전문기업의지원기준등	소재부품기술개발전문기업의기술개발전담요원
엔지니어링산업진흥법시행령	제33조엔지니어링사업자의신고등(별표3)	엔지니어링활동주체의신고기술인력
엔지니어링산업진흥법시행령	제4조엔지니어링기술자(별표2)	엔지니어링기술자의범위
여성과학기술인육성및지원에관한법률시행령	제2조정의	여성과학기술인의해당요건
연구직및지도직공무원의임용등에관한규정	제12조전직시험의면제(별표2의5)	연구직및지도직공무원경력경쟁채용등과전직을위한자격증구분및전직시험이면제되는자격증구분표
연구직및지도직공무원의임용등에관한규정	제26조의2채용시험의특전(별표6, 별표7)	연구사및지도사공무원채용시험시가점
연구직및지도직공무원의임용등에관한규정	제7조의2경력경쟁채용시험등의응시자격	경력경쟁채용시험등의응시자격
옥외광고물등의관리와옥외광고산업진흥에관한법률시행령	제44조옥외광고사업의등록기준및등록절차(별표6)	옥외광고사업의기술능력및시설기준
중소기업인력지원특별법	제28조근로자의창업지원등	해당직종과관련분야에서신기술에기반한창업의경우지원
중소기업창업지원법시행령	제20조중소기업상담회사의등록요건(별표1)	중소기업상담회사가보유하여야하는전문인력기준
중소기업창업지원법시	제6조창업보육센터사	창업보육센터사업자의전문인력기

행령	업자의지원(별표1)	준
지방공무원법	제34조의2신규임용시험의가점	지방공무원신규임용시험시가점
지방공무원수당등에관한규정	제14조특수업무수당(별표9)	특수업무수당지급
지방공무원임용령	제17조경력경쟁임용시험등을통한임용의요건	경력경쟁시험등의임용
지방공무원임용령	제55조의3자격증소지자에대한신규임용시험의특전	6급이하공무원신규임용시필기시험점수가산
지방공무원평정규칙	제23조자격증등의가산점	5급이하공무원연구사및지도사관련가점사항
지방자치단체를당사자로하는계약에관한법률시행규칙	제7조원가계산시단위당가격의기준	노임단가가산
헌법재판소공무원수당등에관한규칙	제6조특수업무수당(별표2)	특수업무수당 지급구분표
국가기술자격법	제14조국가기술자격취득자에대한우대	국가기술자격취득자우대
국가기술자격법시행규칙	제21조시험위원의자격등(별표16)	시험위원의자격
국가기술자격법시행령	제27조국가기술자격취득자의취업등에대한우대	공공기관등채용시국가기술자격취득자우대
국가를당사자로하는계약에관한법률시행규칙	제7조원가계산을할때단위당가격의기준	노임단가의가산
국외유학에관한규정	제5조자비유학자격	자비유학자격
국회인사규칙	제20조경력경쟁채용등의요건	동종직무에관한자격증소지자에대한경력경쟁채용
군무원인사법시행규칙	제18조채용시험의특전	채용시험의특전
군무원인사법시행규칙	제27조가산점(별표6)	군무원승진관련가산점
비상대비자원관리법	제2조대상자원의범위	비상대비자원의인력자원범위

□ 필 기

직무 분야	문화·예술·디자인·방송	중직무 분야	디자인	자격 종목	시각디자인기사	적용 기간	2018. 7. 1 ~ 2021.12.31

○직무내용 : 광고, 편집, 아이덴티티, 패키지, 미디어 등 시각전달 디자인 전반에 관한 기획, 계획, 정보분석, 디자인 실무 등을 수행하는 직무

필기검정방법	객관식	문제수	100	시험시간	2시간 30분

필기과목명	문제수	주요항목	세부항목	세세항목
시각디자인론	20	1. 디자인 개요	1. 디자인 일반	1. 시각디자인의 개념, 정의 2. 디자인의 분류 및 특성, 영역
			2. 디자인사	1. 근대 디자인사 2. 현대 디자인사
		2. 시각디자인과 매체	1. 매체의 분류	1. 인쇄매체 디자인 2. 전파매체 디자인 등
			2. 타이포그래피와 편집디자인	1. 한글, 영문 등 각종 서체 2. 타이포그래피와 편집디자인 등
			3. 그래픽(평면) 디자인 영역	1. 광고, 편집, 일러스트레이션 등 2. 포스터, 캘린더 디자인, CI, BI 등 3. 심벌 및 다이어그램 등
			4. 준입체 디자인 영역	1. 옥외광고디자인, 교통광고디자인, 슈퍼그래픽 2. 포장디자인, P.O.P. 디자인, 디스플레이 등 3. 뉴미디어 디자인 4. 환경디자인 등
			5. 컴퓨터그래픽 영역	1. 전자출판, 컴퓨터그래픽스 2. 컴퓨터애니메이션 3. 인터렉션 디자인(GUI)
		3. 기업과 디자인	1. 기업과 디자인	1. 디자인 정책과 과정 2. 기업이미지와 세일즈 프로모션
			2. 디자인과 생산	1. 디자인 관리 2. 생산 관리
		4. 디자인 방법론	1. 디자인발상	1. 디자인 콘셉트와 아이디어 발상 2. 아이디어 발상법 3. 아이디어의 평가 등
		5. 관련 법규	1. 디자인 관련 소유권 및 디자인 관련법규	1. 상표법 2. 디자인 보호법 3. 실용신안법

필기과목명	문제수	주요항목	세부항목	세세항목
조형심리학	20	1. 미학	1. 미학일반	1. 미와 인간생활(인간과 환경) 2. 감정과 이해, 미적 사물과 감성적 인식 3. 자연미와 예술미 등
		2. 디자인의 요소와 원리	1. 디자인의 요소	1. 점, 선, 면, 입체, 질감, 색채 등 2. 점, 선, 면의 상관관계 등
			2. 디자인의 원리	1. 리듬, 강조, 대비, 대칭 등 2. 변화와 통일 및 조화 등 3. 균형, 형태, 공간, 규모와 비례 등
		3. 조형심리	1. 시각 및 지각 일반	1. 지각 및 시각의 특성 2. 시각의 원리 등 3. 착시 및 착시의 이유 등
		4. 도법	1. 평면도학	1. 선, 각, 다각형 작도 2. 원과 원호, 접촉형, 연접형 등 면적 작도 3. 난형, 타원, 와선 등 작도

필기과목명	문제수	주요항목	세부항목	세세항목
광고학	20	1. 광고의 개요	1. 광고일반	1. 광고의 개념, 종류 및 특성 2. 광고의 소구방법 등
		2. 광고와 마케팅	1. 마케팅 개요	1. 마케팅의 정의, 기능, 전략 2. 마케팅 믹스 등 3. 시장조사 및 자료분석기법, 평가 등
		3. 광고와 커뮤니케이션	1. 커뮤니케이션의 이해	1. 커뮤니케이션의 정의, 종류 및 특성 2. 현대 매스커뮤니케이션의 성립배경과 이론
		4. 광고와소비자 행동론	1. 광고의 소비자 행동론적 기초	1. 고객분석, 소비자 생활유형 2. 학습과 행동, 태도 3. 소비자 정보처리 4. 관여도와 소비자 의사결정과정 등
		5. 광고전략	1. 크리에이티브 전략	1. Brand Image 전략 2. Positioning 전략, U.S.P. 전략 등
		6. 광고제작	1. 인쇄매체 제작의 구성 요소	1. 카피와 카피 작성법 2. 시각표현과 레이아웃
			2. 전파매체(TV)의 제작	1. TV CM 2. Storyboard 제작요령 등 3. 편집 4. 음악과 시간 배분 5. 세트와 소품 6. PD와 감독의 역할
			3. 광고매체	1. 광고매체의 분류 2. 매체별 특성 및 광고 효율 등
			4. 광고관련 조직	1. 광고대행사 및 기업 광고부서의 조직 일반 2. Creative Team 등

필기과목명	문제수	주요항목	세부항목	세세항목
색채학	20	1. 색채지각	1. 색을 지각하는 기본원리	1. 빛과 색 2. 색지각의 학설과 색맹 등
		2. 색의 분류, 성질, 혼합	1. 색의 삼속성과 색입체	1. 색의 분류 2. 색의 삼속성과 색입체
			2. 색의 혼합	1. 가산혼합 2. 감산혼합 3. 중간혼합
		3. 색의 표시	1. 색체계	1. 현색계와 혼색계 2. 먼셀색체계 3. 오스트발트 색체계 등
			2. 색명	1. 관용색명 2. 일반색명
		4. 색의 심리	1. 색의 지각적인 효과	1. 색의 대비, 색의 동화, 잔상, 항상성, 명시도와 주목성, 진출과 후퇴 등
			2. 색의 감정적인 효과	1. 수반감정, 색의 연상과 상징 등
		5. 색채조화	1. 색채조화	1. 색채 조화론의 배경, 의미, 성립과 발달 2. 먼셀의 색채조화론 3. 오스트발트의 색채조화론 4. 문-스펜서의 색채조화론
			2. 배색	1. 색의 3속성에 의한 기본배색과 조화, 전체 색조 및 면적에 의한 배색효과 등
		6. 색채관리	1. 생활과 색채	1. 색채관리 및 색채조절 2. 색채계획(색채디자인) 3. 산업과 색채 등 4. 디지털 색채

필기과목명	문제수	주요항목	세부항목	세세항목
사진 및 인쇄 제판론	20	1. 광학	1. 반사 및 굴절의 법칙	1. 반사 2. 굴절 3. 회절 4. 기타
			2. 광원의 종류 및 성질	1. 자연광의 종류 및 성질 2. 인공광의 종류 및 성질
		2. 카메라	1. 카메라	1. 카메라의 종류 및 특성
			2. 부속기기	1. 렌즈, 필터, 셔터 등 부속기기 등
		3. 사진재료	1. 감광재료	1. 감광재료의 종류, 성질, 용도, 구조, 취급 및 보관 등
			2. 현상 및 표백 약품	1. 현상약품 및 표백 정착 약품의 종류, 성질, 용도 등
		4. 촬영조건	1. 흑백사진	1. 흑백사진 촬영 방법 2. 흑백사진의 화상재현 방법
			2. 컬러사진	1. 컬러사진의 색표현 원리 2. 컬러사진 촬영방법 등
		5. 현상 및 인화	1. 현상	1. 현상의 원리, 조건, 방법 및 특성 2. 흑백컬러 인화 및 현상 등
			2. 후처리 및 인화수정법	1. 사진 후처리 및 수정, 인화수정법 등
		6. 상업사진	1. 상업사진 촬영기법	1. 상품재질별 촬영기법 2. 사진이용 광고기법 등 3. 디지털 사진의 원리 4. 디지털 사진의 프로세스
		7. 인쇄의 개요	1. 인쇄의 역사, 정의, 요소 등	1. 인쇄의 역사 2. 인쇄의 정의 3. 인쇄의 구성 요소
			2. 인쇄의 발달과정 등에 관한 지식	1. 인쇄방법별 인쇄의 발달과정 2. 특수 인쇄의 발달과정

필기과목명	문제수	주요항목	세부항목	세세항목
		8. 인쇄재료	1. 제판재료	1. 제판재료의 종류 및 특성 등
			2. 인쇄잉크 및 인쇄용지	1. 인쇄잉크 및 인쇄용지의 종류 및 특성 등
		9. 인쇄제판	1. 사진제판 및 전자편집	1. 사진제판법의 원리 및 공정 2. 전자편집 방법
			2. 제판법의 분류 및 특징	1. 제판법의 분류 2. 제판법의 특징 및 공정
			3. 교정쇄	1. 교정인쇄 확인
		10. 인쇄 및 인쇄물 가공	1. 인쇄	1. 인쇄방법의 분류 및 특징 2. 디지털 인쇄기법
			2. 인쇄물 가공	1. 인쇄 후 가공

□ 실 기

직무분야	문화·예술·디자인·방송	중직무분야	디자인	자격종목	시각디자인기사	적용기간	2018. 7. 1 ~ 2021.12.31

○ 직무내용 : 광고, 편집, 아이덴티티, 패키지, 미디어 등 시각전달 디자인 전반에 관한 기획, 계획, 정보분석, 디자인실무 등을 수행하는 직무

○ 수행준거 : 1. 크리에이티브 브리프를 작성할 수 있다.
2. 디자인 콘셉트에 맞는 창의적인 아이디어를 도출하고 표현할 수 있다.
3. 디자인 완성형을 제작할 수 있다.
4. 프레젠테이션을 위한 기획 및 제작을 할 수 있다.
5. 컴퓨터와 그래픽 프로그램을 이용한 그래픽작업을 할 수 있다.
6. 컴퓨터 주변기기를 운용할 수 있다.

실기검정방법	작업형	시험시간	7시간 정도

실기과목명	주요항목	세부항목	세세항목
시각 디자인 계획 및 실무	1. 시각디자인 프로젝트 기획	1. 프로젝트 파악하기	1. 의뢰된 프로젝트에 대한 리뷰를 바탕으로 프로젝트를 이해할 수 있다. 2. 제안요청서에 따라 프로젝트의 취지, 목적, 성격, 내용, 요구사항을 파악할 수 있다.
		2. 프로젝트 제안하기	1. 제안요청서의 명확한 이해를 바탕으로 제안서에 반영되어야할 항목과 내용을 도출할 수 있다. 2. 제안서 작성을 위한 기초조사 자료수집과 클라이언트 요구사항 수렴을 통해 제안내용과 목표를 명확히 할 수 있다.
	2. 시각디자인 리서치	1. 디자인트렌드 분석하기	1. 개발 디자인에 대한 시장조사·트렌드·사용자 분석을 바탕으로 시장에서의 위치를 예측하고 그 방향을 설정할 수 있다.
		2. 사용자분석하기	1. 사용자 선호도와 구매패턴을 분석한다
	3. 시각디자인 전략 수립	1. 포지셔닝 전략 도출하기	1. 개발 디자인에 대한 요구사항을 바탕으로 개발 디자인의 방향·차별화 포인트에 대해 합목적성 있는 근거를 도출할 수 있다. 2. 개발 디자인에 대한 요구사항을 바탕으로 디자인의 수준과 관련 시장에서의 위치를 설정 할 수 있다. 3. 사용자 선호도와 구매패턴을 바탕으로 개발 디자인의 포지셔닝 전략을 구사할 수 있다.
		2. 크리에이티브 전략 수립하기	1. 설정된 디자인 콘셉트에 따라 커뮤니케이션의 최적화 방안을 도출할 수 있다. 2. 설정된 디자인 콘셉트에 따라 개발 디자인의 다양한 시각적 표현 방향을 도출할 수 있다.
	4. 비주얼 아이데이션	1. 아이디어 구상하기	1. 다양한 발상기법을 이해하여 새로운 아이디어를 도출할 수 있다. 2. 유사 디자인의 문제점·개선점 파악을 기반으로 아이디어 구상을 콘셉트와 연계할 수 있다.

실기과목명	주요항목	세부항목	세세항목
		2. 아이디어 스케치하기	1. 다양한 시각 · 형태의 아이디어 스케치(idea sketch)를 통하여 창의적인 아이디어를 도출할 수 있다. 2. 아이디어를 기반으로 한 키워드 중심의 조형 요소 시각화로 콘셉트를 구체화할 수 있다. 3. 설정된 콘셉트를 이해하여 다양한 디자인 요소 및 재료를 활용한 표현 기법으로 아이디어 스케치를 할 수 있다.
		3. 비주얼 방향 설정하기	1. 전개된 아이디어 스케치를 대상으로 발전가능한 안을 선정할 수 있다. 2. 선정된 콘셉트의 효과적 시각화를 위해 매체와 표현 기법을 결정할 수 있다. 3. 추구하는 디자인 특성을 반영하여 구체적인 비주얼 전개 방향을 제시할 수 있다.
	5. 시안 디자인 개발	1. 아트웍하기	1. 준비된 자료를 바탕으로 디자인 콘셉트에 맞게 완성도 높은 시안을 제작할 수 있다. 2. 디자인 소프트웨어를 활용하여 이미지 구현을 할 수 있다. 3. 디자인 콘셉트와 비주얼을 기반으로 타이포그래피를 사용할 수 있다. 4. 색이 전달하는 이미지를 활용하여 콘셉트에 적합한 색을 선택, 조정, 배색, 보정할 수 있다. 5. 입체물 제작 시 평면디자인 전개에서 결과물을 예상하여 제작할 수 있다.
	6. 프레젠테이션	1. 프레젠테이션 기획하기	1. 창의적인 프레젠테이션을 위하여 주제와 방향을 결정 할 수 있다. 2. 제작된 시안별 특징 파악을 통하여 각 시안의 차이점을 강조하기 위한 프레젠테이션을 기획할 수 있다. 3. 효과적인 디자인 의도 표현을 위하여 디자인 전개 과정을 단계별로 알기 쉽게 설계하여 표현할 수 있다.
		2. 프레젠테이션 제작하기	1. 기획된 프레젠테이션 제작을 위하여 각종 자료를 준비할 수 있다. 2. 성공적인 프레젠테이션을 위하여 발표 전개 방법을 명확하고 체계적으로 계획할 수 있다. 3. 시각적 자료와 논리적 자료의 활용으로 프레젠테이션의 이해와 설득력을 높일 수 있다.
	7. 최종 디자인 개발	1. 최종 디자인 완성하기	1. 최종 디자인 아트웍을 하여 이미지합성, 타이포그래피, 그래픽요소 활용으로 레이아웃을 구성 할 수 있다. 2. 최종 디자인 확인을 위하여 완성된 최종안을 출력하여 점검할 수 있다.
	8. 디자인 제작 관리	1. 디자인 파일 작업하기	1. 제작 발주를 위하여 확정된 최종 디자인을 제작용 데이터로 변환 작업할 수 있다. 2. 매체에 따른 적용 오류 발생 가능성의 요소들을 확인하고 그에 따라 대처할 수 있다

시각디자인산업기사
(Industrial Engineer Visual Communication Design)

◈ 개요
정보전달방법이 바뀌고 문화와 정보의 집중으로 인해 시각디자인의 중요성이 점차 증가됨에 따라 인쇄, 영상 매체들을 이용하여 정보를 효율적으로 시각화하고 종합적인 조형능력을 갖춘 전문인력을 양성하기 위해 시각디자인산업기사 자격제도가 제정되었다.

◈ 수행직무
시각디자인산업기사는 디자인에 필요한 이론 및 자료를 분석하고 디자인 도구와 컴퓨터시스템을 이용하여 포스터, 팸플릿, 잡지, 포장지, 포장박스 등 일상생활에서 쉽게 접할 수 있는 매체에 시각이미지를 디자인하는 작업을 한다.

◈ 실시기관명 및 홈페이지
한국산업인력공단(http://www.q-net.or.kr)

◈ 시험정보
수수료
- 필기 : 19,400 원
- 실기 : 30,400 원

◈ 출제경향
- 시각디자인계획(디자인기획서), 디자인실무(컴퓨터작업) 작업 평가.

◈ 취득방법

① 응시자격 : 응시자격에는 제한이 있다.

기술자격 소지자	관련학과 졸업자	순수 경력자
·· 동일(유사)분야 산업 기사 · 기능사 + 1년 · 동일종목의 외국자격취득자 · 기능경기대회 입상	· 전문대졸(졸업예정자) · 산업기사수준의 훈련과정 이수자	· 2년(동일, 유사 분야)

※ 관련학과 : 전문대학 이상의 학교에 개설되어 있는 시각디자인, 시각미디어, 시각전달디자인, 시각정보디자인, 영상디자인, 시각영상디자인 등 관련학과

※ 동일직무분야 : 건설 중 건축, 섬유·의복, 인쇄·목재·가구·공예 중 목재·가구·공예

② 시험과목

- 필기 : 1. 색채학 2. 인쇄 및 사진기법 3. 시각디자인론 4. 시각디자인실무 이론
- 실기 : 시각디자인 실무

③ 검정방법

- 필기 : 객관식 4지 택일형, 과목당 20문항(과목당 30분)
- 실기 : 작업형(7시간 정도)

④ 합격기준

- 필기 : 100점을 만점으로 하여 과목당 40점 이상, 전과목 평균 60점 이상.
- 실기 : 100점을 만점으로 하여 60점 이상.

◈ 출제기준

별도파일 삽입(155쪽)

◈ 과정평가형 자격 취득정보

이 자격은 과정평가형으로도 취득할 수 있습니다. 다만, 해당종목을 운영하는 교육훈련기관이 있어야 가능하며, 과정평가형 자격은 NCS 능력단위를 기반으로 설계된 교육·훈련과정을 이수한 후 평가를 통해 국가기술 자격을 부여하는 새로운 자격입니다.

◈ 년도별 검정현황

종목명	연도	필기			실기		
		응시	합격	합격률(%)	응시	합격	합격률(%)
소 계		30,711	17,674	57.5%	20,030	9,829	49.1%
시각디자인산업기사	2020	666	499	74.9%	594	324	54.5%
시각디자인산업기사	2019	837	556	66.4%	601	287	47.8%
시각디자인산업기사	2018	908	561	61.8%	635	336	52.9%
시각디자인산업기사	2017	995	724	72.8%	648	384	59.3%
시각디자인산업기사	2016	921	572	62.1%	613	433	70.6%
시각디자인산업기사	2015	982	638	65%	814	353	43.4%
시각디자인산업기사	2014	1,075	769	71.5%	826	445	53.9%
시각디자인산업기사	2013	1,423	806	56.6%	878	429	48.9%
시각디자인산업기사	2012	1,305	870	66.7%	1,075	677	63%
시각디자인산업기사	2011	1,528	1,129	73.9%	1,271	643	50.6%
시각디자인산업기사	2010	1,631	1,083	66.4%	1,262	591	46.8%
시각디자인산업기사	2009	1,451	944	65.1%	1,163	537	46.2%
시각디자인산업기사	2008	1,772	1,106	62.4%	1,442	634	44%
시각디자인산업기사	2007	1,440	1,085	75.3%	1,198	602	50.3%
시각디자인산업기사	2006	2,087	1,278	61.2%	1,291	670	51.9%
시각디자인산업기사	2005	1,938	924	47.7%	1,139	504	44.2%
시각디자인산업기사	2004	1,483	846	57%	1,054	376	35.7%
시각디자인산업기사	2003	1,695	766	45.2%	914	300	32.8%
시각디자인산업기사	2002	1,901	862	45.3%	943	481	51%

시각디자인산업기사	2001	1,406	598	42.5%	558	353	63.3%
시각디자인산업기사	1996 ~2000	3,267	1,058	32.4%	1,111	470	42.3%

◈ 자격취득자에 대한 법령상 우대현황

① 본 자료는 종목별 국가기술자격 취득자 우대 법령을 자체 조사한 자료이다.

② 본 자료는 2020년 하반기에 법제처(www.law.go.kr) 홈페이지를 통해 조사하였으며, 법령 개정 시점 등에 따라 변경된 내용이 미반영 될 수 있다.

③ 법령별 세부 우대현황에 대한 적용은 관련법령을 담당하는 부처의 유권해석에 따른다.

④ 조문내역을 클릭하면 해당 법령의 세부정보(국가법령정보센터)를 확인하실 수 있다.

시각디자인산업기사 우대현황

우대법령	조문내역	활용내용
공무원수당등에관한규정	제14조특수업무수당(별표11)	특수업무수당지급
공무원임용시험령	제27조경력경쟁채용시험등의응시자격등(별표7,별표8)	경력경쟁채용시험등의응시
공무원임용시험령	제31조자격증소지자등에대한우대(별표12)	6급이하공무원채용시험가산대상자격증
공직자윤리법시행령	제34조취업승인	관할공직자윤리위원회가취업승인을하는경우
공직자윤리법의시행에관한대법원규칙	제37조취업승인신청	퇴직공직자의취업승인요건
공직자윤리법의시행에관한헌법재판소규칙	제20조취업승인	퇴직공직자의취업승인요건
교원자격검정령시행규칙	제9조무시험검정의신청	무시험검정관련실기교사무시험검정일경우해당과목관련국가기술자격증사본첨부
교육감소속지방공무원평	제23조자격증등의가산점	5급이하공무원,연구사및지

정규칙		도사관련가점사항
국가공무원법	제36조의2채용시험의가점	공무원채용시험응시가점
국가과학기술경쟁력강화를위한이공계지원특별법시행령	제20조연구기획평가사의자격시험	연구기획평가사자격시험일부면제자격
국가과학기술경쟁력강화를위한이공계지원특별법시행령	제2조이공계인력의범위등	이공계지원특별법해당자격
군무원인사법시행령	제10조경력경쟁채용요건	경력경쟁채용시험으로신규채용할수있는경우
군인사법시행규칙	제14조부사관의임용	부사관임용자격
군인사법시행령	제44조전역보류(별표2,별표5)	전역보류자격
근로자직업능력개발법시행령	제27조직업능력개발훈련을위하여근로자를가르칠수있는사람	직업능력개발훈련교사의정의
근로자직업능력개발법시행령	제28조직업능력개발훈련교사의자격취득(별표2)	직업능력개발훈련교사의자격
근로자직업능력개발법시행령	제38조다기능기술자과정의학생선발방법	다기능기술자과정학생선발방법중정원내특별전형
근로자직업능력개발법시행령	제44조교원등의임용	교원임용시자격증소지자에대한우대
기초연구진흥및기술개발지원에관한법률시행규칙	제2조기업부설연구소등의연구시설및연구전담요원에대한기준	연구전담요원의자격기준
독학에의한학위취득에관한법률시행규칙	제4조국가기술자격취득자에대한시험면제범위등	같은분야응시자에대해교양과정인정시험,전공기초과정인정시험및전공심화과정인정시험면제
엔지니어링산업진흥법시행령	제33조엔지니어링사업자의신고등(별표3)	엔지니어링활동주체의신고기술인력
엔지니어링산업진흥법시행령	제4조엔지니어링기술자(별표2)	엔지니어링기술자의범위
여성과학기술인육성및지원에관한법률시행령	제2조정의	여성과학기술인의해당요건
연구직및지도직공무원의임용등에관한규정	제26조의2채용시험의특전(별표6,별표7)	연구사및지도사공무원채용시험시가점

옥외광고물등의관리와옥외광고산업진흥에관한법률시행령	제44조옥외광고사업의등록기준및등록절차(별표6)	옥외광고사업의기술능력및시설기준
중소기업인력지원특별법	제28조근로자의창업지원등	해당직종과관련분야에서신기술에기반한창업의경우지원
지방공무원법	제34조의2신규임용시험의가점	지방공무원신규임용시험시가점
지방공무원수당등에관한규정	제14조특수업무수당(별표9)	특수업무수당지급
지방공무원임용령	제17조경력경쟁임용시험등을통한임용의요건	경력경쟁시험등의임용
지방공무원임용령	제55조의3자격증소지자에대한신규임용시험의특전	6급이하공무원신규임용시필기시험점수가산
지방공무원평정규칙	제23조자격증등의가산점	5급이하공무원연구사및지도사관련가점사항
지방자치단체를당사자로하는계약에관한법률시행규칙	제7조원가계산시단위당가격의기준	노임단가가산
헌법재판소공무원수당등에관한규칙	제6조특수업무수당(별표2)	특수업무수당 지급구분표
국가기술자격법	제14조국가기술자격취득자에대한우대	국가기술자격취득자우대
국가기술자격법시행규칙	제21조시험위원의자격등(별표16)	시험위원의자격
국가기술자격법시행령	제27조국가기술자격취득자의취업등에대한우대	공공기관등채용시국가기술자격취득자우대
국가를당사자로하는계약에관한법률시행규칙	제7조원가계산을할때단위당가격의기준	노임단가의가산
국외유학에관한규정	제5조자비유학자격	자비유학자격
국회인사규칙	제20조경력경쟁채용등의요건	동종직무에관한자격증소지자에대한경력경쟁채용
군무원인사법시행규칙	제18조채용시험의특전	채용시험의특전
군무원인사법시행규칙	제27조가산점(별표6)	군무원승진관련가산점
비상대비자원관리법	제2조대상자원의범위	비상대비자원의인력자원범위

□ 필 기

직무 분야	문화·예술·디자인·방송	중직무 분야	디자인	자격 종목	시각디자인산업기사	적용 기간	2018. 7. 1 ~ 2021.12.31

○ 직무내용 : 디자인에 필요한 이론 및 자료를 분석하고 디자인 도구와 컴퓨터시스템을 이용하여 광고디자인, 편집디자인 등의 디자인 작업을 하는 직무

필기검정방법	객관식	문제수	60	시험시간	2시간

필기과목명	문제수	주요항목	세부항목	세세항목
색채학	20	1. 색채지각	1. 색을 지각하는 기본 원리	1. 빛과 색 2. 색지각의 학설과 색맹
		2. 색의 분류, 성질, 혼합	1. 색의 3속성과 색입체	1. 색의 분류 2. 색의 3속성과 색입체
			2. 색의 혼합	1. 가산혼합 2. 감산혼합 3. 중간혼합
		3. 색의 표시	1. 색체계	1. 현색계와 혼색계 2. 먼셀색체계 3. 오스트발트 색체계
			2. 색명	1. 관용색명 2. 일반색명
		4. 색의 심리	1. 색의 지각적인 효과	1. 색의 대비, 색의 동화, 잔상, 항상성, 명시도와 주목성, 진출과 후퇴 등
			2. 색의 감정적인 효과	1. 수반감정 2. 색의 연상과 상징
		5. 색채조화	1. 색채조화	1. 색채조화론의 배경, 의미, 성립과 발달 등 2. 오스트발트의 색채조화론 3. 문-스펜서의 색채조화론
			2. 배색	1. 색의 3속성에 의한 기본배색과 조화, 전체색조 및 면적에 의한 배색효과
		6. 색채관리	1. 생활과 색채	1. 색채관리 및 색채조절 2. 색채계획(색채디자인) 3. 디지털 색채

필기과목명	문제수	주요항목	세부항목	세세항목
인쇄 및 사진 기법	20	1. 인쇄의 개요	1. 인쇄의 역사, 정의, 요소	1. 인쇄의 역사 2. 인쇄의 정의 3. 인쇄의 구성요소
			2. 인쇄의 발달 과정	1. 인쇄방법별 인쇄의 발달과정 2. 특수 인쇄의 발달과정
		2. 인쇄재료	1. 인쇄잉크 및 인쇄용지의 종류 및 특징	1. 인쇄잉크의 종류 및 특징 2. 인쇄용지의 종류 및 특징 3. 기타 인쇄재료의 종류 및 특징
		3. 제판의 기초	1. 사진제판 및 전자편집	1. 사진제판법의 원리 및 공정 2. 전자편집 방법
			2. 제판법의 분류 및 특징	1. 제판법의 분류 2. 제판법의 특징 및 공정
		4. 인쇄방법	1. 인쇄방법의 분류 및 특징	1. 인쇄방법의 분류 2. 인쇄방법의 특징 및 공정 3. 디지털인쇄기법
		5. 인쇄물 가공	1. 제책의 종류와 공정	1. 제책의 종류 2. 제책공정
			2. 표면가공	1. 표면가공의 목적 2. 표면가공방법 3. 지기가공 및 박찍기
		6. 문자 및 문자사용	1. 문자	1. 문자의 크기 및 단위
			2. 서체의 종류 및 특징	1. 서체의 종류 2. 서체의 특징
		7. 사진의 역사	1. 사진의 발달 과정	1. 사진기계의 발달사 2. 감광재료의 발달사 3. 현상이론의 발달사
		8. 광학의 기초	1. 반사 및 굴절의 법칙	1. 반사 2. 굴절 3. 회절 4. 기타
			2. 광원의 종류 및 성질	1. 자연광의 종류 및 성질 2. 인공광의 종류 및 성질

필기과목명	문제수	주요항목	세부항목	세세항목
		9. 컬러사진 기초	1. 컬러사진의 색표현 원리	1. 감색법에 의한 색표현 원리 2. 가색법에 의한 색표현 원리
			2. 컬러필름 및 컬러인화지의 종류 및 구조	1. 컬러필름의 종류 및 구조 2. 컬러인화지의 종류 및 구조
		10. 카메라	1. 카메라의 종류 및 특징법	1. 카메라의 종류 및 특징 2. 카메라의 사용법
			2. 렌즈, 필터, 셔터의 종류 및 특징	1. 렌즈의 종류 및 특징 2. 필터의 종류 및 특징 3. 셔터의 종류 및 특징 4. 기타 부속기기의 종류 및 특징
		11. 촬영조건의 결정	1. 촬영조건 및 방법	1. 피사체의 특징에 따른 촬영조건 및 방법
			2. 부속기기의 선정 및 사용법	1. 촬영 목적에 적합한 부속기기의 선정 및 사용법
		12. 사진재료	1. 감광재료	1. 감광재료의 종류, 성질, 용도, 구조, 취급 및 보관
			2. 현상약품	1. 현상약품의 종류, 성질, 용도
			3. 표백정착 약품	1. 표백정착 약품의 종류, 성질, 용도
		13. 현상	1. 현상	1. 현상의 원리 및 조건 2. 현상액의 조성 및 특성
		14. 인화	1. 인화	1. 흑백, 컬러 인화 및 현상
			2. 후처리 및 인화 수정법	1. 사진 후처리 및 수정, 인화 수정법
		15. 상업사진	1. 상업사진 촬영 기법	1. 상품재질별 촬영기법 2. 광고사진기법 3. 디지털 사진의 원리 4. 디지털 사진의 프로세스

필기과목명	문제수	주요항목	세부항목	세세항목
시각디자인론	20	1. 디자인의 개요	1. 디자인 일반	1. 시각디자인의 개념, 정의 2. 디자인의 분류 및 특성, 영역
		2. 디자인사	1. 근대디자인사	1. 산업혁명 2. 미술공예운동 3. 아르누보 4. 독일공작연맹 5. 바우하우스 6. 그 외 디자인 사조의 역사적 의미, 현대 디자인이 미친 영향
			2. 현대디자인사	1. 유럽의 현대디자인사 2. 미국의 현대디자인사 3. 일본의 현대디자인사 4. 한국의 현대디자인사
		3. 디자인 요소와 원리	1. 디자인의 요소	1. 점, 선, 면, 입체, 질감, 색채 등
			2. 디자인의 원리	1. 리듬, 균형, 조화, 통일과 변화 등 2. 형태의 분류 및 특징 3. 형태의 생리와 심리 (착시, 착시의 이유, 시각의 법칙 등)
		4. 디자인제도	1. 도법	1. 평면도법 및 투상도법
		5. 디자인관리	1. 기업과 디자인	1. 디자인 정책 2. 디자인 경영 3. 디자인의 사회적 기능과 활동

필기과목명	문제수	주요항목	세부항목	세세항목
시각디자인 실무이론	20	1. 디자인과 마케팅	1. 디자이너의 경영지식	1. 신상품기획과 제품의 이미지 메이킹 2. 상품런칭 및 포지셔닝
			2. 마케팅	1. 마케팅의 정의, 기능, 전략 2. 시장조사 및 자료분석 3. 고객분석 4. 소비자 생활유형 (Life style) 5. 상품수명주기 (Product Life Cycle)
		2. 시각 커뮤니케이션	1. 시각 커뮤니케이션의 이해	1. 시각 커뮤니케이션의 정의와 기능 2. 시각 커뮤니케이션의 방법
		3. 매체의 특성	1. 주요광고매체의 특성	1. TV 광고 2. 라디오 광고 3. 신문 광고 4. 잡지 광고 5. 인터넷 광고
			2. 평면 디자인 분야	1. 심벌마크디자인 2. 일러스트레이션 3. 편집디자인 4. 타이포그래피와 레터링 5. 캘린더 디자인 6. 캐릭터 디자인 7. CI, BI
			3. 준입체디자인 분야	1. 포장디자인 2. POP디자인 3. 교통광고디자인 4. 옥외광고디자인 5. 환경디자인 등
		4. 디자인과 컴퓨터 그래픽스	1. 컴퓨터그래픽스의 이해	1. 컴퓨터그래픽스의 개념 및 역사 2. 컴퓨터그래픽스 시스템
			2. 컴퓨터그래픽스의 원리	1. 컬러와 컴퓨터그래픽 2. 벡터방식 및 비트맵 방식 3. 그래픽 파일 포맷 4. 컴퓨터그래픽스 응용디자인

□ 실 기

직무분야	문화·예술·디자인·방송	중직무분야	디자인	자격종목	시각디자인산업기사	적용기간	2018. 7. 1 ~ 2021.12.31

○ 직무내용 : 디자인에 필요한 이론 및 자료를 분석하고 디자인 도구와 컴퓨터시스템을 이용하여 광고디자인, 편집디자인 등의 디자인 작업을 하는 직무

○ 수행준거 : 1. 디자인 콘셉트에 맞는 창의적인 아이디어를 도출하고 표현할 수 있다.
2. 디자인 완성형을 제작할 수 있다.
3. 컴퓨터와 그래픽 프로그램을 이용한 그래픽 작업을 할 수 있다.
4. 컴퓨터 주변기기를 운용할 수 있다.

실기검정방법	작업형	시험시간	6시간 정도

실기과목명	주요항목	세부항목	세세항목
시각디자인 실무	1. 시각디자인 프로젝트 기획	1. 프로젝트 파악하기	1. 의뢰된 프로젝트에 대한 리뷰를 바탕으로 프로젝트를 이해할 수 있다. 2. 제안요청서에 따라 프로젝트의 취지, 목적, 성격, 내용, 요구사항을 파악할 수 있다.
		2. 프로젝트 제안하기	1. 제안요청서의 명확한 이해를 바탕으로 제안서에 반영되어야할 항목과 내용을 도출할 수 있다. 2. 제안서 작성을 위한 기초조사 자료수집과 클라이언트 요구사항 수렴을 통해 제안내용과 목표를 명확히 할 수 있다.
	2. 시각디자인 전략 수립	1. 디자인 콘셉트 설정하기	1. 프로젝트 요구사항을 기반으로 개발 디자인의 목적과 목표를 설정 할 수 있다. 2. 디자인 개발방향을 설정하여 그에 따른 키워드를 도출할 수 있다. 3. 키워드·콘셉트 도출로 프로젝트 결과물의 시각적 아이덴티티를 기획 할 수 있다.
		2. 크리에이티브 전략 수립하기	1. 설정된 디자인 콘셉트에 따라 커뮤니케이션의 최적화 방안을 도출할 수 있다. 2. 설정된 디자인 콘셉트에 따라 개발 디자인의 다양한 시각적 표현 방향을 도출할 수 있다.
	3. 비주얼 아이데이션	1. 아이디어 구상하기	1. 다양한 발상기법을 이해하여 새로운 아이디어를 도출할 수 있다. 2. 유사 디자인의 문제점·개선점 파악을 기반으로 아이디어 구상을 콘셉트와 연계할 수 있다.
		2. 아이디어 스케치하기	1. 다양한 시각·형태의 아이디어 스케치(idea sketch)를 통하여 창의적인 아이디어를 도출할 수 있다. 2. 아이디어를 기반으로 한 키워드 중심의 조형 요소 시각화로 콘셉트를 구체화할 수 있다. 3. 설정된 콘셉트를 이해하여 다양한 디자인 요소 및 재료를 활용한 표현 기법으로 아이디어 스케치를 할 수 있다.

실기과목명	주요항목	세부항목	세세항목
		3. 비주얼 방향 설정하기	1. 전개된 아이디어 스케치를 대상으로 발전가능한 안을 선정할 수 있다. 2. 선정된 콘셉트의 효과적 시각화를 위해 매체와 표현 기법을 결정할 수 있다. 3. 추구하는 디자인 특성을 반영하여 구체적인 비주얼 전개 방향을 제시할 수 있다.
	4. 시안 디자인 개발	1. 아트웍하기	1. 준비된 자료를 바탕으로 디자인 콘셉트에 맞게 완성도 높은 시안을 제작할 수 있다. 2. 디자인 소프트웨어를 활용하여 이미지 구현을 할 수 있다. 3. 디자인 콘셉트와 비주얼을 기반으로 타이포그래피를 사용할 수 있다. 4. 색이 전달하는 이미지를 활용하여 콘셉트에 적합한 색을 선택, 조정, 배색, 보정할 수 있다. 5. 입체물 제작 시 평면디자인 전개에서 결과물을 예상하여 제작할 수 있다.
	5. 최종 디자인 개발	1. 최종 디자인 완성하기	1. 최종 디자인 아트웍을 하여 이미지합성, 타이포그래피, 그래픽요소 활용으로 레이아웃을 구성 할 수 있다. 2. 최종 디자인 확인을 위하여 완성된 최종안을 출력하여 점검할 수 있다.
	6. 디자인 제작 관리	1. 디자인 파일 작업하기	1. 제작 발주를 위하여 확정된 최종 디자인을 제작용 데이터로 변환 작업할 수 있다. 2. 매체에 따른 적용 오류 발생 가능성의 요소들을 확인하고 그에 따라 대처할 수 있다.

워드프로세서

(Word Processor Specialist)

◈ 개요

기업에서 다량의 문서처리가 이루어지면서 빠르고 정확한 문서작성이 요구되고 있음. <워드프로세서> 검정은 컴퓨터의 기초사용법과 효율적인 문서작성을 위한 워드프로세싱 프로그램 운영 및 편집능력을 평가하는 국가기술자격 시험이다.

◈ 실시기관 홈페이지

대한상공회의소(http://license.korcham.net/)

◈ 응시자격 및 접수안내

① 제한없음

② 인터넷 접수 여건이 안되는 수험자에게는 인터넷 접수기간중 해당 상공회의소를 방문하시면 접수에 필요한 사스템(사진 스캔 등)을 제공한다.

◈ 시험과목

- 필기시험(객관식 60문항) : 1. 워드프로세서 일반　2. PC운영체제　3. 컴퓨터와 정보활용
- 실기시험(컴퓨터 작업형) : 문서편집 기능
  (프로그램 한글2020 MS Word 2016)

◈ 합격기준

- 필기 : 매과목 100점 만점에 과목당 40점 이상이고, 평균 60점 이상
- 실기 : 100점 만점에 80점 이상

◈ 응시수수료

- 필기 : 17,000원
- 실기 : 19,500원

◈ 출제기준

□ 필기

○ 직무분야 : 경영·회계·사무(사무)	○ 자격종목 : 워드프로세서	○ 적용기간 : 2021. 1. 1 ~ 2023. 12. 31
○ 직무내용 : 워드프로세서 활용 직무는 컴퓨터를 활용하여 기안문, 보고서, 기획안 등과 같은 다양한 종류의 전자문서를 효율적으로 작성하고 문서를 처리, 관리 하는 일이다.		
○ 필기검정방법 : 객관식(60문제)	○ 시험시간 : 60분	

필기 과목명	주요항목	세부항목	세세항목
워드 프로세싱 용어 및 기능	1. 워드 프로세서 일반 기능 파악	워드프로세서 개요 파악하기	• 워드프로세서의 정의 및 특징 • 워드프로세서 기본 용어
		워드프로세서의 기능 파악하기	• 입력 및 저장 기능 - 불러오기, 저장하기, 글자판, 상용구, 문자표, 한자변환, 하이퍼텍스트, 그림삽입, 도표그리기, 차트그리기, 금칙처리 등 • 표시 기능 - 커서와 화면이동, 글자모양, 문단모양, 스타일, 화면확대, 조판부호와 문단부호, 눈금자 등 • 편집기능

필기 과목명	주요항목	세부항목	세세항목
			- 수정/삽입/삭제, 오려두기/복사하기/붙이기, 찾기/바꾸기, 맞춤법사전, 매크로, 메일머지 등 • 출력 기능 - 인쇄, 미리보기, 인쇄용지, 팩스인쇄, e-mail로 보내기 등
		전자출판의 개념 파악하기	• 전자출판의 정의, 특징, 종류 • 전자출판시스템, 전자출판매체, 전자도서 • 전자출판 관련 기술 및 용어 등
	2. 문서 작성	문서 작성하기	• 문서의 기능 및 종류 - 다양한 형식의 사내문서 - 다양한 형식의 사외문서 • 문서 작성 원칙 • 올바른 문장 작성법 및 맞춤법 • 문서의 논리적 구성 - 연역적 구성, 귀납적 구성
		문서 교정하기	• 교정부호의 종류 • 교정부호의 사용법
	3. 문서 관리	문서 관리하기	• 문서 관리의 기능 • 문서 관리 원칙 • 문서 관리 절차
		문서 파일링하기	• 문서 파일링 절차 • 문서 분류법
		전자문서 관리하기	• 전자문서관리 • 전자결재시스템
		공문서 처리하기	• 공문서의 특징, 분류, 성립, 효력발생 • 공문서의 구성 및 작성 - 두문, 본문, 결문 • 공문서의 결재, 등록, 시행, 발송, 접수, 보고 • 공문서의 관리
PC 운영체	1. 한글 윈도	한글 윈도우의 기본 기능	• 한글 윈도우의 특징 • 컴퓨터 시스템의 부팅

필기 과목명	주요항목	세부항목	세세항목
제	우 활용	활용하기	• 컴퓨터 시스템의 절전/시스템 종료/다시 시작 • 바로 가기 키 • 마우스와 키보드 사용하기 • 창 구성 요소 및 창 조절 기능
		바탕 화면 활용하기	• 작업표시줄 설정 및 사용 • 시작메뉴 및 검색 • 알림 영역 설정 및 사용 • 바탕 화면 설정 및 사용 • 개인 설정 • 가상 데스크톱
		컴퓨터 파일과 폴더 관리하기	• 탐색기 사용 및 폴더 옵션 • 앱 및 파일 검색 • 검색 창 사용 • 파일/폴더의 검색 • 파일/폴더의 생성 • 파일/폴더의 복사/이동/삭제 • 휴지통 사용
		Windows 보조프로그램 활용하기	• 원격데스크톱 연결, 그림판, 메모장, 캡처 도구, 문자표, 워드패드 등
		유니버설 앱 활용하기	• 계산기, 그림판 3D, 스티커 메모, 캡처 및 스케치, 사진, 비디오 편집기, 알람 및 시계, 음성 녹음기 등
		인쇄하기	• 프린터 추가 및 제거 • 기본 프린터 설정 • 프린터 관리 • 인쇄 기본 설정 • 인쇄 대기열 설정
	2. 컴퓨터 시스템	시스템 관리하기	• 디스크 정리, 드라이브 조각 모음 및 최적화 • 업데이트 및 보안 • 전원 설정 • 접근성 설정

필기 과목명	주요항목	세부항목	세세항목
	관리		• 사용자 계정 관리 • 저장소 관리 • 개인 정보 관리 • 집중 지원 설정 • 시간 및 언어 설정
		장치 관리하기	• 장치 추가/제거 • 장치 문제 해결
		앱 관리하기	• 앱 추가/제거 • 기본 앱 설정 • 실행 오류 문제 해결 • 비디오 재생 설정 • 시작 프로그램 관리 • 작업관리자
	3. 네트워크 관리	네트워크 사용하기	• 네트워크 환경 설정 • 작업 그룹 설정 • 파일 및 프린터 공유 • 방화벽 및 네트워크 보호 설정(Windows Defender 방화벽 등) • 네트워크 연결 문제 해결
		웹브라우저 사용하기	• 웹브라우저 종류별 기능 (Internet Explorer, Microsoft Egde, Chrome, Firefox 등) • 웹브라우저 환경 설정 • 개인정보 및 보안 설정 • 도구 모음 및 검색 공급자 설정
PC 기본상식	1. 컴퓨터 시스템 개요	컴퓨터의 원리 및 개념 파악하기	• 컴퓨터의 원리 • 컴퓨터의 기능 • 컴퓨터의 역사
		컴퓨터 시스템 분류하기	• 데이터의 종류에 따른 분류 • 용도에 따른 분류 • 성능에 따른 분류
		하드웨어 파악하기	• 중앙처리장치 기본 구조 • 기억장치의 특징과 종류

필기 과목명	주요항목	세부항목	세세항목
			• 입출력 장치의 특징과 종류 • 메인보드의 구성
		소프트웨어 파악하기	• 시스템 소프트웨어 • 응용 소프트웨어
		PC 유지보수하기	• 윈도우 설치 및 업그레이드 • 하드웨어 업그레이드 • 소프트웨어 업그레이드 • CMOS 설정
	2. 멀티미디어 활용	멀티미디어 활용하기	• 멀티미디어 개요 • 멀티미디어 데이터의 종류 및 특성 • 멀티미디어 소프트웨어의 종류
	3. 정보통신과 인터넷 활용	정보통신 활용하기	• 정보통신 기본 용어 • 네트워크 기본 장비(라우터, 허브, 랜카드 등) • 정보통신망의 종류(LAN, VAN 등)
		인터넷 활용하기	• 인터넷 개요 • 인터넷 주소체제 • 인터넷 프로토콜 • 인터넷 서비스 • 인터넷 정보 검색
	4. 정보사회와 보안관리	정보사회와 보안 개념 파악하기	• 정보윤리 및 컴퓨터범죄 • 저작권 · 저작인접권 • 정보보호 및 보안
		바이러스 및 악성프로그램 처리하기	• 바이러스 및 악성프로그램 • 바이러스 및 악성프로그램 예방 및 치료 • 백신을 이용한 검사 치료 및 검역소 관리
		정보 보안위협 최소화하기	• 시스템과 정보보안 • 시스템과 정보에 대한 보안 위협 • 보안 예방책
	5. ICT 신기	최신 기술 활용하기	• 새로운 ICT 신기술 용어 • 최신 기술 동향

필기 과목명	주요항목	세부항목	세세항목
	술 활용		• ICT 기술 분류 • 최신 기술의 활용 • 다양한 산업과의 융합 서비스
		모바일 정보 기술 활용하기	• 모바일 기기의 종류 및 특징 • 모바일 기기의 운영체제 종류 및 특징
	6. 전자 우편 사용	메일 전송하기	• 첨부파일이 있는 메일 전송 • 연락처 및 수신자 목록을 이용한 메일 전송 • 서명이 포함한 메일의 작성
		메일 관리하기	• 송수신된 메일에 대해 대응(회신, 전달, 저장) • 규칙을 이용한 메일의 구분 및 보관 • 스팸, 피싱 메일과 같은 메일의 처리
	7. 개인 정보 관리	개인정보 보호의 개념 파악하기	• 개인정보보호의 개념 • 개인정보의 유형 및 종류 • 개인정보의 침해 유형 및 원인
		개인정보 관리하기	• 개인정보의 안전한 관리 • 개인정보보호 조직 구성 및 역할 • 개인정보 취급자 및 위탁 관리 • 웹사이트 개인정보 관리

☐ 실기

○ 직무분야 : 경영·회계·사무(사무)	○ 자격종목 : 워드프로세서	○ 적용기간 : 2021. 1. 1 ~ 2023. 12. 31
○ 직무내용 : 워드프로세서 활용 직무는 컴퓨터를 활용하여 기안문, 보고서, 기획안 등과 같은 다양한 종류의 전자문서를 효율적으로 작성하고 문서를 처리, 관리 하는 일이다.		
○ 실기검정방법 : 컴퓨터 작업형(1문제)	○ 시험시간 : 30분	

실기 과목명	주요항목	세부항목	세세항목
문서 편집기능	1. 출제 형식	전체분량	• 800~900자
		영문자	• 전체분량의 15~20%
		용지 규격	• 공문서 표준 양식(A4)
	2. 워드프로세서 실행	프로그램 환경 설정하기	• 프로그램 실행하기 • 사용자에 맞게 환경설정 하기
		파일 관리하기	• 문서 불러오기 • 작업 문서를 다른 이름으로 저장하기 • 편집용지 설정하기 • PDF 파일로 저장하기
	3. 문서 편집	텍스트 입력하기	• 한·영·숫자 입력하기
		문단 편집하기	• 문서의 테두리/배경 설정하기 • 문단 정렬 방향 설정하기 • 개요 수준 설정하기 • 문단번호 및 글머리 표 설정하기 • 구역 나누기 • 탭 설정하기 • 스타일 지정하기 • 다단 설정하기 • 문단 첫 글자 장식하기
		글자 편집하기	• 글자의 모양 변경하기 • 크기, 글꼴, 장평, 자간, 진하게, 기울임, 첨자, 밑줄, 글자색, 음영색 등
		입력하기	• 글상자, 그림, 그리기 마당, 글맵시, 수식,

실기 과목명	주요항목	세부항목	세세항목
		(개체 및 필드, 입력 도우미)	메모, 날짜/시간/파일이름 입력하기 • 개체의 속성 설정하기 - 개체의 크기/위치 변경하기 - 문단 방향 설정하기 - 여백 설정하기 • 개체에 사용된 글꼴/ 글자크기 변경하기 • 누름틀 입력하기 • 누름틀 고치기/삭제하기 • 특수문자 입력 및 한자 변환하기
		표 작성하기	• 표 삽입하기 • 표의 제목줄 반복해서 표시하기 • 캡션 지정하기 • 표/셀 속성 변경하기 • 줄·칸 삽입/삭제하기 • 셀 나누기/합치기 • 블록계산식, 쉬운계산식, 계산식 사용하기
		차트 삽입하기	• 차트 삽입하기 • 차트의 종류 변경하기 • 데이터 수정하기 • 차트의 속성 변경하기
		조판 기능 사용하기	• 머리말/꼬리말 설정하기 • 쪽 번호 매기기 • 각주/미주 지정하기
	4. 고급 기능 사용	참조 사용하기	• 하이퍼링크 지정 및 삭제하기 • 책갈피 지정 및 옵션 설정하기
		도구 사용하기	• 메일 머지 이용하기 • 라벨 만들기 • 차례/색인 만들기 • 참고문헌 만들기

◈ 자격취득자에 대한 법령상 우대현황

① 본 자료는 종목별 국가기술자격 취득자 우대 법령을 자체 조사한 자료이다.

② 본 자료는 2020년에 법제처(www.law.go.kr) 홈페이지를 통해 조사하였으며, 법령 개정 시점 등에 따라 변경된 내용이 미반영 될 수 있다.

③ 법령별 세부 우대현황에 대한 적용은 관련법령을 담당하는 부처의 유권해석에 따른다.

워드프로세서 우대현황

우대법령	조문내역	활용내용
교육감소속지방공무원평정규칙	제23조자격증등의가산점	5급이하공무원,연구사및지도사관련가점사항
국가공무원법	제36조의2채용시험의가점	공무원채용시험응시가점
군무원인사법시행령	제10조경력경쟁채용요건	경력경쟁채용시험으로신규채용할수있는경우
근로자직업능력개발법시행령	제27조직업능력개발훈련을위하여근로자를가르칠수있는사람	직업능력개발훈련교사의정의
근로자직업능력개발법시행령	제28조직업능력개발훈련교사의자격취득(별표2)	직업능력개발훈련교사의자격
근로자직업능력개발법시행령	제44조교원등의임용	교원임용시자격증소지자에대한우대
법원공무원규칙	제19조경력경쟁채용시험등의응시요건등(별표5의1,2)	경력경쟁시험의응시요건
중소기업인력지원특별법	제28조근로자의창업지원등	해당직종과관련분야에서신기술에기반한창업의경우지원
지방공무원임용령	제17조경력경쟁임용시험등을통한임용의요건	경력경쟁시험등의임용
지방공무원임용	제55조의3자격증소지자에대한신규	6급이하공무원신규임용시필기

령	임용시험의특전	시험점수가산
지방공무원평정규칙	제23조자격증등의가산점	5급이하공무원연구사및지도사관련가점사항
헌법재판소공무원규칙	제72조채용시험의특전(별표11)	6급이하공무원채용시험가산점
국가기술자격법	제14조국가기술자격취득자에대한우대	국가기술자격취득자우대
국가기술자격법시행규칙	제21조시험위원의자격등(별표16)	시험위원의자격
국가기술자격법시행령	제27조국가기술자격취득자의취업등에대한우대	공공기관등채용시국가기술자격취득자우대
국회인사규칙	제20조경력경쟁채용등의요건	동종직무에관한자격증소지자에대한경력경쟁채용
군무원인사법시행규칙	제18조채용시험의특전	채용시험의특전
비상대비자원관리법	제2조대상자원의범위	비상대비자원의인력자원범위

웹디자인기능사

(Craftsman Web Design)관

◈ 개요

웹페이지제작에 대해서 보는 자격증. 산업통상자원부가 주무부처로 관장하고 한국산업인력공단에서 주관하는 그래픽 관련 기술시험이다. 참고로 웹디자인기능사도 처음에 국가공인민간자격 이였다.

◈ 수행직무

① 개인 및 특정기관의 홈페이지를 제작하는 일로써, 홈페이지를 기획, 설계제작하며 이 에 따른 시스템자원 및 사용할 S/W를 활용하여 기본적인 프로그램을 수행하는 직무를 한다.

② 주요역할 : 시스템 자원 및 S/W를 이용하여 홈페이지를 디자인하는 업무를 수행한다.

◈ 실시기관명 및 홈페이지

한국산업인력공단(http://www.q-net.or.kr)

◈ 시험정보

수수료

- 필기 : 14,500 원
- 실기 : 20,100 원

◈ 출제경향

웹페이지 규격에 맞게 웹페이지를 작성하고, HTML5 코딩과 스타일시트(CSS) 및 내비게이션을 제작하고 동작시키며, 효율적인 디렉토리 관리, 최적화된 파일포맷, Web Animation 제작을 할 수 있는지를 평가한다.

◈ 출제기준

*<u>*별도 파일 삽입(181쪽)</u>*

◈ 취득방법

① 시 행 처 : 한국산업인력공단

② 시험과목

- 필기 : 1.디자인일반 2.인터넷일반 3. 웹그래픽디자인
- 실기 : 웹디자인 실무작업

③ 검정방법

- 필기 : 객관식 4지 택일형 60문항(60분)
- 실기 : 작업형(4시간 정도)
- 활용소프트웨어

번호	소프트웨어	버전
1	Dreamweaver	Adobe CS3 이상
2	Photoshop	
3	Illustrator	
4	EditPlus	3.0 이상/한글 또는 영어
5	Notepad++	6.9 이상/한글 또는 영어
6	Brackets	1.7 이상/영어
7	Internet Explorer	10 이상
8	Google Chrome	50.0 이상
9	Visual Studio Code	기능사 3회 부터 실시

④ 합격기준 : 100점 만점에 60점 이상 득점자.

◈ 과정평가형 자격 취득정보

① 이 자격은 과정평가형으로도 취득할 수 있다. 다만, 해당종목을 운영하는 교육훈련기관이 있어야 가능하다.

② 과정평가형 자격은 NCS 능력단위를 기반으로 설계된 교육·훈련과정을 이수한 후 평가를 통해 국가기술 자격을 부여하는 새로운 자격이다.

◈ 년도별 검정현황

종목명	연도	필기			실기		
		응시	합격	합격률(%)	응시	합격	합격률(%)
소 계		129,224	102,748	79.5%	80,593	41,489	51.5%
웹디자인기능사	2020	6,740	5,703	84.6%	3,983	2,533	63.6%
웹디자인기능사	2019	6,722	5,489	81.7%	3,901	2,046	52.4%
웹디자인기능사	2018	5,984	5,082	84.9%	3,687	1,625	44.1%
웹디자인기능사	2017	5,481	4,568	83.3%	2,965	1,327	44.8%
웹디자인기능사	2016	5,468	4,350	79.6%	3,742	2,065	55.2%
웹디자인기능사	2015	7,213	5,590	77.5%	4,421	2,561	57.9%
웹디자인기능사	2014	8,529	6,681	78.3%	5,033	2,710	53.8%
웹디자인기능사	2013	8,755	6,679	76.3%	5,730	3,156	55.1%
웹디자인기능사	2012	8,645	6,696	77.5%	5,391	2,673	49.6%
웹디자인기능사	2011	9,821	7,842	79.8%	6,317	3,458	54.7%
웹디자인기능사	2010	11,688	9,444	80.8%	8,456	3,951	46.7%
웹디자인기능사	2009	13,568	11,498	84.7%	8,976	4,273	47.6%
웹디자인기능사	2008	8,094	6,852	84.7%	6,028	2,879	47.8%
웹디자인기능사	2007	6,951	5,662	81.5%	4,393	2,334	53.1%
웹디자인기능사	2006	6,610	5,170	78.2%	3,831	2,246	58.6%
웹디자인기능사	2005	6,021	3,654	60.7%	3,739	1,652	44.2%
웹디자인기능사	2004	2,934	1,788	60.9%	0	0	0%

◈ 자격취득자에 대한 법령상 우대현황

① 본 자료는 종목별 국가기술자격 취득자 우대 법령을 자체 조사한 자료이다.

② 본 자료는 2020년 하반기에 법제처(www.law.go.kr) 홈페이지를 통해 조사하였으며, 법령 개정 시점 등에 따라 변경된 내용이 미반영 될 수 있다.

③ 법령별 세부 우대현황에 대한 적용은 관련법령을 담당하는 부처의 유권해석에 따른다.

④ 조문내역을 클릭하면 해당 법령의 세부정보(국가법령정보센터)를 확인하실 수 있다

웹디자인기능사 우대현황

우대법령	조문내역	활용내용
공무원수당등에관한규정	제14조특수업무수당(별표11)	특수업무수당지급
공무원임용시험령	제27조경력경쟁채용시험등의응시자격등(별표7,별표8)	경력경쟁채용시험등의응시
공무원임용시험령	제31조자격증소지자등에대한우대(별표12)	6급이하공무원채용시험가산대상자격증
공직자윤리법시행령	제34조취업승인	관할공직자윤리위원회가취업승인을하는경우
공직자윤리법의시행에관한대법원규칙	제37조취업승인신청	퇴직공직자의취업승인요건
공직자윤리법의시행에관한헌법재판소규칙	제20조취업승인	퇴직공직자의취업승인요건
교원자격검정령시행규칙	제9조무시험검정의신청	무시험검정관련실기교사무시험검정일경우해당과목관련국가기술자격증사본첨부

교육감소속지방공무원평정규칙	제23조자격증등의가산점	5급이하공무원,연구사및지도사관련가점사항
국가공무원법	제36조의2채용시험의가점	공무원채용시험응시가점
군무원인사법시행령	제10조경력경쟁채용요건	경력경쟁채용시험으로신규채용할수있는경우
군인사법시행규칙	제14조부사관의임용	부사관임용자격
근로자직업능력개발법시행령	제27조직업능력개발훈련을위하여근로자를가르칠수있는사람	직업능력개발훈련교사의정의
근로자직업능력개발법시행령	제28조직업능력개발훈련교사의자격취득(별표2)	직업능력개발훈련교사의자격
근로자직업능력개발법시행령	제38조다기능기술자과정의학생선발방법	다기능기술자과정학생선발방법중정원내특별전형
근로자직업능력개발법시행령	제44조교원등의임용	교원임용시자격증소지자에대한우대
기초연구진흥및기술개발지원에관한법률시행규칙	제2조기업부설연구소등의연구시설및연구전담요원에대한기준	연구전담요원의자격기준
지방공무원법	제34조의2신규임용시험의가점	지방공무원신규임용시험시가점
지방공무원임용령	제17조경력경쟁임용시험등을통한임용의요건	경력경쟁시험등의임용
지방공무원임용령	제55조의3자격증소지자에대한신규임용시험의특전	6급이하공무원신규임용시필기시험점수가산
지방공무원평정규칙	제23조자격증등의가산점	5급이하공무원연구사및지도사관련가점사항
지방자치단체를당사자로하는계약에관한법률시행규칙	제7조원가계산시단위당가격의기준	노임단가가산

헌법재판소공무원수당등에관한규칙	제6조특수업무수당(별표2)	특수업무수당 지급구분표
국가기술자격법	제14조국가기술자격취득자에대한우대	국가기술자격취득자우대
국가기술자격법시행규칙	제21조시험위원의자격등(별표16)	시험위원의자격
국가기술자격법시행령	제27조국가기술자격취득자의취업등에대한우대	공공기관등채용시국가기술자격취득자우대
국가를당사자로하는계약에관한법률시행규칙	제7조원가계산을할때단위당가격의기준	노임단가의가산
국회인사규칙	제20조경력경쟁채용등의요건	동종직무에관한자격증소지자에대한경력경쟁채용
군무원인사법시행규칙	제18조채용시험의특전	채용시험의특전
비상대비자원관리법	제2조대상자원의범위	비상대비자원의인력자원범위

□ 필 기

직무 분야	문화·예술·디자인·방송	중직무 분야	디자인	자격 종목	웹디자인기능사	적용 기간	2018. 7. 1 ~ 2021.12.31

○직무내용 : 웹디자인에 대한 기초지식을 가지고, 프로젝트의 목적을 효과적으로 달성할 수 있도록 분석, 설계, 구현 과정을 거쳐서 인터넷 환경에서 유용하게 사용될 수 있도록 웹페이지를 제작하는 직무

필기검정방법	객관식	문제수	60	시험시간	1시간

필기과목명	문제수	주요항목	세부항목	세세항목
디자인일반, 인터넷일반, 웹그래픽디자인	60	1. 디자인기초 및 요소와 원리	1. 디자인 기초	1. 디자인의 의미, 개념, 배경 2. 디자인의 조건 3. 근대디자인 4. 현대디자인 5. 친환경 디자인 6. 시각디자인 등
			2. 디자인 요소와 원리	1. 형태 2. 재질감, 빛과 운동 3. 운동감과 시공간 4. 조화 5. 통일과 변화 6. 균형 7. 율동, 강조 등
		2. 색채	1. 색의 기본 원리와 효과	1. 색의 원리 2. 색의 3속성과 색의 혼합 3. 현색계, 색체계, 색명 4. 색채 대비 5. 지각적 효과와 감정적 효과 6. 색의 조화 7. 배색 등
		3. 인터넷 기초	1. 인터넷의 개념	1. 인터넷의 정의 2. 인터넷의 역사 3. 인터넷의 활용
			2. 인터넷 서비스	1. 인터넷 서비스 종류 2. 인터넷 프로토콜 종류
			3. 컴퓨터 네트워크	1. 네트워크 구조 2. 네트워크 종류
		4. 웹 페이지 검색	1. 웹 브라우저	1. 웹브라우저의 종류 2. 웹브라우저의 기능
			2. 웹 페이지 검색 및 특징	1. 인터넷 검색기의 종류 2. 인터넷 검색기의 특징

필기과목명	문제수	주요항목	세부항목	세세항목
		5. 웹 페이지 저작	1. 웹 언어	1. HTML 2. CSS 3. 자바 스크립트
			2. 웹페이지 저작기법 및 특징	1. 웹페이지 저작기법의 정의 2. 웹페이지 저작기법의 종류 3. 웹페이지 저작기법의 특징
		6. 컴퓨터그래픽스	1. 컴퓨터그래픽스 이론	1. 컴퓨터그래픽스 개념 및 정의 2. 컴퓨터 그래픽스의 역사와 특징 3. 컴퓨터그래픽스의 원리와 활용 4. 컴퓨터그래픽스 시스템
		7. 웹페이지 제작	1. 웹디자인 프로세스	1. 웹페이지 기획 2. 웹페이지 디자인 3. 웹페이지 제작 단계 4. 웹페이지 구성 요소 5. 사용자 인터페이스 6. 웹 접근성 이해
			2. 파일포맷 형식	1. 파일포맷의 정의 2. 파일포맷의 종류 3. 파일포맷의 특징 4. 파일포맷의 활용
			3. 웹 그래픽 제작 기법	1. 웹 그래픽 제작기법의 정의 2. 웹 그래픽 제작기법의 종류 3. 웹 그래픽 제작기법의 특징 4. 웹 그래픽 제작기법의 활용
			4. 애니메이션	1. 애니메이션의 정의 2. 애니메이션의 특징 3. 애니메이션의 효과 4. 애니메이션의 활용

□ 실 기

직무분야	문화 · 예술 · 디자인 · 방송	중직무분야	디자인	자격종목	웹디자인기능사	적용기간	2018. 7. 1 ~ 2021.12.31

○직무내용 : 웹디자인에 대한 기초지식을 가지고, 프로젝트의 목적을 효과적으로 달성할 수 있도록 분석, 설계, 구현 과정을 거쳐서 인터넷 환경에서 유용하게 사용될 수 있도록 웹페이지를 제작하는 직무

○수행준거 : 1. 컴퓨터 및 웹 저작 S/W를 사용하여 웹페이지 규격에 맞게 웹페이지를 작성할 수 있다.
2. HTML 코딩과 스타일시트(CSS) 및 네비게이션을 제작 동작시킬 수 있다.
3. 효율적인 디렉토리 관리, 최적화된 파일포맷, Web Animation 제작을 할 수 있다.

실기검정방법	작업형	시험시간	4시간 정도

실기과목명	주요항목	세부항목	세세항목
웹디자인 실무작업	1. 디지털디자인 프로젝트 분석·설계	1. 요구사항 분석하기	1. 프로젝트에 대한 리뷰를 바탕으로 프로젝트를 이해할 수 있다. 2. 제안요청서에 따라 프로젝트의 취지, 목적, 성격, 내용, 요구사항을 파악할 수 있다.
	2. 프로토타입 제작	1. 프로토타입 제작하기	1. 디자인 소프트웨어를 활용하여 화면 구성 요소, 아이콘, 서체를 포함한 디자인 · 애니메이션을 제작할 수 있다.
	3. 디자인 구성요소 제작	1. 심미성 구성요소 제작하기	1. 기획 전체의 시각적 균형과 조화에 맞는 심미적 요소를 활용하여 조형적 아름다움을 표현할 수 있다.
		2. 사용성 구성요소 제작하기	1. 프로젝트 분석·설계를 반영하여 편리한 사용자 환경을 디자인하고 구조화할 수 있다. 2. 고객 요구사항을 통해 설계된 콘텐츠를 시각적 특성에 맞게 구성할 수 있다.
	4. 구현	1. 기능 요소 구현하기	1. 매체 특성에 대한 이해를 기반으로 표준화된 기준에 적합한 콘텐츠를 구현할 수 있다. 2. 효과적 구현을 위하여 다양한 디지털 미디어 기능 요소를 제작할 수 있다.
	5. 프로젝트 완료	1. 산출물 정리하기	1. 프로젝트 마감을 위하여 전체 프로젝트 진행과 마감 과정에서 생성된 작업물을 수집할 수 있다. 2. 향후 디자인 개발 참고를 위해 각종 콘텐츠와 데이터를 정해진 규칙에 따라 분류 · 보존 · 폐기 할 수 있다.

임상심리사 2급
(Clinical Psychology Practitioner)

◈ 개요

임상심리사는 인간의 심리적 건강 및 효과적인 적응을 다루어 궁극적으로는 심신의 건강 증진을 돕고, 심리적 장애가 있는 사람에게 심리평가와 심리검사, 개인 및 집단 심리상담, 심리재활프로그램의 개발과 실시, 심리학적 교육, 심리학적 지식을 응용해 자문을 한다. 임상심리사는 주로 심리상담에서 인지, 정서, 행동적인 심리상담을 하지만 정신과의사들이 행하는 약물치료는 하지 않는다. 정신과병원, 심리상담기관, 사회복귀시설 및 재활센터에서 주로 근무하며 개인이 혹은 여러 명이 모여 심리상담센터를 개업하거나 운영할 수 있다. 이 외에도 사회복지기관, 학교, 병원의 재활의학과나 신경과, 심리건강 관련 연구소 등 다양한 사회기관에 진출할 수 있다.

◈ 수행직무

국민의 심리적 건강과 적응을 위해 기초적인 심리평가, 심리검사, 심리치료상담, 심리재활 및 심리교육 등의 업무를 주로 수행하며, 임상심리사 1급의 업무를 보조하는 직무를 수행한다.

◈ 진로 및 전망

관련직업 : 임상심리사, 심리치료사

◈ 실시기관 홈페이지

한국산업인력공단(http://www.q-net.or.kr/)

◈ 시험정보

수수료

- 필기 : 19,400 원 /
- 실기 : 20,800 원

◈ 취득방법

① 시행처 : 한국산업인력공단

② 관련학과 : 대학 및 전문대학의 임상심리 등의 관련학과

③ 시험과목

- 필기 : 1. 심리학개론 2. 이상심리학 3. 심리검사 4. 임상심리학 5. 심리상담
- 실기 : 임상 실무

④ 검정방법

- 필기 : 객관식 4지 택일형 과목당 20문항(과목당 30분)
- 실기 : 필답형(3시간, 100점)

⑤ 합격기준

- 필기 : 100점을 만점으로 하여 과목당 40점 이상, 전과목 평균 60점 이상
- 실기 : 100점을 만점으로 하여 과목당 60점 이상

◈ 출제기준

＊ 별도 파일 삽입(190쪽)

◈ 년도별 검정현황

종목명	연도	필기			실기		
		응시	합격	합격률(%)	응시	합격	합격률(%)
소 계		44,132	33,975	77%	47,202	9,878	20.9%
임상심리사2급	2020	5,032	3,948	78.5%	6,081	1,220	20.1%
임상심리사2급	2019	6,016	3,947	65.6%	5,858	1,375	23.5%
임상심리사2급	2018	5,621	3,885	69.1%	6,189	1,141	18.4%
임상심리사2급	2017	5,294	4,360	82.4%	6,196	1,063	17.2%
임상심리사2급	2016	5,424	4,412	81.3%	5,810	1,327	22.8%
임상심리사2급	2015	4,442	3,100	69.8%	5,330	826	15.5%
임상심리사2급	2014	3,455	3,068	88.8%	3,367	476	14.1%
임상심리사2급	2013	2,405	2,070	86.1%	2,136	770	36%
임상심리사2급	2012	1,475	875	59.3%	1,201	345	28.7%
임상심리사2급	2011	1,092	802	73.4%	1,037	177	17.1%
임상심리사2급	2010	900	785	87.2%	1,013	363	35.8%
임상심리사2급	2009	763	675	88.5%	814	28	3.4%
임상심리사2급	2008	622	589	94.7%	640	178	27.8%
임상심리사2급	2007	475	457	96.2%	490	311	63.5%
임상심리사2급	2006	293	266	90.8%	293	80	27.3%
임상심리사2급	2005	164	149	90.9%	209	77	36.8%
임상심리사2급	2004	164	150	91.5%	210	48	22.9%
임상심리사2급	2003	495	437	88.3%	328	73	22.3%

◈ 자격취득자에 대한 법령상 우대현황

① 본 자료는 종목별 국가기술자격 취득자 우대 법령을 자체 조사한 자료이다.

② 본 자료는 2020년 하반기에 법제처(www.law.go.kr) 홈페이지를 통해 조사하였으며, 법령 개정 시점 등에 따라 변경된 내용이 미반영 될 수 있다.

③ 법령별 세부 우대현황에 대한 적용은 관련법령을 담당하는 부처의 유권해석에 따르고 있다.

임상심리사2급 우대현황

우대법령	조문내역	활용내용
공무원수당등에관한규정	제14조특수업무수당(별표11)	특수업무수당지급
공무원임용시험령	제27조경력경쟁채용시험등의응시자격등(별표7,별표8)	경력경쟁채용시험등의응시
공무원임용시험령	제31조자격증소지자등에대한우대(별표12)	6급이하공무원채용시험가산대상자격증
교육감소속지방공무원평정규칙	제23조자격증등의가산점	5급이하공무원,연구사및지도사관련가점사항
국가공무원법	제36조의2채용시험의가점	공무원채용시험응시가점
군무원인사법시행령	제10조경력경쟁채용요건	경력경쟁채용시험으로신규채용할수있는경우
군인사법시행규칙	제14조부사관의임용	부사관임용자격
근로자직업능력개발법시행령	제27조직업능력개발훈련을위하여근로자를가르칠수있는사람	직업능력개발훈련교사의정의
근로자직업능력개발법시행령	제28조직업능력개발훈련교사의자격취득(별표2)	직업능력개발훈련교사의자격
근로자직업능력개발법시행령	제38조다기능기술자과정의학생선발방법	다기능기술자과정학생선발방법중정원내특별전형
근로자직업능력개발법시행령	제44조교원등의임용	교원임용시자격증소지자에대한우대
기초연구진흥및기술개발지원에관한법률시행규칙	제2조기업부설연구소등의연구시설및연구전담요원에대한기준	연구전담요원의자격기준
연구직및지도직공무원의임용등에관한규정	제26조의2채용시험의특전(별표6,별표7)	연구사및지도사공무원채용시험시가점
중소기업인력지원특별법	제28조근로자의창업지원등	해당직종과관련분야에서신기술에기반한창업의경우지원
지방공무원수당등에관한규정	제14조특수업무수당(별표9)	특수업무수당지급
지방공무원임용령	제17조경력경쟁임용시험등을통한임용의요건	경력경쟁시험등의임용
지방공무원임용령	제55조의3자격증소지자에대한신규임용시험의특전	6급이하공무원신규임용시필기시험점수가산

지방공무원평정규칙	제23조자격증등의가산점	5급이하공무원연구사및지도사관련가점사항
행정안전부소관비상대비자원관리법시행규칙	제2조인력자원의관리직종(별표)	인력자원관리직종
헌법재판소공무원수당등에관한규칙	제6조특수업무수당(별표2)	특수업무수당 지급구분표
국가기술자격법	제14조국가기술자격취득자에대한우대	국가기술자격취득자우대
국가기술자격법시행규칙	제21조시험위원의자격등(별표16)	시험위원의자격
국가기술자격법시행령	제27조국가기술자격취득자의취업등에대한우대	공공기관등채용시국가기술자격취득자우대
국가를당사자로하는계약에관한법률시행규칙	제7조원가계산을할때단위당가격의기준	노임단가의가산
국회인사규칙	제20조경력경쟁채용등의요건	동종직무에관한자격증소지자에대한경력경쟁채용
군무원인사법시행규칙	제18조채용시험의특전	채용시험의특전
비상대비자원관리법	제2조대상자원의범위	비상대비자원의인력자원범위

□ 필 기

직무 분야	보건 · 의료	중직무분야	보건 · 의료	자격 종목	임상심리사 2급	적용 기간	2020. 1. 1 ~ 2024. 12. 31
○직무내용 : 국민의 심리적 건강과 적응을 위해 기초적인 심리평가, 심리검사, 심리치료 및 상담, 심리재활, 및 심리교육 등의 업무를 주로 수행하며, 임상심리사 1급의 업무를 보조하는 직무이다.							

필기검정방법	객관식	문제수	100	시험시간	2시간 30분

필기 과목명	문제수	주요항목	세부항목	세세항목
심리학 개론	20	1. 발달심리학	1. 발달의 개념과 설명	1. 발달의 개념 2. 발달연구의 접근방법
			2. 발달심리학의 연구주제	1. 인지발달 2. 사회 및 정서 발달
		2. 성격심리학	1. 성격의 개념	1. 성격의 정의 2. 성격의 발달
			2. 성격의 제이론	1. 정신역동이론 2. 현상학적 이론 3. 특성이론 4. 인지 및 행동적 이론 5. 심리사회적 이론
		3. 학습 및 인지 심리학	1. 학습심리학	1. 조건형성 2. 유관학습 3. 사회 인지학습
			2. 인지심리학	1. 뇌와 인지 2. 기억 과정 3. 망각
		4. 심리학의 연구 방법론	1. 연구방법	1. 측정 2. 자료수집방법 3. 표본조사 4. 연구설계 5. 관찰 6. 실험
		5. 사회심리학	1. 사회지각	1. 인상형성 2. 귀인이론
			2. 사회적 추론	1. 사회인지 2. 태도 및 행동
이상 심리학	20	1. 이상심리학의 기본개념	1. 이상심리학의 정의 및 역사	1. 이상심리학의 정의 2. 이상심리학의 역사
			2. 이상심리학의 이론	1. 정신역동 이론 2. 행동주의 이론 3. 인지적 이론 4. 통합이론

필기 과목명	문제수	주요항목	세부항목	세세항목
		2 이상행동의 유형	1. 신경발달장애	1. 유형 2 임상적 특징
			2. 조현병 스펙트럼 및 기타 정신병적 장애	1. 유형 2 임상적 특징
			3. 양극성 및 관련 장애	1. 유형 2 임상적 특징
			4. 우울장애	1. 유형 2 임상적 특징
			5. 불안장애	1. 유형 2 임상적 특징
			6. 강박 및 관련 장애	1. 유형 2. 임상적 특징
			7. 외상 및 스트레스 관련 장애	1. 유형 2 임상적 특징
			8. 해리장애	1. 유형 2 임상적 특징
			9. 신체증상 및 관련 장애	1. 유형 2 임상적 특징
			10. 급식 및 섭식장애	1. 유형 2 임상적 특징
			11. 배설장애	1. 유형 2 임상적 특징
			12. 수면-각성 장애	1. 유형 2 임상적 특징
			13. 성기능부전	1. 유형 2 임상적 특징
			14. 성별 불쾌감	1. 유형 2 임상적 특징
			15. 파괴적, 충동조절 및 품행 장애	1. 유형 2 임상적 특징
			16. 물질관련 및 중독 장애	1. 유형 2 임상적 특징
			17. 신경인지장애	1. 유형 2 임상적 특징
			18. 성격장애	1. 유형 2 임상적 특징
			19 변태성욕장애	1. 유형

필기 과목명	문제수	주요항목	세부항목	세세항목
				2. 임상적 특징
심리 검사	20	1. 심리검사의 기본개념	1. 자료 수집 방법과 내용	1. 평가 면담의 종류와 기법 2. 행동 관찰과 행동평가 3. 심리검사의 유형과 특징
			2. 심리검사의 제작과 요건	1. 심리검사의 제작과정 및 방법 2. 신뢰도 및 타당도
			3. 심리검사의 윤리문제	1. 심리검사자의 책임감 2. 심리검사에 관한 윤리강령
		2. 지능검사	1. 지능의 개념	1. 지능의 개념 2. 지능의 분류 3. 지능의 특성
			2. 지능검사의 실시	1. 지능검사의 지침과 주의사항 2. 지능검사의 절차 3. 지능검사의 기본적 해석
		3. 표준화된 성격검사	1. 성격검사의 개념	1. 개발 과정 2. 구성 및 특성 3. 척도의 특성과 내용
			2. 성격검사의 실시	1. 성격검사의 실시와 채점 2. 성격검사의 기본적 해석
		4. 신경심리검사	1. 신경심리검사의 개념	1. 신경심리학의 기본 개념 2. 인지 기능의 유형 및 특성 3. 주요 신경심리검사의 종류
			2. 신경심리검사의 실시	1. 면담 및 행동관찰 2. 주요 신경심리검사 실시
		5. 기타 심리 검사	1. 아동 및 청소년용 심리검사	1. 아동 및 청소년용 심리검사의 종류 2. 아동 및 청소년용 심리검사의 실시
			2. 노인용 심리검사	1. 노인용 심리검사의 종류 2. 노인용 심리검사의 실시
			3. 기타 심리검사	1. 검사의 종류와 특징 2. 투사 검사의 종류와 특징 3. 기타 질문지형 검사의 종류와 특징
임상 심리학	20	1. 심리학의 역사와 개관	1. 심리학의 역사	1. 심리학의 현대적 발전 2. 임상심리학의 성장과 발전 3. 임상심리학의 최근 동향
			2. 심리학의 제이론	1. 정신역동 관점 2. 행동주의 관점 3. 생물학적 관점

필기 과목명	문제수	주요항목	세부항목	세세항목
				4. 현상학적 관점 5 통합적 관점
		2. 심리평가 기초	1. 면접의 ~~재~~개념	1. 면접의 개념 2. 면접의 유형
			2. 행동평가 ~~재~~개념	1. 행동평가의 개념 2. 행동평가의 방법
			3. 성격평가 ~~재~~개념	1. 성격평가의 개념 2. 성격평가의 방법
			4. 심리평가의 실제	1. 계획 2. 실시 3. 해석
		3. 심리치료의 기초	1. 행동 및 인지행동 치료의 ~~재~~개념	1. 행동 및 인지행동 치료의 특징 2. 행동 및 인지행동 치료의 종류
			2. 정신역동적 심리치료의 ~~재~~개념	1. 정신역동치료의 개념 2. 역동적 심리치료 시행 방안
			3. 심리치료의 기타 유형	1 . 인본주의치료 2. 기타 치료
		4. 임상 심리학의 자문, 교육, 윤리	1. 자문	1. 자문의 정의 2. 자문의 유형 3. 자문의 역할 4. 지역사회심리학
			2. 교육	1. 교육의 정의 2. 교육의 유형 3. 교육의 역할
			3. 윤리	1. 심리학자의 윤리 2. 심리학자의 행동규약
		5. 임상 특수분야	1. 개념과 활동	1. 행동의학 및 건강심리학 2. 신경심리학 3. 법정 및 범죄심리학 4. 소아과심리학 5. 지역사회심리학
심리 상담	20	1. 상담의 기초	1. 상담의 기본적 이해	1. 상담의 개념 2. 상담의 필요성과 목표 3. 상담의 기본원리 4. 상담의 기능
			2. 상담의 역사적 배경	1. 국내외 상담의 발전과정
			3. 상담관련 윤리	1. 윤리강령

필기 과목명	문제수	주요항목	세부항목	세세항목
		2. 심리상담의 주요 이론	1. 정신역동적 상담	1. 기본개념 2. 주요 기법과 절차
			2. 인간중심 상담	1. 기본개념 2. 주요 기법과 절차
			3. 행동주의 상담	1. 기본개념 2. 주요 기법과 절차
			4. 인지적 상담	1. 기본개념 2. 주요 기법과 절차
			5. 기타 상담	1. 기본개념 2. 주요 기법과 절차
		3. 심리상담의 실제	1. 상담의 방법	1. 면접의 기본방법 2. 문제별 접근방법
			2. 상담의 과정	1. 상담의 진행과정 2. 상담의 시작과 종결
			3. 집단상담	1. 집단상담의 정의 2. 집단상담의 과정 3. 집단상담의 방법
		4. 중독상담	1. 중독상담 기초	1. 중독모델 2. 변화단계이론 3. 정신약물학
			2. 개입방법	1. 선별 및 평가 2. 동기강화 상담 3. 재발방지
		5. 특수문제별 상담유형	1. 학습문제 상담	1. 학습문제의 기본특징 2. 학습문제 상담의 실제 3. 학습문제 상담시 고려사항
			2. 성문제 상담	1. 성문제 상담의 지침 2. 성피해자의 상담 3. 성 상담시 고려사항
			3. 비행청소년 상담	1. 청소년비행과 상담 2. 비행청소년에 대한 접근방법 3. 상담자의 역할 4. 비행청소년 상담시 고려사항
			4. 진로상담	1. 진로상담의 의미 및 이론 2. 진로상담의 기본지침 3. 진로상담시 고려사항

필기 과목명	문제수	주요항목	세부항목	세세항목
			5. 위기 및 자살상담	1. 위기 및 자살상담의 의미 및 이론 2. 위기 및 자살상담의 기본지침 3. 위기 및 자살상담시 고려사항

□ 실 기

직무분야	보건 · 의료	중직무분야	보건 · 의료	자격종목	임상심리사 2급	적용기간	2020. 1. 1 ~ 2024. 12. 31

○직무내용 : 국민의 심리적 건강과 적응을 위해 기초적인 심리평가, 심리검사, 심리치료상담, 심리재활, 및 심리교육 등의 업무를 주로 수행하며, 임상심리사 1급의 업무를 보조하는 직무이다.

○수행준거 : 1. 기초적인 심리평가를 수행하고 그 결과를 해석하고 적용할 수 있다.
2. 임상심리학 지식을 통해 기초적인 심리상담 및 심리치료를 할 수 있다.

실기검정방법	필답형	시험시간	3시간

실기 과목명	주요항목	세부항목	세세항목
임상 실무	1. 기초심리평가	1. 기초적인 심리검사 실시/채점 및 적용하기	1. 지능검사를 지침에 맞게 실시, 채점하고 해석할 수 있다. 2. 표준화된 성격검사를 지침에 맞게 실시, 채점하고 해석할 수 있다. 3. 투사 검사를 지침에 맞게 실시, 채점할 수 있다. 4. 신경심리검사를 지침에 맞게 실시, 채점할 수 있다. 5. 다양한 행동 평가 방법을 활용하여 목표행동을 규정하고 자료를 수집할 수 있다.
	2. 기초심리상담	1. 심리상담하기	1. 내담자와 관계형성을 할 수 있다. 2. 내담자의 심리적 특성을 평가할 수 있다. 3. 상담 목표와 계획을 수립할 수 있다. 4. 수퍼비전 하에 상담을 진행할 수 있다.
	3. 심리치료 0601011302_17v2	1. 심리치료하기	1. 내담자와 치료관계를 형성할 수 있다. 2. 기초 행동수정법을 적용할 수 있다. 2. 대인관계증진법을 적용할 수 있다. 3. 아동지도법을 적용할 수 있다. 4. 아동청소년 스트레스 관리 프로그램을 실시할 수 있다.
	4. 자문, 교육, 심리재활	1. 자문하기	1. 기초적인 자문을 할 수 있다
		2. 교육하기	1. 심리교육프로그램을 개발할 수 있다. 2. 심리교육을 시행할 수 있다. 3. 심리건강을 홍보할 수 있다.
		3. 심리재활하기	1. 심리사회적 기능을 평가할 수 있다. 2. 심리재활 계획을 수립할 수 있다. 3. 심리재활 프로그램을 실시할 수 있다. 4. 사례관리를 할 수 있다.

전산회계운용사 3급

◈ 개요

전산회계 분야 최초의 국가공인기술자격으로서 전산회계 분야 전문기능의 실력을 검증하고 전문인력을 양성하기 위해 도입하여 시행하고 있다. 3급 시험은 고등학교 졸업 정도의 상업부기와 원가회계와 회계처리에 관한 지식을 갖추고 중소기업의 회계실무자로서 회계 프로그램을 이용하여 회계업무를 처리할 수 있는 능력의 유무를 검증한다.

◈ 수행직무

컴퓨터 프로그램을 이용해 신속하고 정확하게 자금관리, 재무회계처리, 세금계산 등의 회계업무를 처리하는 직무를 행한다.

◈ 진로 및 전망

창업을 계획하는 사람도 이 자격증을 따면 회계인원을 절감할 수 있다. 외국의 경우 기업회계 또는 전산회계 종사자가 고소득 유망직업으로 분류되고 있어 국내에서도 21세기 유망직종으로 떠오를 전망이다.

◈ 출제경향

① 필기 - 회계원리 : 회계의 기본원리, 거래의 기장, 결산, 회사회계, 본지점회계, 연결 및 결합회계, 기업의 세무

② 실기 - 회계 S/W의 운용 : 등록업무, 거래입력, 장부관리, 결산 및 재무제표, 고정자산관리, 원가관리, 세무관리

◈ 실시기관 홈페이지

대한상공회의소(http://license.korcham.net/)

◈ 취득방법

① 시 행 처 - 대한상공회의소

② 시험과목

- 필기 (100점): 회계원리
- 실기 (100점): 회계프로그램의 운용

※ 프로그램 : CAMP sERP(웹케시 sERP20기반), New sPLUS(더존의 smart A기반) 중 택일

③ 검정방법

- 필기 : 객관식 25문제, 제한시간 40분
- 실기 : 컴퓨터 작업형, 제한시간 60분

④ 합격기준

- 필기: 평균 60점 이상
- 실기: 70점 이상

⑤ 응시자격 - 제한없음.

◈ 응시수수료

- 필기 : 17,000원
- 실기 : 22,000원

◈ 출제기준

□ 필기

<table>
<tr><td>○ 직무분야 : 회계</td><td>○ 자격종목 : 전산회계운용사 3급</td><td>○ 적용기간 : 2018. 7. 1 ~ 2021. 6. 30</td></tr>
<tr><td colspan="3">○ 직무내용 : 회계원리에 관한 지식을 갖추고 기업체 등의 회계실무자로서 회계정보시스템을 이용하여 회계 업무를처리할 수 있는 능력의 유무</td></tr>
<tr><td colspan="2">○ 필기검정방법 : 객관식(25문제)</td><td>○ 시험시간 : 40분</td></tr>
</table>

필기 과목명	주요항목 (능력단위)	세부항목 (능력단위요소)	세세항목
재무회계	1. 회계와 순환과정	1. 회계의 기초	1) 회계의 기초개념, 분류, 역할 등
			2) 재무상태와 경영성과의 이해
			3) 재무보고를 위한 개념체계
		2. 회계순환과정	1) 회계의 순환과정과 각 절차의 목적
			2) 전표회계
			3) 결산의 절차 및 결산정리의 이해
			4) 당기순손익 계산의 이해
	2. 재무제표작성	1. 재무제표작성	1) 재무상태표
			2) 포괄손익계산서
	3. 재무제표 요소	1. 현금 및 현금성자산	1) 현금
			2) 요구불예금
			3) 현금성자산
		2. 금융자산	1) 금융자산의 의의, 취득 및 평가, 처분
			2) 금융상품과 지분상품의 구분
		3. 매출채권과 매입채무	1) 외상매출과 외상매입(운반비 포함)
			2) 매출처원장과 매입처원장
			3) 어음
			4) 매출채권의 평가(대손)
		4. 기타채권과 채무	1) 대여금과 차입금, 미수금과 미지급금
			2) 선급금과 선수금, 가지급금과 가수금
			3) 예수금
		5. 재고자산	1) 취득원가의 결정

필기 과목명	주요항목 (능력단위)	세부항목 (능력단위요소)	세세항목
			2) 원가배분: 수량의 흐름, 단가의 결정
			3) 재고자산 단가 결정의 효과
		6. 유형자산	1) 취득원가 결정
			2) 감가상각, 제거(처분)
			3) 취득후 지출
		7. 무형자산	1) 무형자산의 인식, 분류
		9. 비유동부채	1) 금융부채의 개념
			2) 사채발행과 상환
			3) 충당부채, 우발부채 및 우발자산
		10. 자본	1) 자본의 의의, 분류
			2) 개인기업의 자본
		11. 수익과 비용	1) 수익의 개념과 회계처리
			2) 비용의 개념과 회계처리
			3) 종업원 급여

☐ 실기

○ 직무분야 : 회계	○ 자격종목 : 전산회계운용사 3급	○ 적용기간 : 2018. 7. 1 ~ 2021. 6. 30
○ 직무내용 : 회계원리에 관한 지식을 갖추고 기업체 등의 회계실무자로서 회계정보시스템을 이용하여 회계 업무를 처리할 수 있는 능력의 유무		
○ 실기검정방법 : 회계시스템 운용(4문제 내외)	○ 시험시간 : 60분	

필기 과목명	주요항목 (능력단위)	세부항목 (능력단위 요소)	세세항목
회계시스템 운용	전표관리	1. 회계상 거래 인식하기	1.1 회계상 거래와 일상생활에서의 거래를 구분할 수 있다. 1.2 회계상 거래를 구성 요소별로 파악하여 거래의 결합관계를 차변 요소와 대변 요소로 구분할 수 있다 1.3 회계상 거래의 결합관계를 통해 거래 종류별로 구별할 수 있다. 1.4 거래의 이중성에 따라서 기입된 내용의 분석을 통해 대차평균의 원리를 파악할 수 있다.

필기 과목명	주요항목 (능력단위)	세부항목 (능력단위 요소)	세세항목
		2. 전표 작성하기	2.1 회계상 거래를 현금거래 유무에 따라 사용되는 입금 전표, 출금 전표, 대체 전표로 구분할 수 있다. 2.2 현금의 수입 거래를 파악하여 입금 전표를 작성할 수 있다. 2.3 현금의 지출 거래를 파악하여 출금 전표를 작성할 수 있다. 2.4 현금의 수입과 지출이 없는 거래를 파악하여 대체 전표를 작성할 수 있다.
		3. 증빙서류 관리하기	3.1 발생한 거래에 따라 필요한 관련 서류 등을 확인하여 증빙여부를 검토할 수 있다. 3.2 발생한 거래에 따라 관련 규정을 준수하여 증빙서류를 구분·대조할 수 있다. 3.3 증빙서류 관련 규정에 따라 제 증빙자료를 관리할 수 있다.
	자금관리	1. 현금시재 관리하기	1.1 회계 관련 규정에 따라 현금 입출금을 관리할 수 있다. 1.2 회계 관련 규정에 따라 소액현금 업무를 처리할 수 있다. 1.3 회계 관련 규정에 따라 입·출금 전표 및 현금출납부를 작성할 수 있다. 1.4 회계 관련 규정에 따라 현금 시재를 일치시키는 작업을 할 수 있다.
		2. 예금 관리하기	2.1 회계 관련 규정에 따라 예·적금 업무를 처리할 수 있다. 2.2 자금운용을 위한 예·적금 계좌를 예치기관별·종류별로 구분·관리할 수 있다. 2.3 은행업무시간 종료 후 회계 관련 규정에 따라 은행잔고를 확인할 수 있다. 2.4 은행잔고의 차이 발생 시 그 원인을 규명할 수 있다.
		3. 법인카드 관리하기	3.1 회계 관련 규정에 따라 금융기관에 법인카드를 신청할 수 있다. 3.2 회계 관련 규정에 따라 법인카드 관리대장 작성 업무를 처리할 수 있다. 3.3 법인카드의 사용범위를 파악하고 결제일 이전에 대금이 정산될 수 있도록 회계처리할 수 있다.
		4. 어음·수표 관리하기	4.1 관련 규정에 따라 수령한 어음·수표의 예치 업무를 할 수 있다. 4.2 관련 규정에 따라 어음·수표를 발행·수령할 때 회계처리할 수 있다. 4.3 관련 규정에 따라 어음관리대장에 기록하여 관리할 수 있다. 4.4 관련 규정에 따라 어음·수표의 분실 처리 업무를 할 수 있다.
	결산처리	1. 결산준비하기	1.1 회계의 순환과정을 파악할 수 있다. 1.2 회계 관련 규정에 따라 시산표를 작성할 수 있다. 1.3 회계 관련 규정에 따라 재고조사표를 작성할 수 있다. 1.4 회계 관련 규정에 따라 정산표를 작성할 수 있다.
		2. 결산분개하기	2.1 손익 관련 결산분개를 할 수 있다. 2.2 자산·부채계정에 관한 결산정리사항을 분개할 수 있다.

필기 과목명	주요항목 (능력단위)	세부항목 (능력단위 요소)	세세항목
			2.3 손익 계정을 집합계정에 대체할 수 있다.
		3. 장부마감하기	3.1 회계 관련 규정에 따라 주요 장부를 마감할 수 있다. 3.2 회계 관련 규정에 따라 보조장부를 마감할 수 있다. 3.3 회계 관련 규정에 따라 각 장부의 오류를 수정할 수 있다. 3.4 자본거래를 파악하여 자본의 증감여부를 확인할 수 있다.
	재무제표작성	1. 재무상태표 작성하기	1.1 자산을 회계관련 규정에 맞게 회계처리할 수 있다. 1.2 부채를 회계관련 규정에 맞게 회계처리할 수 있다. 1.3 자본을 회계관련 규정에 맞게 회계처리할 수 있다. 1.4 재무상태표를 양식에 맞게 작성할 수 있다.
		2. 손익계산서 작성하기	2.1 수익을 회계관련 규정에 맞게 회계처리할 수 있다. 2.2 비용을 회계관련 규정에 맞게 회계처리할 수 있다. 2.3 손익계산서를 양식에 맞게 작성할 수 있다.
		3. 자본변동표 작성하기	3.1 자본변동표의 구성요소를 설명할 수 있다. 3.2 자본변동표에 포함되는 정보를 구분하여 표시할 수 있다. 3.3 자본변동표를 양식에 맞게 작성할 수 있다.
		4. 현금흐름표 작성하기	4.1 영업활동으로 인한 현금흐름을 계산할 수 있다. 4.2 투자활동으로 인한 현금흐름을 계산할 수 있다. 4.3 재무활동으로 인한 현금흐름을 계산할 수 있다. 4.4 현금흐름표를 양식에 맞게 작성할 수 있다.
		5. 주석 작성하기	5.1 재무제표 작성 근거와 구체적인 회계정책에 대한 정보를 제공할 수 있다. 5.2 회계관련 규정에서 요구되는 정보이지만 재무제표 어느 곳에도 표시되지 않는 정보를 제공할 수 있다. 5.3 재무제표 어느 곳에도 표시되지 않지만 재무제표를 이해하는데 목적적합한 정보를 제공할 수 있다.
	회계정보 시스템 운용	1. 회계 관련 DB 마 스터 관리하기	1.1 DB마스터 매뉴얼에 따라 계정과목 및 거래처를 관리할 수 있다. 1.2 DB마스터 매뉴얼에 따라 비유동자산의 변경 내용을 관리할 수 있다. 1.3 DB마스터 매뉴얼에 따라 개정된 회계 관련 규정을 적용하여 관리할 수 있다.
		2. 회계프로그램 운용하기	2.1 회계프로그램 매뉴얼에 따라 프로그램 운용에 필요한 기초 정보를 처리할 수 있다. 2.2 회계프로그램 매뉴얼에 따라 정보 산출에 필요한 자료를 처리할 수 있다. 2.3 회계프로그램 매뉴얼에 따라 기간별·시점별로 작성한 각종 장부를 검색할 수 있다. 2.4 회계프로그램 매뉴얼에 따라 결산 작업 후 재무제표를 검색할 수 있다.

필기 과목명	주요항목 (능력단위)	세부항목 (능력단위 요소)	세세항목
		3. 회계정보 활용하기	3.1 회계 관련 규정에 따라 회계정보를 활용하여 재무 안정성을 판단할 수 있는 자료를 산출할 수 있다. 3.2 회계 관련 규정에 따라 회계정보를 활용하여 수익성과 위험도를 판단할 수 있는 자료를 산출할 수 있다. 3.3 경영진 요청 시 회계정보를 제공할 수 있다.

◈ 자격취득자에 대한 법령상 우대현황

① 본 자료는 종목별 국가기술자격 취득자 우대 법령을 자체 조사한 자료이다.

② 본 자료는 2020년에 법제처(www.law.go.kr) 홈페이지를 통해 조사하였으며, 법령 개정 시점 등에 따라 변경된 내용이 미반영 될 수 있다.

③ 법령별 세부 우대현황에 대한 적용은 관련법령을 담당하는 부처의 유권해석에 따른다.

전산회계운용사3급 우대현황

우대법령	조문내역	활용내용
교육감소속지방공무원평정규칙	제23조자격증등의가산점	5급이하공무원,연구사및지도사관련가점사항
국가공무원법	제36조의2채용시험의가점	공무원채용시험응시가점
군무원인사법시행령	제10조경력경쟁채용요건	경력경쟁채용시험으로신규채용할수있는경우
근로자직업능력개발법시행령	제27조직업능력개발훈련을위하여근로자를가르칠수있는사람	직업능력개발훈련교사의정의
근로자직업능력개발법시행령	제28조직업능력개발훈련교사의자격취득(별표2)	직업능력개발훈련교사의자격
근로자직업능력개발법시행령	제44조교원등의임용	교원임용시자격증소지자에대한우대

중소기업인력지원특별법	제28조근로자의창업지원등	해당직종과관련분야에서신기술에기반한창업의경우지원
지방공무원임용령	제17조경력경쟁임용시험등을통한임용의요건	경력경쟁시험등의임용
지방공무원임용령	제55조의3자격증소지자에대한신규임용시험의특전	6급이하공무원신규임용시필기시험점수가산
지방공무원평정규칙	제23조자격증등의가산점	5급이하공무원연구사및지도사관련가점사항
국가기술자격법	제14조국가기술자격취득자에대한우대	국가기술자격취득자우대
국가기술자격법시행규칙	제21조시험위원의자격등(별표16)	시험위원의자격
국가기술자격법시행령	제27조국가기술자격취득자의취업등에대한우대	공공기관등채용시국가기술자격취득자우대
국회인사규칙	제20조경력경쟁채용등의요건	동종직무에관한자격증소지자에대한경력경쟁채용
군무원인사법시행규칙	제18조채용시험의특전	채용시험의특전
비상대비자원관리법	제2조대상자원의범위	비상대비자원의인력자원

전자상거래관리사 2급

(E-Business Master Level-Ⅱ)

◈ 개요

시간이 지날수록 급증하는 전자상거래 매출에 비교하여 전자상거래 전문 인력은 턱없이 부족한 현실을 감안해 전자상거래와 관련된 기획 및 관리업무를 총괄하는 인터넷 비즈니스 전문가. 인터넷 이용이 급증하면서 이를 이용한 전자상거래업이 급속히 늘어나자 국가기술자격으로 추진되었다.

◈ 수행직무

인터넷 쇼핑몰 업체, 기업의 쇼핑몰, 정보통신업체, 유통업체, 서비스업체 등에 속해 전자상거래 전반에 대한 관리 업무를 수행한다.

◈ 진로 및 전망

웹마스터나 정보검색사 등 기술 위주의 자격증과는 달리 아닌 물류, 마케팅 등 경영마인드까지 갖춘 전문인력으로 전자상거래 활성화에 기여한다.

◈ 실시기관 홈페이지

대한상공회의소(http://license.korcham.net/)

◈ 취득방법

① 시 행 처 - 대한상공회의소

② 시험과목

- 필기 : 1. 전자상거래 기획 2. 전자상거래 운영 및 관리 3. 전자상

거래시스템 운영 및 관리 4. 전자상거래 관련법규

- 실기 : 전자상거래 구축 기술

[프로그램 (주)코리아센터high메이크샵. 엔에이지고도(주)고도몰5]

③ 검정방법 - 필기(객관식), 실기((컴퓨터 작업형)

④ 합격기준

- 필기 : 매 과목 100점 만점에 과목당 40점 이상, 평균 60점 이상
- 실기 : 100점 만점에 60점 이상

⑤ 응시자격 - 제한없음

◈ 응시수수료

- 필기 : 22,000원
- 실기 : 38,000원

◈ 출제경향

1. 정보통신 기반기술에 대한 일반적인 지식과 인터넷에서의 마케팅기술의 숙지 여부
2. 전자상거래관리사 1급의 업무를 보조할 수 있는 능력의 유무

◈ 출제기준

□ 필기

<table>
<tr><td>○ 직무분야 : 영업판매</td><td>○ 자격종목 : 전자상거래관리사2급</td><td colspan="2">○ 적용기간: 2021.01.01. - 2023.12.31.</td></tr>
<tr><td colspan="4">○ 직무내용 : 고객의 요구를 분석하여 이에 수반하는 각종 S/W 및 H/W(인프라 포함)를 구축하고 효율적인 관리 업무를 수행</td></tr>
<tr><td colspan="2">○ 필기검정방법 : 객관식(80문제)</td><td colspan="2">○ 시험시간 : 80분</td></tr>
</table>

필기 과목명	출제 문제 수	주요항목	세부항목	세세항목
전자 상거래 기획	20	고객관계관리	고객관계관리 전략	• CRM 개념 • CRM 개요
			마케팅 기법	• 기초적인 통계 기법(상관관계, 가설검증, 회귀분석, 요인분석) • 데이터 마이닝 • 최신 마케팅 기법(SNS, 로그분석, 텍스트 마이닝 등)
		기업전략과 마케팅 전략	기업전략과 마케팅 전략	• 소비자 행동 이해 • STP 전략에 대한 이해 • e-마케팅 전략
		인터넷 마케팅관리	인터넷 PR 및 촉진 활용	• 인터넷 광고 전략 실행 • 인터넷 PR 전략 실행(전자우편과 게시판, 배너, 스폰서십, 인터스티셜 등)
		전자상거래 전략수립 및 컨셉화	전자상거래 사업전략 수립	• 인터넷과 전자상거래 • 전자상거래의 현황과 전망 • 전자상거래 사업의 유형과 특성 • 전자상거래 사업의 구성 요소
			웹사이트 컨셉 도출	• 웹사이트 컨셉의 이해 • 웹사이트 컨셉 도출과정 이해 • 비즈니스 모델의 이해
전자 상거래 운영 및 관리	20	전자상거래 프로세스	전자상거래 프로세스	• 구매 프로세스 • 판매 프로세스 • 물류 및 재고 관리 • 전자무역의 이해
			전자상거래 결제	• 전자결제 개요 • 전자결제 프로세스 • 최신 전자지불수단의 이해
			사이트 이해	• 사이트설계 이해 • 정보구조화 이해 • 내비게이션 설계 이해

필기 과목명	출제 문제 수	주요항목	세부항목	세세항목
				• 유저인터페이스 설계에 대한 이해
		사이트 구축 및 운영	사이트 구축	• 사이트 운영 및 관리 • 사이트 구축 절차 • 콘텐츠 구성
			사이트 운영	• 사이트 운영 • 커뮤니티 운영
전자상거래 시스템 운영 및 관리	20	전자상거래 시스템 운영 및 관리	컴퓨터시스템	• 전자상거래 서버의 이해 • 신기술 기반 전자상거래 컴퓨팅시스템(클라우드 컴퓨팅, IoT 등) • 인터넷(네트워크) 기초(망 종류, 도메인 주소, 프로토콜, 토폴로지 등)
			전자상거래 정보관리	• 고객, 제품, 결제 등 전자상거래 정보에 대한 이해 • 데이터베이스, 데이터베이스관리시스템 에 대한 이해 • 데이터웨어하우스, 빅데이터에 대한 이해 • 최신기술(클라우드컴퓨팅, 센싱 등)과 접목된 정보관리 방안
		전자상거래 시스템 보안	네트워크 및 시스템 보안	• 암호 및 인증기술 개념 • 네트워크 보안기술 개념 • 시스템 보안기술 개념 • 정보시스템 보안 및 감사정책 실행
전자상거래 관련	20	전자상거래 관련법	전자상거래 관련법 (법률, 시행령)	• 전자문서 및 전자거래기본법 • 전자상거래 등에서의 소비자보호에 관한 법률

필기 과목명	출제 문제 수	주요항목	세부항목	세세항목
법규				• 정보통신망 이용촉진 및 정보보호 등에 관한 법률 • 개인정보보호법 • 소비자기본법 • 전자서명법 • 전자금융거래법 • 위치정보의 보호 및 이용 등에 관한 법률 • 지식재산기본법 • 정보통신기반 보호법 • 표시·광고의 공정화에 관한 법률 • 상표법 • 할부거래에 관한 법률

□ 실기

○ 직무분야 : 영업판매	○ 자격종목 : 전자상거래관리사2급	○ 적용기간 : 2021. 1.1 ~2023. 12. 31
○ 직무내용 : 고객의 요구를 분석하여 이에 수반하는 각종 S/W 및 H/W(인프라 포함)를 구축하고 효율적인 관리 업무를 수행		
○ 실기검정방법 : 작업형	○ 시험시간 : 80분	

실기 과목명	출제 문제 수	주요항목	세부항목	세세항목
전자 상거래 구축 기술	5	사이트 기획 및 구축	사이트 개발계획 수립하기	• 사업기획 자료를 활용하여 사이트 개발의 목적과 개념을 정의할 수 있다. • 사이트 이용자 타겟(기업 및 개인)을 정의하고, 이용자의 사이트 이용 특성 및 요구사항을 정의할 수 있다. • 사업기획 자료를 활용하여 사이트의 기능, 특징, 거래유형, 이용자 편의 등 사이트 기획을 할 수 있다. • 사이트 기획서를 활용하여, 계수적 목표, 필요자원, 예산, 추진 일정이 포함된 사이트 개발 계획서를 수립할 수 있다.
			사이트 디자인 하기	• 사이트 개발계획서를 활용하여 사이트 디자인의 방향과 콘셉트를 제시할 수 있다. • 사이트 콘셉트 자료를 활용하여, 전체 사이트의 구성도 및 스토리 보드를 작성할 수 있다. • 참조모델에 의한 디자인 시안을 작성, 활용하여 사이트에 들어갈 콘텐츠와 네비게이션을 활용한 메인페이지를 스케치할 수 있다. • 메인페이지 디자인에 맞추어 각 서브

실기 과목명	출제 문제 수	주요항목	세부항목	세세항목
				페이지들의 디자인을 스케치할 수 있다. • 디자인 결과물을 활용하여, 이용자 타깃을 대상으로 한 사용자 검토 및 피드백을 수행할 수 있다.
			사이트 설계하기	• 사이트 개발 계획서와 사이트 디자인 자료를 활용하여, 사이트 설계 가이드라인에 의한 설계의 사이트 공통 프레임웍을 작성할 수 있다. • 사이트 공통 프레임웍을 활용하여, 공통 모듈 및 공통 인터페이스, 사용자 인터페이스 및 모듈간 인터페이스를 설계할 수 있다. • DB의 개념적/논리적/물리적 모델을 도출하고 DB기술서(데이터 사전, 테이블 정의서 등)를 작성할 수 있다. • 공통프레임웍과 공통인터페이스, DB 설계내역이 사이트 기획의도 및 디자인 컨셉트에 부합 되는지를 검토하고 피드백 할 수 있다.
			사이트 구축하기	• 사이트 설계하기의 프레임워크 표준과 설계문서를 기반으로 공통 프레임워크를 구축하고, 공통 모듈을 개발하며, 사이트 개발 환경을 구축하고, 웹 표준과 웹접근성에 맞는 사이트를 구성하는 모듈을 코딩 및 디버깅을 하며, 구성된 공통 모듈과 구성 모듈을 통합하여 빌드한 후, 전체 사이트에 대한 디버깅을 수행할 수 있다 • 사이트 설계문서를 기반으로 인터페이스 표준과 설계문서를 바탕으로, 인

실기 과목명	출제 문제 수	주요항목	세부항목	세세항목
				터페이스 구현환경을 준비하고, UI (User Interface) 및 모듈간 또는 타 시스템과의 인터페이스를 구현할 수 있다. • 데이터 베이스 설계문서를 기반으로 데이터베이스 상세 설계서 및 데이터 모델에 따라, DB 구현환경을 조성하고, 테이블/컬럼/인덱스 등의 DB를 구현하며, DB 구현 결과를 검증할 수 있다. • 테스팅 설계문서를 기반으로 단계별로 검증하기 위하여, 단위테스트, 통합테스트, 시스템테스트 를 수행할 수 있다.
			UI 정보구조 설계하기	• 수립된 UI/UX 전략을 바탕으로 스마트 문화앱 UI 디자인 개발에 필요한 정보구조를 설계할 수 있다. • 운영체계(OS)에 따른 UX의 특성을 파악하여 정보구조를 설계할 수 있다. • 인터페이스(interface) 기능 요소와 사용성을 고려하여 항목들을 배치하고 와이어프레임(wireframe)을 작성할 수 있다. • 와이어프레임에 기반을 두어 표현되는 정보와 기능에 따른 상세 스토리보드를 작성할 수 있다.
			상품 콘텐츠 개발하기	• 설계된 프레임워크 표준과 설계문서를 기반으로 고객의 주문 수취를 위한 콘텐츠 목록을 추출할 수 있다. • 디지털 이미지 제작, 변환 프로그램을 활용하여 필요한 콘텐츠를 해당 콘텐

실기 과목명	출제 문제 수	주요항목	세부항목	세세항목
				츠를 필요로 하는 시스템 조건에 맞으면서 가장 시인성이 좋도록 디지털 자료화할 수 있다. • 자료화된 디지털 콘텐츠를 제시된 환경에 맞도록 수정, 조절하여 활용할 수 있다. • 개발된 콘텐츠 이외에 매출, 프로모션, 품절 등의 변화요소와 시장상황과 고객의 요구사항을 감안하여 추가적으로 필요한 디지털 콘텐츠를 개발, 제작하여 교체, 관리할 수 있다.
			기초DB 구축하기	• 사이트 설계하기와 구축하기의 시스템 정보를 기반으로 사이트에 필요한 정보를 저장하기 위한, 데이터베이스 기술서 (데이터 사전, 테이블 정의서 등)를 작성하고, 이를 기반으로 개념적/논리적/물리적 모델을 바탕으로, 기초데이터 이행 계획을 할 수 있다. • 데이터베이스 설계서를 기반으로 인한 데이터베이스 설계 및 데이터모델에 따라, DB 구현환경을 조성하고, 테이블/컬럼/인덱스 등의 기초DB를 구현하며, 기초 DB를 이행 할 수 있다. • 기초 DB 기반으로 요구사항으로 구현되었는지를 기초DB를 검증하기 위하여, 단위테스트, 통합테스트, 시스템테스트 를 수행할 수 있다.
		전자상거래 마케팅	판매상품 설정하기	• 시장조사(빅데이터, 키워드 수집 등) 결과를 반영한 사업계획에 따라 상품을 분류할 수 있다.

실기 과목명	출제 문제 수	주요항목	세부항목	세세항목
				• 고객의 니즈와 상품 분류 기준에 따라 적합한 품목구성과 규모를 정할 수 있다. • 채널에 맞는 상품운영 기술을 활용하여 상품을 선정할 수 있다.
			목표고객 설정하기	• 해당 상품류의 쇼핑행태 분석자료를 통해 구매행태를 분석할 수 있다. • 구매형태 분석자료를 통해 목표고객층을 확인할 수 있다. • 구매행태를 통해 통신판매 채널과 목표고객을 선정할 수 있다.
			판매상품 가격 설정하기	• 가격구성요소를 고려하여 가격결정방법을 선택할 수 있다. • 가격결정프로세스에 따라 가격을 결정할 수 있다. • 가격결정목적과 가격변동요인과 같은 상황을 고려하여 가격을 재결정할 수 있다.
			상품개발전략 수립하기	• 환경 분석에 따른 자료를 충분히 이해하고 이를 활용하여 상품개발에 대한 전략적 목표를 수립할 수 있다 • 수립된 목표를 바탕으로 회사의 상황과 기술개발의 현황을 고려하고 일정관리 프로그램을 사용하여 점검 가능한 일정을 수립할 수 있다. • 효율적인 상품개발을 위한 필요요소를 분석하고 상품개발의 주체를 결정할 수 있다. • 상품개발에 따른 일정을 수립하거나 외부생산 시설을 발굴하여 구체적인 상품개발 방법을 도출할 수 있다.

실기 과목명	출제 문제 수	주요항목	세부항목	세세항목
				• 도출된 결과의 효율성을 입증할 수 있는 자원소요, 예산소요, 시너지효과 등을 고려하여 상품개발 계획서를 작성할 수 있다.
			마케팅 전략 수립하기	• 환경 분석에 따른 개발상품의 목표고객을 규정하고 목표시장에서의 지향적 위치(Position)를 결정함으로써 예측 가능한 목표고객의 요구를 구체적으로 도출해 낼 수 있다. • 원가 분석 자료를 활용하여 다양한 가격 전략을 수립할 수 있다. • 개발하고자 하는 제품, 서비스의 특성과 가격 전략을 활용하여 구매, 판매, 유통 흐름을 설계할 수 있다. • 초기시장 진입과 판매 활성화를 목적으로 입찰, 제안, 제휴, 판촉 전략을 수립할 수 있다. • 제품, 고객, 가격, 물류, 판촉 자료를 활용하여 종합적인 마케팅 전략을 수립할 수 있다.
			판매계획 수립하기	• 상품개발계획서에 따른 상품과 종합적 마케팅 전략에 따른 개별 항목에 따라 상품별 판매 일정과 경로별 유통 대상자를 선정할 수 있다. • 유통경로별 예상판매계획을 수립할 수 있다. • 수립된 마케팅 계획에 따라 이를 만족시킬 수 있는 수준의 상품판매를 위한 필요요소를 시기에 맞게 예측하고 도출해 낼 수 있다. • 판매일정에 따라 생산일정, 재고현황

실기 과목명	출제 문제 수	주요항목	세부항목	세세항목
				등을 파악할 수 있으며 재고처리 계획을 세움으로써 부진 판매를 고려한 문제점에 대비할 수 있다. • 상품별 효과적인 판매를 위한 구체적인 유통망을 선정하여 상품을 런칭할 수 있다.
			투자계획 수립하기	• 마케팅 전략과 예상판매계획에 따라 단기와 중.장기에 대한 일정별 투자규모를 산정할 수 있다. • 산정된 투자규모는 각각 설비와 시설, 자재, 인력으로 구분할 수 있다. • 구분된 개별 분야에서 기획, 구매, 생산, 유통, 운영, 유지보수에 따른 필요를 산정할 수 있다. • 시장상황과 자사현황을 이해하여 항목과 시기에 따라서 비용에 대한 구체적이고 실현 가능한 투자방법과 유치계획을 제시할 수 있다. • 제시된 투자방법과 유치계획에 따른 투자 후 회수계획을 수립할 수 있다.
			콘텐츠전략수립하기	• 온라인 동향을 기반으로 관련상품 시장의 마케팅 동향을 파악할 수 있다. • 파악된 관련상품 시장의 마케팅 동향에 따라 콘텐츠 전략 방향을 수립할 수 있다. • 수립된 콘텐츠 전략 방향에 맞추어 실행 전략을 구체화할 수 있다.
			마케팅 실행하기	• 수립된 콘텐츠 전략과 마케팅 전략을 기반으로 마케팅계획을 파악할 수 있다. • 파악된 마케팅 계획을 바탕으로 다양

실기 과목명	출제 문제 수	주요항목	세부항목	세세항목
				한 마케팅 실행계획의 목표와 우선순위를 정할 수 있다. • 정해진 목표와 우선순위를 기반으로 마케팅 기법을 선택할 수 있다. • 선택된 기법에 맞추어 마케팅을 실행할 수 있다.
			뉴미디어 마케팅 연동하기	• 최신 온라인 동향에 맞는 뉴미디어 매체를 분석 할 수 있다. • 분석된 뉴미디어 매체를 토대로 기 수립된 마케팅 기법을 활용하여 최적의 성과를 낼 수 있는 뉴미디어 마케팅 계획을 수립 할 수 있다. • 수립된 뉴미디어 마케팅 계획을 바탕으로 콘텐츠에 적용된 마케팅 기법을 뉴미디어와 연동 할 수 있다. • 연동된 뉴미디어 마케팅 진행을 모니터링 하여 주기적 업데이트, 관리를 할 수 있다.
			마케팅 성과 측정하기	• 수립된 마케팅 기법에 따라 성과 측정에 필요한 적절한 성과측정 계획을 수립할 수 있다. • 수립된 성과측정 계획을 활용하여 성과 측정 기준을 수립할 수 있다. • 수립된 성과평가 기준에 의하여 마케팅 기법에 맞는 평가 요소를 도출할 수 있다. • 도출된 평가 요소를 활용하여 마케팅 성과측정을 수행할 수 있다. • 수행된 성과 측정 결과에 따라 성과 측정 마케팅 성과 보고서를 도출 할 수 있다.

실기 과목명	출제 문제 수	주요항목	세부항목	세세항목
			마케팅결과 활용하기	• 도출된 마케팅 성과측정 결과보고서에 따른 마케팅 결과를 분석할 수 있다. • 분석된 마케팅 결과에 따라 최적화된 마케팅 개선점을 찾고 이를 마케팅 기법에 적용할 수 있다. • 분석된 마케팅 결과를 바탕으로 환경분석, 사업기획, 사이트 기획에 활용할 수 있다.
			데이터베이스 활용 계획 수립하기	• 고객관계관리의 개념과 전략적 중요성을 설명할 수 있다. • 고객관계의 단계별 전략과 로열티 향상전략을 수립할 수 있다. • 데이터 마이닝을 통해 상품 또는 가격을 믹스할 수 있다. • 고객행위를 분석하여 맞춤형 고객서비스를 수립할 수 있다.

◈ 자격취득자에 대한 법령상 우대현황

① 본 자료는 종목별 국가기술자격 취득자 우대 법령을 자체 조사한 자료이다.

② 본 자료는 2020년에 법제처(www.law.go.kr) 홈페이지를 통해 조사하였으며, 법령 개정 시점 등에 따라 변경된 내용이 미반영 될 수 있다.

③ 법령별 세부 우대현황에 대한 적용은 관련법령을 담당하는 부처의 유권해석에 따른다.

전자상거래관리사2급 우대현황

우대법령	조문내역	활용내용
공무원수당등에관한규정	제14조특수업무수당(별표11)	특수업무수당지급
공무원임용시험령	제27조경력경쟁채용시험등의응시자격등(별표7,별표8)	경력경쟁채용시험등의응시
공무원임용시험령	제31조자격증소지자등에대한우대(별표12)	6급이하공무원채용시험가산대상자격증
교육감소속지방공무원평정규칙	제23조자격증등의가산점	5급이하공무원,연구사및지도사관련가점사항
국가공무원법	제36조의2채용시험의가점	공무원채용시험응시가점
군무원인사법시행령	제10조경력경쟁채용요건	경력경쟁채용시험으로신규채용할수있는경우
군인사법시행규칙	제14조부사관의임용	부사관임용자격
근로자직업능력개발법시행령	제27조직업능력개발훈련을위하여근로자를가르칠수있는사람	직업능력개발훈련교사의정의
근로자직업능력개발법시행령	제28조직업능력개발훈련교사의자격취득(별표2)	직업능력개발훈련교사의자격
근로자직업능력개발법시행령	제38조다기능기술자과정의학생선발방법	다기능기술자과정학생선발방법중정원내특별전형
근로자직업능력개발법시행령	제44조교원등의임용	교원임용시자격증소지자에대한우대
기초연구진흥및기술개발지원에관한법률시행규칙	제2조기업부설연구소등의연구시설및연구전담요원에대한기준	연구전담요원의자격기준
중소기업인력지원특별법	제28조근로자의창업지원등	해당직종과관련분야에서신기술에기반한창업의경우지원
지방공무원수당등에관한규정	제14조특수업무수당(별표9)	특수업무수당지급
지방공무원임용령	제17조경력경쟁임용시험등을통한임용의요건	경력경쟁시험등의임용
지방공무원임용령	제55조의3자격증소지자에대한신규임용시험의특전	6급이하공무원신규임용시필기시험점수가산
지방공무원평정규칙	제23조자격증등의가산점	5급이하공무원연구사및지도

		사관련가점사항
헌법재판소공무원수당등에관한규칙	제6조특수업무수당(별표2)	특수업무수당 지급구분표
국가기술자격법	제14조국가기술자격취득자에대한우대	국가기술자격취득자우대
국가기술자격법시행규칙	제21조시험위원의자격등(별표16)	시험위원의자격
국가기술자격법시행령	제27조국가기술자격취득자의취업등에대한우대	공공기관등채용시국가기술자격취득자우대
국가를당사자로하는계약에관한법률시행규칙	제7조원가계산을할때단위당가격의기준	노임단가의가산
국회인사규칙	제20조경력경쟁채용등의요건	동종직무에관한자격증소지자에대한경력경쟁채용
군무원인사법시행규칙	제18조채용시험의특전	채용시험의특전
비상대비자원관리법	제2조대상자원의범위	비상대비자원의인력자원범위

전자상거래운용사

(Word Processor Specialist)

◈ 개요

전자상거래에 대한 기초적인 지식과 기능을 가지고 전자상거래관리사의 업무를 보조할수 있는 자로서 관련 분야의 업무를 수행할 수 있는 지식과 기능을 평가하는 국가기술자격 시험이다.

◈ 실시기관 홈페이지

대한상공회의소(http://license.korcham.net/)

◈ 응시자격 및 접수안내

제한없음

◈ 시험과목

- 필기시험(객관식 60문항) : 1. 인터넷일반 2. 전자상거래일반 3. 컴퓨터 및 통신일반
- 실기시험(컴퓨터 작업형) : 전자상거래구축 기본기술
  (프로그램 (주)코리아센터high메이크샵. 엔에이지고도(주)고도몰5
- 시험시간 : 필기, 실기 - 각 60분

◈ 합격기준

- 필기 : 매과목 100점 만점에 과목당 40점 이상이고, 평균 60점 이상
- 실기 : 100점 만점에 70점 이상

◈ 응시수수료

- 필기 : 18,000원
- 실기 : 26,000원

◈ 출제경향

전자상거래에 대한 기초적인 지식과 기능을 가지고 전자상거래관리사의 업무를 보조할수 있는 자로서 관련분야의 업무를 수행할 수 있는 지식과 기능을 평가

◈ 출제기준

□ 필기

○ **직무분야** : 영업판매	○ **자격종목** : 전자상거래운용사	○ **적용기간** : 2021. 1. 1. ~ 2023. 12. 31.
○ **직무내용** : 전자상거래에 대한 기초적인 지식과 기능을 활용하여 인터넷을 통한 상품과 서비스의 거래가 이루어지는 방식을 구축하고 운영하는 직무		
○ **필기검정방법** : 객관식(60문제)	○ **시험시간** : 60분	

필기과목명	출제문제수	주요항목	세부항목	세세항목
인터넷 일반	20	인터넷 활용	인터넷 접속 및 서비스 활용	• 인터넷 접속의 개념 이해 • WWW의 이해 • 인터넷 서비스의 개념과 기술 • 사물인터넷
			인터넷 윤리	• 네티켓의 이해 • 정보윤리 및 개인보호 • 사이버 윤리 • 사이버 범죄 • 인터넷 중독

필기과목명	출제문제수	주요항목	세부항목	세세항목
				• 저작권 침해
		웹프로그램과 웹표준	HTML 및 CSS	• HTML과 CSS의 기본 개념과 구조 • 기본태그 • 링크 및 이미지 삽입 • 테이블 및 프레임 작성 • 입력 양식 폼의 작성 • CSS의 기본 사용법
			웹언어와 웹표준의 이해	• 스크립트 언어의 개념 • 자바스크립트의 기본 사용법 • 웹표준과 웹접근성의 이해 • 웹표준 관련 법규의 이해
		웹디자인	웹디자인의 이해	• 웹디자인 개요 • 웹디자인 편집 도구
전자상거래 일반	20	전자상거래	전자상거래의 이해	• 전자상거래의 개념 • 인터넷과 전자상거래
			전자상거래와 비즈니스 모델	• 전자상거래의 유형 • 전자상거래의 특성 • 전자상거래 비즈니스 모델 • 인터넷 비즈니스 • 모바일 비즈니스 • 전자무역
		전자상거래운영	전자상거래 프로세스의 이해	• 전자상거래 프로세스의 이해 • 상품구매 및 판매관리
			물류 및 배송관리	• 물류관리의 개념 • 전자상거래와 배송
			전자결제의 이해	• 전자결제의 개념 및 특징 • 전자결제 보안
		인터넷 마케팅	인터넷 마케팅의 이해	• 인터넷 마케팅의 개념 • 인터넷 마케팅 전략 • 인터넷 광고

필기과목명	출제문제수	주요항목	세부항목	세세항목
				• UCC와 유튜브
			고객관리 및 서비스	• 인터넷 소비자의 이해 • 고객 관리 및 서비스
컴퓨터 및 통신 일반	20	컴퓨터 시스템	컴퓨터 시스템의 이해	• 컴퓨터시스템의 개요 • 운영체제
			서버 및 웹호스팅의 이해	• 서버의 개념 • 서버의 기능 및 종류 • 웹호스팅의 이해 • 웹호스팅의 종류 • 신기술컴퓨팅의 이해 (클라우드 컴퓨팅, 빅데이터, IoT 등)
			네트워크	• 네트워크의 개요 • 네트워크의 특징
			해킹과 바이러스	• 바이러스의 예방 • 바이러스의 치료 • 악성코드의 이해 • 해킹의 이해
		인터넷 통신	정보통신의 이해	• 정보통신망의 개념 및 분류 • 정보통신의 구성요소
			인터넷 보안	• 인터넷 보안의 개념 • 인터넷 보안의 종류 및 특징 • 정보보호와 암호 • 정보보안 실무

□ 실기

<table>
<tr><td>○ 직무분야 : 영업판매</td><td>○ 자격종목 : 전자상거래운용사</td><td>○ 적용기간 : 2021. 1. 1. ~ 2023. 12. 31.</td></tr>
<tr><td colspan="3">○ 직무내용 : 전자상거래에 대한 기초적인 지식과 기능을 활용하여 인터넷을 통한 상품과 서비스의 거래가 이루어지는 방식을 구축하고 운영하는 직무</td></tr>
<tr><td>○ 필기검정방법 : 작업형</td><td colspan="2">○ 시험시간 : 60분</td></tr>
</table>

실기 과목명	출제 문제수	주요항목	세부항목	세세항목
전자 상거래 구축 기본 기술	4	전자상거래 사이트 구축	사이트 구축하기	• 사이트 설계하기의 프레임워크 표준과 설계문서를 기반으로 공통 프레임워크를 구축하고, 공통 모듈을 개발하며, 사이트 개발 환경을 구축하고, 사이트를 구성하는 모듈을 코딩 및 디버깅을 하며, 구성된 공통 모듈과 구성 모듈을 통합하여 빌드한 후, 전체 사이트에 대한 디버깅을 수행할 수 있다. • 사이트 설계 문서를 기반으로 인터페이스 표준과 설계 문서를 바탕으로, 인터페이스 구현 환경을 준비하고, UI (User Interface) 및 모듈간 또는 타 시스템과의 인터페이스를 구현할 수 있다. • 데이터베이스 설계 문서를 기반으로 데이터베이스 상세 설계서 및 데이터모델에 따라, DB 구현 환경을 조성하고, 테이블/컬럼/인덱스 등의 DB를 구현하며, DB 구현 결과를 검증할 수 있다. • 테스팅 설계 문서를 기반으로 단계별로 검증하기 위하여, 단위 테스트, 통합 테스트, 시스템 테스트를 수행할 수 있다.
			UI 정보구조 설계하기	• 수립된 UI/UX 전략을 바탕으로 스마트문화앱 UI 디자인 개발에

실기 과목명	출제 문제수	주요항목	세부항목	세세항목
				필요한 정보구조를 설계할 수 있다. • 운영체계(OS)에 따른 UX의 특성을 파악하여 정보구조를 설계할 수 있다. • 인터페이스(interface) 기능 요소와 사용성을 고려하여 항목들을 배치하고 와이어프레임(wireframe)을 작성할 수 있다. • 와이어프레임에 기반을 두어 표현되는 정보와 기능에 따른 상세 스토리보드를 작성할 수 있다.
			상품 콘텐츠 개발하기	• 설계된 프레임워크 표준과 설계문서를 기반으로 고객의 주문 수취를 위한 콘텐츠 목록을 추출할 수 있다. • 디지털 이미지 제작, 변환 프로그램을 활용하여 필요한 콘텐츠를 해당 콘텐츠를 필요로 하는 시스템 조건에 맞으면서 가장 시인성이 좋도록 디지털 자료화할 수 있다. • 자료화된 디지털 콘텐츠를 제시된 환경에 맞도록 수정, 조절하여 활용할 수 있다. • 개발된 콘텐츠 이외에 매출, 프로모션, 품절 등의 변화요소와 시장상황과 고객의 요구사항을 감안하여 추가적으로 필요한 디지털 콘텐츠를 개발, 제작하여 교체, 관리할 수 있다.
			기초 DB 구축하기	• 사이트 설계하기와 구축하기의 시스템 정보를 기반으로 사이트에 필요한 정보를 저장하기 위한, 데이터베이스 기술서 (데이터 사전, 테이블 정의서 등)를 작성하고, 이를 기반으로 개념적/논리적/물리적 모델을 바탕으로, 기초 데이터

실기 과목명	출제 문제수	주요항목	세부항목	세세항목
				이행 계획할 수 있다. • 데이터베이스 설계서를 기반으로 인한 데이터베이스 설계 및 데이터모델에 따라, DB 구현 환경을 조성하고, 테이블/컬럼/인덱스 등의 기초 DB를 구현하며, 기초 DB를 이행할 수 있다. • 기초 DB 기반으로 요구사항으로 구현되었는지를 기초 DB를 검증하기 위하여, 단위 테스트, 통합 테스트, 시스템 테스트를 수행할 수 있다.
			시스템 관리하기	• 사이트 구축 계획과 구축된 시스템 정보를 기반으로 시스템 운영 상 발생하는 서비스문의/개선 요청을 접수/기록/분류/ 분석/해결/통보를 수행할 수 있다. • 시스템 가용성 및 연속성을 확보하기 위하여 시스템 운영 중 발생하는 장애를 식별/기록/관리할 수 있다. • 시스템 및 서비스 안정성 확보를 위하여 변경 관리 체계를 수립하고 변경을 통제하며 관리할 수 있다. • 시스템 운영에 대한 계획, 지침, 절차서를 작성할 수 있다. • 시스템 운영 중 발생하는 각종 시스템 이벤트 및 주요 자원 사용 현황을 모니터링, 문서화할 수 있다.
			상품 관리하기	• 개발된 개별상품의 명세를 기반으로 상품에 대한 기초 데이터를 등록할 수 있다. • 등록된 기초 데이터를 활용하여 상품 필드값에 맞게 운영할 수 있다. • 효과적인 상품운영을 위해 사이트를 주기적으로 모니터링하여 수정할 수 있다.

실기 과목명	출제 문제수	주요항목	세부항목	세세항목
			외부 시스템 연동하기	• 시스템 정보를 기반으로 모듈간 또는 외부 시스템간의 연동을 수행하기 위한 대상을 선정, 추출, 파악할 수 있다. • 연계 대상인 콘텐츠와 설계문서를 바탕으로 인터페이스 구현환경을 준비하고, 모듈간 또는 타 시스템과의 인터페이스를 구현할 수 있다. • 구현된 시스템을 바탕으로 모듈간, 타 시스템과의 인터페이스를 테스트, 운영할 수 있다.
		전자상거래 사이트 운영	사이트 유지보수하기	• 사이트 구축하기의 정보를 기반으로 사이트의 운영/관리에 대한 사이트 유지보수의 계획을 수립할 수 있다. • 사이트의 가용성 및 신뢰성을 확보하기 위하여 사이트 운영 중 발생하는 각종 시스템 이벤트 및 주요 자원 사용 현황을 모니터링 및 문서화할 수 있다. • 사이트 운영 업무 품질의 지속적인 개선을 위하여 데이터를 수집 분석하여 사이트 서비스, 업무, 시스템별 성과 달성도를 산정하고 성과 보고서를 작성할 수 있다.
			자금 관리하기	• 상품별 주문, 결재, 배송과 같은 판매정보를 바탕으로 판매실적을 확인할 수 있다. • 상품별 반품을 파악하여 공급업체의 판매대금을 정산할 수 있다. • 상품별 매출원가를 토대로 상품별 손익을 계산할 수 있다.
			주문 처리하기	• 전자상거래를 통하여 고객이 상품 검색을 하여 구매의사를 결정한 후 고객으로부터 주문을 받을 수 있다.

실기 과목명	출제 문제수	주요항목	세부항목	세세항목
				• 주문 받은 상품에 대한 상품정보의 자료 정확성을 확인하여 주문내용을 확인할 수 있다. • 확인한 상품의 고객에 대하여 고객등급과 배송정보를 확인할 수 있다. • 확인된 상품정보와 고객정보를 바탕으로 주문 상품에 대한 주문 처리를 확정할 수 있다. • 주문 확정된 정보에 대하여 결제유형에 따라 대금을 결제 확정할 수 있다.
			결제 관리하기	• 주문처리 확정된 고객의 대금결제 방법에 따라 고객을 분류할 수 있다. • 분류된 결제 유형에 따라 결제 확정 고객의 즉시 결제 수단을 이용하여 처리하여 결제할 수 있다. • 결제 미확정 고객은 대금이 입금 될 때까지 고객의 입금 상태를 파악하여 관리할 수 있다. • 결제가 비정상적으로 처리 되었을 때에는 고객에게 현상을 공지하고 다시 처리하게 안내할 수 있다. • 결제가 정상적으로 처리 되었을 때에는 결제된 주문내역에 따라 배송지시를 하여 배송 처리할 수 있다.
			배송 관리하기	• 주문 확정된 고객의 주문 정보를 바탕으로 배송 지시를 수취할 수 있다. • 수취된 배송 정보를 바탕으로 고객의 요구에 따라 배송 일정표에 의거하여 배송 계획서를 작성하여 배송 작업을 실시할 수 있다. • 배송관리는 진행 단계마다 배송 이력을 추적하여 관리할 수 있다.

실기 과목명	출제 문제수	주요항목	세부항목	세세항목
				• 배송을 완료한 상품에 대하여 교환 요청이 발생한 상품도 함께 배송 관리에 포함하여 처리할 수 있다.
			교환/반품 관리하기	• 배송 상품에 대하여 상품을 수령한 고객의 교환/반품 사유를 파악할 수 있다. • 고객이 교환/반품한 상품을 확인하여 사유에 이상이 없을 시에는 해당 상품의 교환/반품처리를 확정할 수 있다. • 확정된 교환/반품 제품에 대하여 주문처리, 재고관리, 배송관리의 취소와 고객관리에 정보를 수정할 수 있다. • 수령한 상품 중에 하자발생으로 반품된 상품에 대하여 반품 유형을 분석하여 문제점을 파악하여 조치할 수 있다. • 배송 상품 중에 수취거부, 주문취소 사유로 확정된 주문은 사유를 분석하여 문제점을 파악하여 조치할 수 있다.
			재고 관리하기	• 판매관리의 원활한 제품 수급을 위하여 주문정보, 배송 정보를 바탕으로 제품들의 재고현황을 파악할 수 있다. • 파악된 제품별로 주문하고 판매된 수량 정보에 따라서 제품별 적정재고유형을 고려하여 필요한 수량 정보를 판별할 수 있다. • 판별된 재고 수량 정보를 바탕으로 해당 상품별 재고 현황을 집계하여 필요한 제품의 수급시기를 파악할 수 있다. • 파악된 주문 정보와 재고 정보를 분석하여 상품별 경제적인 재고 관리 계획을 수립할 수 있다.
			판매 정보 관리하기	• 상품 주문에서 재고까지의 판매 관련 정보를 관리하여 현황을 파악할 수 있

실기 과목명	출제 문제수	주요항목	세부항목	세세항목
				다. • 파악된 판매 관리 정보를 대상으로 판매 분석 기법을 활용하여 각 단계별 판매 반응을 수집할 수 있다. • 주기적으로 고객, 경쟁사, 상품, 판매, 환경의 판매정보를 취합, 판매 분석을 실시하여 그 결과를 해당부서에 피드백 할 수 있다. • 판매 정보에 관리하는 정보를 웹로그 분석 유형별로 고객의 판매 성향을 파악하여 마케팅에 적용할 수 있다.
			판매 후기 관리하기	• 고객이 작성한 판매 후기의 내용을 대상으로 분석할 항목을 도출할 수 있다. • 도출된 내용을 대상으로 상품에 대한 만족도, 불만족 내용을 확인할 수 있다. • 확인된 판매 후기 불만족 내용에 대해 고객 불만이 증대되는 현상을 방지할 수 있도록 조치할 수 있다. • 확인된 판매 후기 불만족 내용에 대해 고객 불만이 증대되는 현상을 방지할 수 있도록 조치할 수 있다.
			고객 DB 관리하기	• 판매 완료된 고객정보를 주요 분류기준에 의거해 분류할 수 있다. • 분류된 고객 자료를 주기적으로 갱신, 최적화 하여 고객 DB의 품질을 관리할 수 있다. • 분석된 고객 자료를 전자상거래마케팅 자료로 활용할 수 있다. • 구매전환을 높이기 위한 채팅상담과 CS 담당자의 업무처리양의 효율을 높이기 위한 챗봇을 활용할 수 있다. (신규)

◈ 자격취득자에 대한 법령상 우대현황

① 본 자료는 종목별 국가기술자격 취득자 우대 법령을 자체 조사한 자료이다.

② 본 자료는 2020년에 법제처(www.law.go.kr) 홈페이지를 통해 조사하였으며, 법령 개정 시점 등에 따라 변경된 내용이 미반영 될 수 있다.

③ 법령별 세부 우대현황에 대한 적용은 관련법령을 담당하는 부처의 유권해석에 따른다.

전자상거래운용사 우대현황

우대법령	조문내역	활용내용
공무원수당등에관한규정	제14조특수업무수당(별표11)	특수업무수당지급
공무원임용시험령	제27조경력경쟁채용시험등의응시자격등(별표7,별표8)	경력경쟁채용시험등의응시
공무원임용시험령	제31조자격증소지자등에대한우대(별표12)	6급이하공무원채용시험가산대상자격증
교육감소속지방공무원평정규칙	제23조자격증등의가산점	5급이하공무원,연구사및지도사관련가점사항
국가공무원법	제36조의2채용시험의가점	공무원채용시험응시가점
군무원인사법시행령	제10조경력경쟁채용요건	경력경쟁채용시험으로신규채용할수있는경우
군인사법시행규칙	제14조부사관의임용	부사관임용자격
근로자직업능력개발법시행령	제27조직업능력개발훈련을위하여근로자를가르칠수있는사람	직업능력개발훈련교사의정의
근로자직업능력개발법시행령	제28조직업능력개발훈련교사의자격취득(별표2)	직업능력개발훈련교사의자격
근로자직업능력개발법시행령	제38조다기능기술자과정의학생선발방법	다기능기술자과정학생선발방법중정원내특별전형
근로자직업능력개발	제44조교원등의임용	교원임용시자격증소지자에대한우

법시행령		대
기초연구진흥및기술개발지원에관한법률시행규칙	제2조기업부설연구소등의연구시설및연구전담요원에대한기준	연구전담요원의자격기준
독학에의한학위취득에관한법률시행규칙	제4조국가기술자격취득자에대한시험면제범위등	같은분야응시자에대해교양과정인정시험, 전공기초과정인정시험및전공심화과정인정시험면제
중소기업인력지원특별법	제28조근로자의창업지원등	해당직종과관련분야에서신기술에기반한창업의경우지원
지방공무원수당등에관한규정	제14조특수업무수당(별표9)	특수업무수당지급
지방공무원임용령	제17조경력경쟁임용시험등을통한임용의요건	경력경쟁시험등의임용
지방공무원임용령	제55조의3자격증소지자에대한신규임용시험의특전	6급이하공무원신규임용시필기시험점수가산
지방공무원평정규칙	제23조자격증등의가산점	5급이하공무원연구사및지도사관련가점사항
헌법재판소공무원수당등에관한규칙	제6조특수업무수당(별표2)	특수업무수당 지급구분표
국가기술자격법	제14조국가기술자격취득자에대한우대	국가기술자격취득자우대
국가기술자격법시행규칙	제21조시험위원의자격등(별표16)	시험위원의자격
국가기술자격법시행령	제27조국가기술자격취득자의취업등에대한우대	공공기관등채용시국가기술자격취득자우대
국가를당사자로하는계약에관한법률시행규칙	제7조원가계산을할때단위당가격의기준	노임단가의가산
국회인사규칙	제20조경력경쟁채용등의요건	동종직무에관한자격증소지자에대한경력경쟁채용
군무원인사법시행규칙	제18조채용시험의특전	채용시험의특전
비상대비자원관리법	제2조대상자원의범위	비상대비자원의인력자원범위

제품디자인기사

(Engineer Product Design)

◈ 개요

수출 경쟁력을 갖기 위해서 제품개발은 성능이 우수한 기계적 특성과 다양한 디자인개발을 필요로 하는데, 이에 필요한 인력이 부족한 실정이므로 현장에서 필요로 하는 전문기술인력을 양성하고자 자격제도를 제정하였다.

◈ 진로 및 전망

① 디자인 전문업체, 대기업이나 중소기업의 디자인부서 등으로 진출할 수 있다.

② 오늘날 국제 경쟁에서 디자인이 곧 상품의 가치를 결정하는 주요소로 인식되어 디자인 사회, 경제적 기여도는 날로 높아지고 있는 추세이나 아직까지 우리나라의 디자인 수준은 대기업의 경우 선진국의 60-70% 수준에 머무르고 있다.

③ 싱가포르, 홍콩 등 경쟁국에 비해서도 뒤떨어진 수준으로 디자인분야에 신규투자가 이루어질 경우 매출액 증가는 물론 많은 고용증대효과가 크며, 정부에서도 이 분야에 대한 지원을 확대하고 있어 향후 인력수요가 증가할 것이다.

◈ 실시기관명 및 홈페이지

한국산업인력공단(http://www.q-net.or.kr)

◈ 시험정보

수수료

- 필기 : 19,400 원
- 실기 : 30,000 원

◈ 출제경향

실기시험의 내용은 주어진 과제와 범위에 따라 제품디자인의 계획 및 디자인 실무 작업 능력을 평가한다.

◈ 출제기준

별도 파일 삽입(243쪽)

◈ 취득방법

① 응시자격 : 응시자격에는 제한이 있다.

기술자격 소지자	관련학과 졸업자	순수 경력자
· 동일(유사)분야 기사 · 산업기사 + 1년 · 기능사 + 3년 · 동일종목외 외국자격취득자	· 대졸(졸업예정자) · 3년제 전문대졸 + 1년 · 2년제 전문대졸 + 2년 · 기사수준의 훈련과정 이수자 · 산업기사수준 훈련과정 이수 + 2년	· 4년(동일, 유사 분야)

② 관련학과 : 대학 및 전문대학의 디자인, 산업디자인, 공업디자인, 공예디자인 관련학과 ※ 동일직무분야 : 건설 중 건축, 섬유·의복, 인쇄·목재·가구·공예 중 목재·가구 ·공예

③ 훈련기관 : 사회교육원의 산업디자인과정이나 사설디자인학원의 제품디자인 과정

④ 시험과목

- 필기 1. 제품디자인론 2. 인간공학 3. 공업재료 및 모형제작론 4. 색채학 5. 제품 관리
- 실기 : 제품디자인계획 및 실무

⑤ 검정방법

- 필기 : 객관식 4지 택일형 과목당 20문항(과목당 30분)
- 실기 : 작업형(5시간 정도)

⑥ 합격기준

- 필기 : 100점을 만점으로 하여 과목당 40점 이상, 전과목 평균 60점 이상
- 실기 : 100점을 만점으로 하여 60점 이상

◈ 년도별 검정현황

종목명	연도	필기			실기		
		응시	합격	합격률(%)	응시	합격	합격률(%)
소 계		1,351	495	36.6%	439	213	48.5%
제품디자인기사	2020	25	16	64%	9	4	44.4%
제품디자인기사	2019	30	13	43.3%	9	7	77.8%
제품디자인기사	2018	32	23	71.9%	21	19	90.5%
제품디자인기사	2017	24	19	79.2%	16	7	43.8%
제품디자인기사	2016	30	14	46.7%	13	10	76.9%
제품디자인기사	2015	26	10	38.5%	10	5	50%
제품디자인기사	2014	24	17	70.8%	7	4	57.1%
제품디자인기사	2013	31	15	48.4%	10	7	70%
제품디자인기사	2012	37	18	48.6%	16	10	62.5%
제품디자인기사	2011	41	5	12.2%	8	6	75%
제품디자인기사	2010	44	24	54.5%	14	6	42.9%
제품디자인기사	2009	31	8	25.8%	3	0	0%
제품디자인기사	2008	31	10	32.3%	6	2	33.3%
제품디자인기사	2007	27	5	18.5%	6	2	33.3%

제품디자인기사	2006	48	18	37.5%	12	11	91.7%
제품디자인기사	2005	53	31	58.5%	20	9	45%
제품디자인기사	2004	45	24	53.3%	15	8	53.3%
제품디자인기사	2003	27	4	14.8%	5	2	40%
제품디자인기사	2002	37	22	59.5%	15	7	46.7%
제품디자인기사	2001	33	6	18.2%	3	1	33.3%
제품디자인기사	1984 ~2000	675	193	28.6%	221	86	38.9%

◈ 자격취득자에 대한 법령상 우대현황

① 본 자료는 종목별 국가기술자격 취득자 우대 법령을 자체 조사한 자료이다.

② 본 자료는 2020년 하반기에 법제처(www.law.go.kr) 홈페이지를 통해 조사하였으며, 법령 개정 시점 등에 따라 변경된 내용이 미반영 될 수 있다.

③ 법령별 세부 우대현황에 대한 적용은 관련법령을 담당하는 부처의 유권해석에 따른다.

④ 조문내역을 클릭하면 해당 법령의 세부정보(국가법령정보센터)를 확인하실 수 있다.

제품디자인기사 우대현황

우대법령	조문내역	활용내용
공무원수당등에관한규정	제14조특수업무수당(별표11)	특수업무수당지급
공무원임용시험령	제27조경력경쟁채용시험등의응시자격등(별표7,별표8)	경력경쟁채용시험등의응시
공무원임용시험령	제31조자격증소지자등에대한우대(별표12)	6급이하공무원채용시험가산대상자격증
공직자윤리법시행령	제34조취업승인	관할공직자윤리위원회가취업승인을하는경우

공직자윤리법의시행에관한대법원규칙	제37조취업승인신청	퇴직공직자의취업승인요건
공직자윤리법의시행에관한헌법재판소규칙	제20조취업승인	퇴직공직자의취업승인요건
교원자격검정령시행규칙	제9조무시험검정의신청	무시험검정관련실기교사무시험검정일경우해당과목관련국가기술자격증사본첨부
교육감소속지방공무원평정규칙	제23조자격증등의가산점	5급이하공무원,연구사및지도사관련가점사항
국가공무원법	제36조의2채용시험의가점	공무원채용시험응시가점
국가과학기술경쟁력강화를위한이공계지원특별법시행령	제20조연구기획평가사의자격시험	연구기획평가사자격시험일부면제자격
국가과학기술경쟁력강화를위한이공계지원특별법시행령	제2조이공계인력의범위등	이공계지원특별법해당자격
군무원인사법시행령	제10조경력경쟁채용요건	경력경쟁채용시험으로신규채용할수있는경우
군인사법시행규칙	제14조부사관의임용	부사관임용자격
군인사법시행령	제44조전역보류(별표2,별표5)	전역보류자격
근로자직업능력개발법시행령	제27조직업능력개발훈련을위하여근로자를가르칠수있는사람	직업능력개발훈련교사의정의
근로자직업능력개발법시행령	제28조직업능력개발훈련교사의자격취득(별표2)	직업능력개발훈련교사의자격
근로자직업능력개발법시행령	제38조다기능기술자과정의학생선발방법	다기능기술자과정학생선발방법중정원내특별전형
근로자직업능력개발법시행령	제44조교원등의임용	교원임용시자격증소지자에대한우대

기술사법	제6조기술사사무소의 개설등록등	합동사무소개설시요건
기술사법시행령	제19조합동기술사사무소의등록기준등(별표1)	합동사무소구성원요건
기초연구진흥및기술개발지원에관한법률시행규칙	제2조기업부설연구소등의연구시설및연구전담요원에대한기준	연구전담요원의자격기준
독학에의한학위취득에관한법률시행규칙	제4조국가기술자격취득자에대한시험면제범위등	같은분야응시자에대해교양과정인정시험,전공기초과정인정시험및전공심화과정인정시험면제
문화산업진흥기본법시행령	제26조기업부설창작연구소등의인력시설등의기준	기업부설창작연구소의창작전담요원인력기준
소재부품전문기업등의육성에관한특별조치법시행령	제14조소재부품기술개발전문기업의지원기준등	소재부품기술개발전문기업의기술개발전담요원
엔지니어링산업진흥법시행령	제33조엔지니어링사업자의신고등(별표3)	엔지니어링활동주체의신고기술인력
엔지니어링산업진흥법시행령	제4조엔지니어링기술자(별표2)	엔지니어링기술자의범위
여성과학기술인육성및지원에관한법률시행령	제2조정의	여성과학기술인의해당요건
연구직및지도직공무원의임용등에관한규정	제12조전직시험의면제(별표2의5)	연구직및지도직공무원경력경쟁채용등과전직을위한자격증구분및전직시험이면제되는자격증구분표
연구직및지도직공무원의임용등에관한규정	제26조의2채용시험의특전(별표6,별표7)	연구사및지도사공무원채용시험시가점
연구직및지도직공무원의임용등에관한규정	제7조의2경력경쟁채용시험등의응시자격	경력경쟁채용시험등의응시자격
옥외광고물등의관리	제44조옥외광고사업의	옥외광고사업의기술능력및시설기준

와옥외광고산업진흥에관한법률시행령	등록기준및등록절차(별표6)	
중소기업인력지원특별법	제28조근로자의창업지원등	해당직종과관련분야에서신기술에기반한창업의경우지원
중소기업창업지원법시행령	제20조중소기업상담회사의등록요건(별표1)	중소기업상담회사가보유하여야하는전문인력기준
중소기업창업지원법시행령	제6조창업보육센터사업자의지원(별표1)	창업보육센터사업자의전문인력기준
지방공무원법	제34조의2신규임용시험의가점	지방공무원신규임용시험시가점
지방공무원수당등에관한규정	제14조특수업무수당(별표9)	특수업무수당지급
지방공무원임용령	제17조경력경쟁임용시험등을통한임용의요건	경력경쟁시험등의임용
지방공무원임용령	제55조의3자격증소지자에대한신규임용시험의특전	6급이하공무원신규임용시필기시험점수가산
지방공무원평정규칙	제23조자격증등의가산점	5급이하공무원연구사및지도사관련가점사항
지방자치단체를당사자로하는계약에관한법률시행규칙	제7조원가계산시단위당가격의기준	노임단가가산
행정안전부소관비상대비자원관리법시행규칙	제2조인력자원의관리직종(별표)	인력자원관리직종
헌법재판소공무원수당등에관한규칙	제6조특수업무수당(별표2)	특수업무수당 지급구분표
국가기술자격법	제14조국가기술자격취득자에대한우대	국가기술자격취득자우대
국가기술자격법시행규칙	제21조시험위원의자격등(별표16)	시험위원의자격
국가기술자격법시행령	제27조국가기술자격취득자의취업등에대한우	공공기관등채용시국가기술자격취득자우대

	대	
국가를당사자로하는계약에관한법률시행규칙	제7조원가계산을할때단위당가격의기준	노임단가의가산
국외유학에관한규정	제5조자비유학자격	자비유학자격
국회인사규칙	제20조경력경쟁채용등의요건	동종직무에관한자격증소지자에대한경력경쟁채용
군무원인사법시행규칙	제18조채용시험의특전	채용시험의특전
군무원인사법시행규칙	제27조가산점(별표6)	군무원승진관련가산점
비상대비자원관리법	제2조대상자원의범위	비상대비자원의인력자원범위

□ 필 기

직무 분야	문화·예술·디자인·방송	중직무 분야	디자인	자격 종목	제품디자인기사	적용 기간	2021.1.1.~2024.12.31.
○직무내용 : 소비자의 물리적, 심리적 욕구를 충족시킬 수 있도록 다양한 조사·분석을 통해 각종 제품 전반에 관한 계획, 개발, 디자인 실무 등을 수행하는 직무이다.							

필기검정방법	객관식	문제수	100문제	시험시간	2시간 30분

필 기 과목명	출 제 문제수	주요항목	세부항목	세세항목
제품디자인론	20	1. 디자인 개요	1. 디자인 일반	1. 산업디자인의 분류 및 특성, 영역 2. 제품디자인의 개념, 정의
		2. 디자인사	1. 근대디자인사	1. 아트앤드크라프트운동 (Art and Craft Movement) 2. 아르누보(Art Nouveau) 3. 독일 공작연맹(DWB) 4. 바우하우스(Bauhaus) 5. 그 외 디자인 사조의 역사적 의미, 현대 산업디자인에 미친 영향
			2. 현대디자인사	1. 유럽의 현대디자인사 2. 미국의 현대디자인사 3. 일본의 현대디자인사 4. 한국의 현대디자인사
		3. 디자인의 구성요소와 원리	1. 디자인의 요소	1. 점, 선, 면, 입체, 질감, 색채 등
			2. 디자인의 원리	1. 리듬, 균형, 조화, 통일과 변화 등 2. 형태의 분류 및 특징 3. 형태의 생리와 심리(착시, 착시의 이유, 시각의 법칙 등)
		4. 디자인 전략	1. 기업과 산업디자인	1. 기업의 디자인 전략 2. 기업에 있어서 디자인 부서의 조직, 위치, 역할 등에 관한 사항 3. 제품디자인관리(Product Design management) 4. 산업디자인의 사회적 기능과 윤리
			2. 제품디자인 프로젝트 기획 계획 수립	1. 디자인 발상방법 및 아이디어(Idea) 전개방법 2. 제품디자인 계획 및 프로세스(Process)
			3. 신제품개발을 위한 제품디자인 지식	1. 신제품개발의 디자인역할 등에 관한 사항 (신기술과 디자인의 관계 등 포함) 2. 엔지니어(Engineer), 마케팅 담당자와 제품 디자이너의 관계 및 디자이너의 위치와 책임 3. 국제 경쟁력과 제품디자인에 관한 사항 4. 제품디자인과 CAD와 관련된 지식
		5. 관련법규	1. 디자인 관련법규	1. 상표법 2. 디자인 보호법 3. 실용신안법 4. 특허법 5. 산업디자인진흥법

필기 과목명	출제 문제수	주요항목	세부항목	세세항목
인간공학	20	1. 인간공학 일반	1. 인간공학의 정의 및 배경	1. 인간공학의 정의와 목적
				2. 인간공학의 철학적 배경
			2. 인간-기계 시스템과 인간요소	1. 인간-기계시스템의 정의 및 유형
				2. 인간의 정보처리와 입력
				3. 인터페이스 개요
			3. 시스템 설계와 인간요소	1. 시스템 정의와 분류
				2. 시스템의 특성
			4. 인간공학 연구방법 및 실험계획	1. 인간변수 및 기준
				2. 기본설계
				3. 계면설계
				4. 촉진물설계
				5. 사용자 중심설계
				6. 시험 및 평가
				7. 감성공학
		2. 인체계측	1. 신체활동의 생리적 배경	1. 인체의 구성
				2. 대사 작용
				3. 순환계 및 호흡계
				4. 근골격계 해부학적 구조
			2. 신체반응의 측정 및 신체역학	1. 신체활동의 측정원리
				2. 생체신호와 측정 장비
				3. 생리적 부담척도
				4. 심리적 부담척도
				5. 신체동작의 유형과 범위
				6. 힘과 모멘트
			3. 근력 및 지구력, 신체활동의 에너지 소비, 동작의 속도와 정확성	1. 생체 역학적 모형
				2. 근력과 지구력
				3. 신체활동의 부하측정
				4. 작업부하 및 휴식시간
			4. 신체계측	1. 인체 치수의 분류 및 측정원리
				2. 인체측정 자료의 응용원칙
		3. 인간의 감각기능	1. 시각	1. 눈의 구조 및 기능
				2. 시각과정
				3. 시식별 요소(입체감각, 단일상과 이중상, 외관의 운동, 착각, 잔상 등)
			2. 청각	1. 소리와 청각
				2. 소리와 능률
				3. 음량의 측정
				4. 대화와 대화이해도
				5. 합성음성
			3. 지각	1. 지각에 관한 사항
				2. 감각에 관한 사항
				3. 인지공학에 관한 일반사항
			4. 촉각 및 후각	1. 촉각에 관한 사항
				2. 후각에 관한 사항
		4. 작업환경 조건	1. 조명과 색채이용	1. 빛과 색채에 관한 사항
				2. 조도와 광도
				3. 반사율과 휘광
				4. 조명기계 및 조명수준
				5. 작업장 조명관리

필 기 과목명	출 제 문제수	주요항목	세부항목	세세항목
			2. 온열조건, 소음, 진동, 공기오염도 기압	1. 소음 2. 진동 3. 온열조건 4. 기압 5. 실내공기 및 공기오염도
			3. 피로와 능률	1. 피로의 정의 및 종류 2. 피로의 원인 및 증상 3. 피로의 측정법 4. 피로의 예방과 대책 5. 작업강도와 피로 6. 생체리듬
		5. 장치설계 및 개선	1. 표시장치	1. 시각적 표시장치 2. 청각적 표시장치 3. 촉각적 표시장치
			2. 제어, 제어 테이블 및 판넬의 설계	1. 조정장치 2. 부품의 위치와 배치 3. 작업방법 및 효율성 4. 작업대의 설계
			3. 가구와 동작범위, 통로(동선관계 등)	1. 동작경제의 원칙 2. 공간이용 및 배치 3. 작업공간의 설계 및 개선 4. 사무/VDT 작업설계
			4. 디자인의 인간공학 적용에 관한 사항	1. 인지특성을 고려한 설계원리 및 절차 2. 중량물 취급원리 3. 수공구 및 설비의 설계 및 개선 4. 기타 디자인 프로세스

필 기 과목명	출 제 문제수	주요항목	세부항목	세세항목
공업 재료 및 모형 제작론	20	1. 재료의 개요	1. 재료일반	1. 재료의 구비조건 및 분류방법 2. 재료의 일반적 성질
		2. 재료의 분류	1. 목재	1. 목재의 종류 및 특성, 용도 등 2. 목재의 구조, 조직 및 시험 등 3. 목재질 재료의 종류 및 특성, 용도 등 4. 목재의 성형방법과 표면처리 일반
			2. 종이	1. 종이원료, 펄프 제조방법 등 2. 종이의 종류 및 특성, 용도 등
			3. 플라스틱	1. 플라스틱의 종류 및 특성, 용도 등 2. 열가소성수지와 열경화성수지의 종류 및 특성 3. 플라스틱의 성형 방법과 표면처리 일반
			4. 금속	1. 금속의 분류방법, 구조, 일반적 성질 2. 금속의 종류 및 특성, 합금 등 3. 금속의 성형방법과 표면처리 일반
			5. 점토, 석고, 석재	1. 점토 및 석고의 종류 및 특성 2. 석재의 종류 및 특성
			6. 섬유, 유리	1. 섬유의 종류 및 특성 2. 유리의 종류 및 특성
			7. 도장재료	1. 안료, 전색제, 보조제, 용제의 종류 및 특성과 도장 지식 2. 도금의 종류 및 특성
			8. 연마, 광택, 접착제	1. 연마 및 광택제의 종류 및 특성 2. 접착제의 종류 및 특성
			9. 기타 친환경 신소재	1. 기타 친환경 신소재
		3. 디자인 표현	1. 도법	1. 제도의 개념, 제도기호, 표시 등 2. 정투상법, 사투상법, 등각투상법 등 3. 투시도법
			2. 표현기법	1. 빛과 그림자에 관한 지식, 각종 재질감 표현 방법 등 2. 스케치 및 렌더링기법
		4. 모형 제작	1. 모형제작의 개념	1. 모형제작의 의미, 종류 및 특성 2. 디자인 프로세스와 디자인 모델과의 관계
			2. 모형제작기공구	1. 모형제작공구 및 측정공구의 종류, 특징과 표준 사용방법 2. 모형제작기계류의 종류 및 특성
			3. 재료별 모형의 특성 및 제작기법	1. 점토 모형과 석고 모형 2. 목재 모형 3. 플라스틱 모형 4. 금속 모형 5. 종이 모형 6. 복합 모형
			4. 기구설계 및 금형	1. 기구설계의 기초지식 2. 금형의 종류 및 특성
			5. 인쇄	1. 인쇄의 종류 및 특성 2. 제품과 관련된 인쇄에 관한 지식

필 기 과목명	출 제 문제수	주요항목	세부항목	세세항목
색채학	20	1. 색채지각	1. 색을 지각하는 기본 원리	1. 빛과 색 2. 색지각의 학설과 색맹 등
		2. 색의 분류, 성질, 혼합	1. 색의 삼속성과 색입체	1. 색의 분류 2. 색의 삼속성과 색입체
			2. 색의 혼합	1. 가산혼합 2. 감산혼합 3. 중간혼합
		3. 색의 표시	1. 색체계	1. 현색계와 혼색계 2. 먼셀색체계 3. 오스트발트 색체계 등
			2. 색명	1. 관용색명 2. 일반색명
		4. 색의 심리	1. 색의 지각적인 효과	1. 색의 대비, 색의 동화, 잔상, 항상성, 명시도와 주목성, 진출과 후퇴 등
			2. 색의 감정적인 효과	1. 수반감정, 색의 연상과 상징 등
		5. 색채조화	1. 색채조화	1. 색채조화론의 배경, 의미, 성립과 발달 2. 먼셀의 색채조화론 3. 오스트발트의 색채조화론 4. 문과 스펜서의 색채조화론
			2. 배색	1. 색의 3속성에 의한 기본배색과 조화, 전체색조 및 면적에 의한 배색효과 등
		6. 색채관리	1. 생활과 색채	1. 색채관리 및 색채조절 2. 색채계획(색채디자인) 3. 산업과 색채 등 4. 디지털 색채

필기 과목명	출제 문제수	주요항목	세부항목	세세항목
제품관리	20	1. 산업디자인과 마케팅	1. 마케팅 기초	1. 마케팅의 정의, 기능, 전략 2. 마케팅 환경 3. 마케팅 전략 수립과 통제 4. 디자인관련 마케팅기법의 종류 5. 광고 및 홍보 판매촉진방법
			2. 시장환경 변화와 소비자구매행동	1. 시장조사방법과 자료수집기법 2. 소비자 및 사회경향 분석 3. 소비자 생활유형(Life style) 4. 소비자 구매행동
			3. 시장분석	1. 시장세분화 2. 표적시장, 틈새시장, 대체시장 등의 개념 3. 시장 포지셔닝(제품 및 사용자)
		2. 제품관리	1. 제품관리	1. 제품의 분류 및 특성 2. 제품수명주기(Product life cycle)의 단계별 특성 3. 마케팅 믹스 중 제품에 관한 사항
			2. 디자인평가	1. 디자인경영의 개념과 확장 2. 디자인 평가시스템
			3. 유통기술	1. 유통경로의 개념과 구성 2. 포장의 개념과 포장의 종류 및 특성
			4. 품질관리	1. 품질관리의 목적, 개념, 프로세스 2. 기업의 사회적 책임(기업윤리, 제품과 환경 등)

□ 실 기

직무 분야	문화·예술·디자인·방송	중직무 분야	디자인	자격 종목	제품디자인기사	적용 기간	2021.1.1.~2024.12.31.
○직무내용 : 소비자의 물리적, 심리적 욕구를 충족시킬 수 있도록 다양한 조사·분석을 통해 각종 제품 전반에 관한 계획, 개발, 디자인 실무 등을 수행하는 직무이다. ○수행준거 : 1. 제품을 디자인하기 위한 계획서를 작성할 수 있다. 2. 목적에 맞는 제품을 창의적으로 개발할 수 있다. 3. 디자인 콘셉트에 따른 스케치를 할 수 있다. 4. C.M.F 및 생산에 관한 정보를 작성할 수 있다.							

실기 검정방법	작업형	시험시간	5시간 정도

실 기 과목명	주요항목	세부항목	세세항목
제품디자인 계획 및 실무	1. 제품디자인 리서치 기초	1. 시장 환경 조사하기	1. 프로젝트 기획 자료를 바탕으로 개발 방향을 조망하고 관련 정보를 수집할 수 있다. 2. 거시·미시 환경에 대한 수집 자료를 바탕으로 구체적인 요구사항을 파악할 수 있다. 3. 거시·미시 환경에 대한 디자인 이해를 토대로 제품개발 프로젝트의 목적과 용도에 맞는 조사를 할 수 있다.
		2. 디자인 트렌드 조사하기	1. 디자인 트렌드 조사를 통해 디자인 진화 방향을 예측할 수 있다. 2. 디자인 현황 파악을 통해 개발 제품의 선도적 역할을 하는 국내외 시장의 제품디자인성향을 조사할 수 있다. 3. 디자인 트렌드와 유사 분야 디자인 조사를 통해 개발 제품에 대한 포지셔닝을 할 수 있다.
	2. 제품디자인 리서치 분석	1. 시장 환경 분석하기	1. 거시·미시 환경에 대한 수집 자료를 바탕으로 구체적인 요구사항을 파악할 수 있다. 2. 거시·미시 환경에 대한 디자인 이해를 토대로 제품개발 프로젝트의 목적과 용도에 맞는 분석을 할 수 있다. 3. 주변 연계 제품 파악을 기반으로 제품 간 상관관계와 영향에 대해 분석할 수 있다
		2. 경쟁제품 분석하기	1. 관련 시장에 분포되어 있는 경쟁사·경쟁제품의 디자인전략, 포지셔닝(positioning), 소비자인지 조사 분석을 통해 시사점을 도출할 수 있다. 2. 경쟁제품과 유사제품군을 폭넓게 조사하여 현재 시장의 산업재산권 보유현황과 기술 정도에 대해 이해할 수 있다. 3. 현재 제품기술의 수준을 파악하여 개발 제품과 유사 제품과의 차별 경쟁력을 강화할 수 있다.
		3. 디자인트렌드 분석하기	1. 사용형태, 패턴에 대한 조사·분석을 통해 새로운 해결책을 제시할 수 있다. 2. 개발 제품의 타깃 소비자에 따라 경쟁 제품을 선정할 수 있다.
	3. 제품디자인 전략 수립 방향설정	1. 제품 디자인 전략 도출하기	1. 시장 환경, 경쟁제품, 디자인트렌드, 사용자 분석을 통해 도출된 조사분석결과를 종합하여 제품의 콘셉트와 개발 방향을 규정할 수 있다. 2. 디자인 방향성, 트렌드, 타깃의 성향을 반영한 구체적인 콘셉트를 문장과 시각적 표현으로 설정할 수 있다.
		2. 제품 개발 키워드 도출하기	1. 디자인 방향 키워드 도출을 바탕으로 프로젝트의 목표를 설정할 수 있다. 2. 언어적 요소의 시각적 연상을 통해 관련성이 높은 이미지를 찾을 수 있다.

실 기 과목명	주요항목	세부항목	세세항목
			3. 디자인 트렌드, 디자인 이미지, 기능, 기술, 성능, 재료, 색상, 패턴을 디자인 요소에서 찾을 수 있다. 4. 키워드를 도출하고 핵심 키워드를 정립할 수 있다.
	4. 제품디자인 전략수립 콘셉트 구체화	1. 제품 개발 콘셉트 도출하기	1. 제품디자인 리서치 분석 결과를 통해 개발 내용을 검토하고 향후 전개할 구체적 디자인 방향과 요소에 대한 객관적인 근거를 제시할 수 있다. 2. 설정된 개발 콘셉트를 기반으로 경쟁제품 대비 차별화된 적용기술, 사용자 사용편의성에 대해 분석할 수 있다. 3. 하드웨어적, 소프트웨어적, 상징적 속성 정립을 바탕으로 제품구상도를 분석할 수 있다.
		2 디자인 방향 키워드 도출하기	1. 제품의 각 요소 간 조합을 통해 조형적, 기능적 특징을 유추할 수 있다. 2. 키워드를 도출하고 핵심 키워드를 정립할 수 있다. 3. 선정된 키워드를 바탕으로 이미지 맵 등을 만들어 표출되는 향후의 디자인 방향과 목표를 찾을 수 있다.
		3. 디자인 콘셉트 도출하기	1. 디자인 방향, 키워드를 바탕으로 타깃 시장에 대한 제품 개발 콘셉트와 디자인 방향 키워드를 체계적으로 분류하고 조직화할 수 있다. 2. 분석된 콘셉트와 키워드 결과를 종합하고 체계화 하여 목표를 설정하고 디자인 조형요소를 설정할 수 있다.
	5. 디자인 아이디어 발상 기초	1. 아이디어 구상하기	1. 다양한 관점과 창의적 사고를 통해 제품의 기능과 형태에 대한 특성을 발상할 수 있다. 2. 다양한 표면처리와 컬러 베리에이션(variation)을 활용하여 창의적인 아이디어를 구상할 수 있다.
	6. 디자인 아이디어 발상 표현	1. 아이디어 표현하기	1. 다양한 표현재료를 활용한 아이디어 스케치로 제품의 콘셉트를 구체화할 수 있다. 2. 디자인 스타일, 컬러, 질감을 구체화하여 최종결과물의 아이디어를 제시할 수 있다. 3. 투상법과 투시도법을 활용하여 다양한 시점의 아이디어를 구상할 수 있다. 4. 엔지니어링 관점에 따른 조립방법, 구조 검증, 부품에 관한 작동원리를 표현할 수 있다.
		2. 아이디어 스케치하기	1. 도출된 아이디어를 조형요소로 시각화하여 스케치 할 수 있다. 2. 다양한 표현재료를 활용한 아이디어 스케치로 제품의 콘셉트를 구체화할 수 있다. 3. 디자인 스타일, 컬러, 질감을 구체화하여 최종결과물에 유사한 스케치를 할 수 있다.
	7. 양산관리	1. 디자인 사양정하기	1. 제품생산 시 적용되는 색상, 재질, 표면처리, 패턴에 대한 제안을 준비할 수 있다. 2. 제품생산 시 재료, 가공, 성형방법에 따른 원가절감을 위한 다양한 방법을 제안할 수 있다. 3. 제품개발 시 후가공에 따른 차별화 방안을 모색하여 제품의 완성도 질적 우수성을 높일 수 있다. 4. 신소재·신기술을 이해하여 새로운 적용방안을 제안할 수 있다. 5. 도료에 대해 이해하여 새로운 색상을 제안할 수 있다.

제품디자인산업기사

(Industrial Engineer Product Design)

◈ 개요

수출 경쟁력을 갖기 위해서 제품개발은 성능이 우수한 기계적 특성과 다양한 디자인 개발을 필요로 하는데, 이에 필요한 인력이 부족한 실정이므로 현장에서 필요로 하는 전문 기술인력을 양성하고자 자격제도를 제정하였다.

◈ 수행직무

제품디자인에 필요한 이론을 갖추고 각종 제품 전반에 관한 디자인 개발 및 개선, 디자인 실무 등의 직무를 수행한다.

◈ 진로 및 전망

① 디자인 전문업체, 대기업이나 중소기업의 디자인부서 등으로 진출할 수 있다.

② 오늘날 국제 경쟁에서 디자인이 곧 상품의 가치를 결정하는 주요소로 인식되어 디자인 사회, 경제적 기여도는 날로 높아지고 있는 추세이나 아직까지 우리나라의 디자인 수준은 대기업의 경우 선진국의 60-70% 수준에 머무르고 있다.

③ 싱가포르, 홍콩 등 경쟁국에 비해서도 뒤떨어진 수준으로 디자인분야에 신규투자가 이루어질 경우 매출액 증가는 물론 많은 고용증대효과가 크며, 정부에서도 이 분야에 대한 지원을 확대하고 있어 향후 인력수요가 증가할 것이다.

◈ 실시기관명 및 홈페이지

한국산업인력공단(http://www.q-net.or.kr)

◈ 시험정보

수수료

- 필기 : 19,400 원
- 실기 : 31,800 원

◈ 출제경향

실기시험의 내용은 주어진 과제와 범위에 따라 제품디자인의 계획 및 디자인 실무 작업 능력을 평가한다.

◈ 출제기준

별도 파일 삽입(259쪽)

◈ 취득방법

① 응시자격 : 응시자격에는 제한이 있다.

기술자격 소지자	관련학과 졸업자	순수 경력자
• 동일(유사)분야 다른 종목 산업 기사 • 기능사 + 실무경력 1년 • 동일종목 외국자격취득자 • 기능경기대회 입상	• 대졸(졸업예정자) • 전문대졸(졸업예정자) • 산업기사수준의 훈련과정 이수(예정)자	실무경력 2년(동일, 유사 분야)

② 관련학과 : 대학 및 전문대학의 디자인, 산업디자인, 공업디자인, 공예디자인 등

※ 동일직무분야 : 건설 중 건축, 섬유·의복, 인쇄·목재·가구·공예 중 목재·가구·공예

③ 시험과목

- 필기 : 1. 제품디자인론 2. 인간공학 3. 공업재료 및 모형제작론 4. 색채학
- 실기 : 제품디자인 실무

④ 검정방법

- 필기 : 객관식 4지 택일형 과목당 20 문항(60분)
- 실기 : 작업형(5시간 정도, 100점)

⑤ 합격기준

- 필기 : 100점을 만점으로 하여 과목당 40점 이상, 전과목 평균 60점 이상
- 실기 : 100점을 만점으로 하여 60점 이상

◈ 과정평가형 자격 취득정보

① 이 자격은 과정평가형으로도 취득할 수 있다. 다만, 해당종목을 운영하는 교육훈련기관이 있어야 가능하다.

② 과정평가형 자격은 NCS 능력단위를 기반으로 설계된 교육·훈련과정을 이수한 후 평가를 통해 국가기술 자격을 부여하는 새로운 자격이다.

◈ 년도별 검정현황

종목명	연도	필기			실기		
		응시	합격	합격률(%)	응시	합격	합격률(%)
소 계		7,963	3,304	41.5%	3,144	1,373	43.7%
제품디자인산업기사	2020	63	39	61.9%	27	14	51.9%
제품디자인산업기사	2019	61	42	68.9%	37	21	56.8%
제품디자인산업기사	2018	75	21	28%	19	11	57.9%
제품디자인산업기사	2017	86	66	76.7%	57	30	52.6%
제품디자인산업기사	2016	48	25	52.1%	23	14	60.9%
제품디자인산업기사	2015	56	46	82.1%	42	22	52.4%
제품디자인산업기사	2014	63	42	66.7%	38	18	47.4%
제품디자인산업기사	2013	152	89	58.6%	67	41	61.2%
제품디자인산업기사	2012	168	70	41.7%	70	39	55.7%
제품디자인산업기사	2011	147	74	50.3%	64	37	57.8%
제품디자인산업기사	2010	248	141	56.9%	139	68	48.9%
제품디자인산업기사	2009	188	130	69.1%	118	61	51.7%
제품디자인산업기사	2008	231	111	48.1%	125	69	55.2%
제품디자인산업기사	2007	211	160	75.8%	127	69	54.3%
제품디자인산업기사	2006	294	192	65.3%	135	102	75.6%
제품디자인산업기사	2005	267	120	44.9%	102	45	44.1%
제품디자인산업기사	2004	203	114	56.2%	93	43	46.2%
제품디자인산업기사	2003	205	88	42.9%	71	29	40.8%
제품디자인산업기사	2002	320	126	39.4%	105	47	44.8%
제품디자인산업기사	2001	307	98	31.9%	103	48	46.6%
제품디자인산업기사	1984~2000	4,570	1,510	33%	1,582	545	34.5%

◈ **자격취득자에 대한 법령상 우대현황**

① 본 자료는 종목별 국가기술자격 취득자 우대 법령을 자체 조사한 자료이다.

② 본 자료는 2020년 하반기에 법제처(www.law.go.kr) 홈페이지를 통해 조사하였으며, 법령 개정 시점 등에 따라 변경된 내용이 미반영 될 수 있다.

③ 법령별 세부 우대현황에 대한 적용은 관련법령을 담당하는 부처의 유권해석에 따른다.

④ 조문내역을 클릭하면 해당 법령의 세부정보(국가법령정보센터)를 확인하실 수 있다.

제품디자인산업기사 우대현황

우대법령	조문내역	활용내용
공무원수당등에관한규정	제14조특수업무수당(별표11)	특수업무수당지급
공무원임용시험령	제27조경력경쟁채용시험등의응시자격등(별표7, 별표8)	경력경쟁채용시험등의응시
공무원임용시험령	제31조자격증소지자등에대한우대(별표12)	6급이하공무원채용시험가산대상자격증
공직자윤리법시행령	제34조취업승인	관할공직자윤리위원회가취업승인을하는경우
공직자윤리법의시행에관한대법원규칙	제37조취업승인신청	퇴직공직자의취업승인요건
공직자윤리법의시행에관한헌법재판소규칙	제20조취업승인	퇴직공직자의취업승인요건
교원자격검정령시행규칙	제9조무시험검정의신청	무시험검정관련실기교사무시험검정일경우해당과목관련국가기술자격증사본첨부
교육감소속지방공무원	제23조자격증등의가산	5급이하공무원,연구사및지도사관련가

평정규칙	점	점사항
국가공무원법	제36조의2채용시험의가점	공무원채용시험응시가점
국가과학기술경쟁력강화를위한이공계지원특별법시행령	제20조연구기획평가사의자격시험	연구기획평가사자격시험일부면제자격
국가과학기술경쟁력강화를위한이공계지원특별법시행령	제2조이공계인력의범위등	이공계지원특별법해당자격
군무원인사법시행령	제10조경력경쟁채용요건	경력경쟁채용시험으로신규채용할수있는경우
군인사법시행규칙	제14조부사관의임용	부사관임용자격
군인사법시행령	제44조전역보류(별표2, 별표5)	전역보류자격
근로자직업능력개발법시행령	제27조직업능력개발훈련을위하여근로자를가르칠수있는사람	직업능력개발훈련교사의정의
근로자직업능력개발법시행령	제28조직업능력개발훈련교사의자격취득(별표2)	직업능력개발훈련교사의자격
근로자직업능력개발법시행령	제38조다기능기술자과정의학생선발방법	다기능기술자과정학생선발방법중정원내특별전형
근로자직업능력개발법시행령	제44조교원등의임용	교원임용시자격증소지자에대한우대
기술사법	제6조기술사사무소의개설등록등	합동사무소개설시요건
기술사법시행령	제19조합동기술사사무소의등록기준등(별표1)	합동사무소구성원요건
기초연구진흥및기술개발지원에관한법률시행규칙	제2조기업부설연구소등의연구시설및연구전담요원에대한기준	연구전담요원의자격기준
독학에의한학위취득에관한법률시행규칙	제4조국가기술자격취득자에대한시험면제범위등	같은분야응시자에대해교양과정인정시험, 전공기초과정인정시험및전공심화과

		정인정시험면제
엔지니어링산업진흥법시행령	제33조엔지니어링사업자의신고등(별표3)	엔지니어링활동주체의신고기술인력
엔지니어링산업진흥법시행령	제4조엔지니어링기술자(별표2)	엔지니어링기술자의범위
여성과학기술인육성및지원에관한법률시행령	제2조정의	여성과학기술인의해당요건
연구직및지도직공무원의임용등에관한규정	제26조의2채용시험의특전(별표6,별표7)	연구사및지도사공무원채용시험시가점
옥외광고물등의관리와옥외광고산업진흥에관한법률시행령	제44조옥외광고사업의등록기준및등록절차(별표6)	옥외광고사업의기술능력및시설기준
중소기업인력지원특별법	제28조근로자의창업지원등	해당직종과관련분야에서신기술에기반한창업의경우지원
지방공무원법	제34조의2신규임용시험의가점	지방공무원신규임용시험시가점
지방공무원수당등에관한규정	제14조특수업무수당(별표9)	특수업무수당지급
지방공무원임용령	제17조경력경쟁임용시험등을통한임용의요건	경력경쟁시험등의임용
지방공무원임용령	제55조의3자격증소지자에대한신규임용시험의특전	6급이하공무원신규임용시필기시험점수가산
지방공무원평정규칙	제23조자격증등의가산점	5급이하공무원연구사및지도사관련가점사항
지방자치단체를당사자로하는계약에관한법률시행규칙	제7조원가계산시단위당가격의기준	노임단가가산
행정안전부소관비상대비자원관리법시행규칙	제2조인력자원의관리직종(별표)	인력자원관리직종
헌법재판소공무원수당등에관한규칙	제6조특수업무수당(별표2)	특수업무수당 지급구분표
국가기술자격법	제14조국가기술자격취	국가기술자격취득자우대

	득자에대한우대	
국가기술자격법시행규칙	제21조시험위원의자격등(별표16)	시험위원의자격
국가기술자격법시행령	제27조국가기술자격취득자의취업등에대한우대	공공기관등채용시국가기술자격취득자우대
국가를당사자로하는계약에관한법률시행규칙	제7조원가계산을할때단위당가격의기준	노임단가의가산
국외유학에관한규정	제5조자비유학자격	자비유학자격
국회인사규칙	제20조경력경쟁채용등의요건	동종직무에관한자격증소지자에대한경력경쟁채용
군무원인사법시행규칙	제18조채용시험의특전	채용시험의특전
군무원인사법시행규칙	제27조가산점(별표6)	군무원승진관련가산점
비상대비자원관리법	제2조대상자원의범위	비상대비자원의인력자원범위

□ 필 기

직무 분야	문화 · 예술 · 디자인 · 방송	중직무 분야	디자인	자격 종목	제품디자인산업기사	적용 기간	2021.1.1.~2024.12.31.
○직무내용 : 제품 디자인에 필요한 이론을 갖추고 각종 제품 전반에 관한 디자인 개발 및 개선, 디자인 실무 등을 수행하는 직무이다.							

필기검정방법	객관식	문제수	80문제	시험시간	2시간

필기 과목명	출제 문제수	주요항목	세부항목	세세항목
제품 디자인론	20	1. 디자인 개요	1. 디자인 일반	1. 산업디자인의 분류 및 특성, 영역 2. 제품디자인의 개념, 정의
		2. 디자인사	1. 근대디자인사	1. 아트앤드크라프트운동 (Art and Craft Movement) 2. 아르누보(Art Nouveau) 3. 독일 공작연맹(DWB) 4. 바우하우스(Bauhaus) 5. 그 외 디자인 사조의 역사적 의미, 현대 산업디자인에 미친 영향
			2. 현대디자인사	1. 유럽의 현대디자인사 2. 미국의 현대디자인사 3. 일본의 현대디자인사 4. 한국의 현대디자인사
		3. 디자인의 구성요소와 원리	1. 디자인의 요소	1. 점, 선, 면, 입체, 질감, 색채 등
			2. 디자인의 원리	1. 리듬, 균형, 조화, 통일과 변화 등 2. 형태의 분류 및 특징 3. 형태의 생리와 심리(착시, 착시의 이유, 시각의 법칙 등)
		4. 디자인 전략	1. 기업과 산업디자인	1. 기업의 디자인 전략 2. 기업에 있어서 디자인 부서의 조직, 위치, 역할 등에 관한 사항 3. 제품디자인관리(Product Design management) 4. 산업디자인의 사회적 기능과 윤리
			2. 제품디자인 프로젝트 기획 계획수립	1. 디자인 발상방법 및 아이디어(Idea) 전개방법 2. 제품디자인 계획 및 프로세스(Process)
			3. 신제품개발을 위한 제품디자인 지식	1. 신제품개발의 디자인역할 등에 관한 사항 (신기술과 디자인의 관계 등 포함) 2. 엔지니어(Engineer), 마케팅 담당자와 제품 디자이너의 관계 및 디자이너의 위치와 책임 3. 국제 경쟁력과 제품디자인에 관한 사항 4. 제품디자인과 CAD와 관련된 지식

필기 과목명	출제 문제수	주요항목	세부항목	세세항목
인간공학	20	1. 인간공학 일반	1. 인간공학의 정의 및 배경	1. 인간공학의 정의와 목적 2. 인간공학의 철학적 배경
			2. 인간-기계 시스템과 인간요소	1. 인간-기계시스템의 정의 및 유형 2. 인간의 정보처리와 입력 3. 인터페이스 개요
			3. 시스템 설계와 인간요소	1. 시스템 정의와 분류 2. 시스템의 특성
			4. 인간공학 연구방법 및 실험계획	1. 인간변수 및 기준 2. 기본설계 3. 계면설계 4. 촉진물설계 5. 사용자 중심설계 6. 시험 및 평가 7. 감성공학
		2. 인체계측	1. 신체활동의 생리적 배경	1. 인체의 구성 2. 대사 작용 3. 순환계 및 호흡계 4. 근골격계 해부학적 구조
			2. 신체반응의 측정 및 신체역학	1. 신체활동의 측정원리 2. 생체신호와 측정 장비 3. 생리적 부담척도 4. 심리적 부담척도 5. 신체동작의 유형과 범위 6. 힘과 모멘트
			3. 근력 및 지구력, 신체활동의 에너지 소비, 동작의 속도와 정확성	1. 생체 역학적 모형 2. 근력과 지구력 3. 신체활동의 부하측정 4. 작업부하 및 휴식시간
			4. 신체계측	1. 인체 치수의 분류 및 측정원리 2. 인체측정 자료의 응용원칙
		3. 인간의 감각기능	1. 시각	1. 눈의 구조 및 기능 2. 시각과정 3. 시식별 요소(입체감각, 단일상과 이중상, 외관의 운동, 착각, 잔상 등)
			2. 청각	1. 소리와 청각 2. 소리와 능률 3. 음량의 측정 4. 대화와 대화이해도 5. 합성음성
			3. 지각	1. 지각에 관한 사항 2. 감각에 관한 사항 3. 인지공학에 관한 일반사항
			4. 촉각 및 후각	1. 촉각에 관한 사항 2. 후각에 관한 사항

필기 과목명	출제 문제수	주요항목	세부항목	세세항목
		4. 작업환경 조건	1. 조명과 색채이용	1. 빛과 색채에 관한사항 2. 반사율과 휘광 3. 조명기계 및 조명수준 4. 작업장 조명관리
			2. 온열조건, 소음, 진동, 공기오염도 기압	1. 소음 2. 진동 3. 온열조건 4. 기압 5. 실내공기 및 공기오염도
			3. 피로와 능률	1. 피로의 정의 및 종류 2. 피로의 원인 및 증상 3. 피로의 측정법 4. 피로의 예방과 대책 5. 작업강도와 피로 6. 생체리듬
		5. 장치설계 및 개선	1. 표시장치	1. 시각적 표시장치 2. 청각적 표시장치 3. 촉각적 표시장치
			2. 제어, 제어 테이블 및 판넬의 설계	1. 조정장치 2. 부품의 위치와 배치 3. 작업방법 및 효율성 4. 작업대의 설계
			3. 가구와 동작범위, 통로(동선관계 등)	1. 동작경제의 원칙 2. 공간이용 및 배치 3. 작업공간의 설계 및 개선 4. 사무/VDT 작업설계
			4. 디자인의 인간공학 적용에 관한 사항	1. 인지특성을 고려한 설계원리 및 절차 2. 중량물 취급원리 3. 수공구 및 설비의 설계 및 개선 4. 기타 디자인 프로세스

필 기 과목명	출 제 문제수	주요항목	세부항목	세세항목
공업재료 및 모형 제작론	20	1. 재료의 개요	1. 재료일반	1. 재료의 구비조건 및 분류방법 2. 재료의 일반적 성질
		2. 재료의 분류	1. 목재	1. 목재의 종류 및 특성, 용도 등 2. 목재의 구조, 조직 및 시험 등 3. 목재질 재료의 종류 및 특성, 용도 등 4. 목재의 성형방법과 표면처리 일반
			2. 종이	1. 종이원료, 펄프 제조방법 등 2. 종이의 종류 및 특성, 용도 등
			3. 플라스틱	1. 플라스틱의 종류 및 특성, 용도 등 2. 열가소성수지와 열경화성수지의 종류 및 특성 3. 플라스틱의 성형 방법과 표면처리 일반
			4. 금속	1. 금속의 분류방법, 구조, 일반적 성질 2. 금속의 종류 및 특성, 합금 등 3. 금속의 성형방법과 표면처리 일반
			5. 점토, 석고, 석재	1. 점토 및 석고의 종류 및 특성 2. 석재의 종류 및 특성
			6. 섬유, 유리	1. 섬유의 종류 및 특성 2. 유리의 종류 및 특성
			7. 도장재료	1. 안료, 전색제, 보조제, 용제의 종류 및 특성과 도장 지식 2. 도금의 종류 및 특성
			8. 연마, 광택, 접착제	1. 연마 및 광택제의 종류 및 특성 2. 접착제의 종류 및 특성
			9. 기타 친환경 신소재	1. 기타 친환경 신소재
		3. 디자인 표현	1. 도법	1. 제도의 개념, 제도기호, 표시 등 2. 정투상법, 사투상법, 등각투상법 및 투시도법 등
			2. 표현기법	1. 빛과 그림자에 관한 지식, 각종 재질감 표현 방법 등 2. 스케치 및 렌더링기법
		4. 모형 제작	1. 모형제작의 개념	1. 모형제작의 의미, 종류 및 특성 2 디자인 프로세스와 디자인 모델과의 관계
			2. 모형제작기공구	1. 모형제작공구 및 측정공구의 종류, 특징과 표준 사용 방법
			3. 재료별 모형의 특성 및 제작기법	1. 점토 모형과 석고 모형 2. 목재 모형 3. 플라스틱 모형 4. 금속 모형 5. 종이 모형 6. 복합 모형
			4. 기구설계 및 금형	1. 기구설계의 기초지식 2. 금형의 종류 및 특성
			5. 인쇄	1. 인쇄의 종류 및 특성 2. 제품과 관련된 인쇄에 관한 지식

필기 과목명	출제 문제수	주요항목	세부항목	세세항목
색채학	20	1. 색채지각	1. 색을 지각하는 기본 원리	1. 빛과 색 2. 색지각의 학설과 색맹 등
		2. 색의 분류, 성질, 혼합	1. 색의 삼속성과 색입체	1. 색의 분류 2. 색의 삼속성과 색입체
			2. 색의 혼합	1. 가산혼합 2. 감산혼합 3. 중간혼합
		3. 색의 표시	1. 색체계	1. 현색계와 혼색계 2. 먼셀색체계 3. 오스트발트 색체계 등
			2. 색명	1. 관용색명 2. 일반색명
		4. 색의 심리	1. 색의 지각적인 효과	1. 색의 대비, 색의 동화, 잔상, 항상성, 명시도와 주목성, 진출과 후퇴 등
			2. 색의 감정적인 효과	1. 수반감정 2. 색의 연상과 상징
		5. 색채조화	1. 색채조화	1. 색채조화론의 배경, 의미, 성립과 발달 2 오스트발트의 색채조화론 3. 문과 스펜서의 색채조화론
			2. 배색	1. 색의 3속성에 의한 기본배색과 조화, 전체색조 및 면적에 의한 배색효과 등
		6. 색채관리	1. 생활과 색채	1. 색채관리 및 색채조절 2. 색체계획(색채디자인) 3. 디지털 색채

□ 실 기

직무분야	문화 · 예술 · 디자인 · 방송	중직무분야	디자인	자격종목	제품디자인산업기사	적용기간	2021.1.1.~2024.12.31.

○직무내용 : 제품 디자인에 필요한 이론을 갖추고 각종 제품 전반에 관한 디자인 개발 및 개선, 디자인 실무 등을 수행하는 직무이다.

○수행준거 : 1. 디자인 콘셉트에 따른 스케치 및 렌더링을 할 수 있다.
2. 요구사항에 부합되도록 디자인을 개선할 수 있다.
3. 컴퓨터와 그래픽 프로그램을 이용한 3D 도면 작업을 할 수 있다.
4. 컴퓨터와 주변기기를 운용할 수 있다.
5. 제품사양서를 작성할 수 있다.

실기 검정방법	작업형	시험시간	5시간 정도

실기 과목명	주요 항목	세부 항목	세세항목
제품디자인 계획 및 실무	1. 제품디자인 전략 수립 방향설정	1. 제품 디자인 전략 도출하기	1. 시장 환경, 경쟁제품, 디자인트렌드, 사용자 분석을 통해 도출된 조사분석결과를 종합하여 제품의 콘셉트와 개발 방향을 규정할 수 있다. 2. 디자인 방향성, 트렌드, 타깃의 성향을 반영한 구체적인 콘셉트를 문장과 시각적 표현으로 설정할 수 있다.
		2. 제품 개발 키워드 도출하기	1. 디자인 방향 키워드 도출을 바탕으로 프로젝트의 목표를 설정할 수 있다. 2. 언어적 요소의 시각적 연상을 통해 관련성이 높은 이미지를 찾을 수 있다. 3. 디자인 트렌드, 디자인 이미지, 기능, 기술, 성능, 재료, 색상, 패턴을 디자인 요소에서 찾을 수 있다. 4. 키워드를 도출하고 핵심 키워드를 정립할 수 있다.
	2. 제품디자인 전략수립 콘셉트 구체화	1. 디자인 콘셉트 도출하기	1. 디자인 방향, 키워드를 바탕으로 타깃 시장에 대한 제품 개발 콘셉트와 디자인 방향 키워드를 체계적으로 분류하고 조직화할 수 있다. 2. 분석된 콘셉트와 키워드 결과를 종합하고 체계화 하여 목표를 설정하고 디자인 조형요소를 설정할 수 있다.
	3. 디자인 아이디어 발상 기초	1. 아이디어 구상하기	1. 다양한 관점과 창의적 사고를 통해 제품의 기능과 형태에 대한 특성을 발상할 수 있다. 2. 다양한 표면처리와 컬러 베리에이션(variation)을 활용하여 창의적인 아이디어를 구상할 수 있다.
	4. 디자인 아이디어 발상 표현	1. 아이디어 표현하기	1. 다양한 표현재료를 활용한 아이디어 스케치로 제품의 콘셉트를 구체화할 수 있다. 2. 디자인 스타일, 컬러, 질감을 구체화하여 최종결과물의 아이디어를 제시할 수 있다. 3. 투상법과 투시도법을 활용하여 다양한 시점의 아이디어를 구상할 수 있다. 4. 엔지니어링 관점에 따른 조립방법, 구조 검증, 부품에 관한 작동원리를 표현할 수 있다.
		2. 아이디어 스케치하기	1. 도출된 아이디어를 조형요소로 시각화하여 스케치 할 수 있다. 2. 다양한 표현재료를 활용한 아이디어 스케치로 제품의 콘셉트를 구체화할 수 있다. 3. 디자인 스타일, 컬러, 질감을 구체화하여 최종결과물에 유사한 스케치를 할 수 있다.
	5. 디자인 구체화 모델링	1. 모델링하기	1. 선정된 아이디어 스케치를 기반으로 디자인 소프트

실 기 과목명	주요 항목	세부 항목	세세항목
			웨어를 이용하여 표현할 수 있다. 2. 디자인 소프트웨어를 이용하여 정확하고 형태구현과 사실감있는 표현을 구사할 수 있다.
	6. 디자인 구체화 렌더링	1. 렌더링하기	1. 입체적 형상 표현을 고려하여 디자인을 보다 사실적이고 정밀하게 표현 할 수 있다. 2. 입체적 형상의 재질감 표현과 제품 최종단계의 외관을 예측하고 수정 보완할 수 있다. 3. 입체적 형상에 각종 인쇄와 부착에 대한 그래픽 표현을 수정 보완할 수 있다.
	7. 모형 제작	1. 도면작업하기	1. 구체화된 디자인 계획에 따라 렌더링 디자인을 3D 도면으로 제도할 수 있다.
	8. 양산 관리	1. 디자인 사양정하기	1. 제품생산 시 적용되는 색상, 재질, 표면처리, 패턴에 대한 제안을 준비할 수 있다. 2. 제품생산 시 재료, 가공, 성형방법에 따른 원가절감을 위해 다양한 방법을 제안할 수 있다. 3. 제품개발 시 후가공에 따른 차별화 방안을 모색하여 제품의 완성도 질적 우수성을 높일 수 있다. 4. 신소재·신기술을 이해하여 새로운 적용방안을 제안할 수 있다. 5. 도료에 대해 이해하여 새로운 색상을 제안할 수 있다..

제품응용모델링기능사

(Craftsman Applied Product Modeling)

◈ 개요

제품개발 관련 산업현장은 제품모델링 관련분야의 인력을 필요로 하고 있으며 주요 기업의 디자인 개발 부서에서는 전문 디자이너와 함께 모델링 전문 인력을 확보하고 있다. 그러나 해당인력을 객관적 방법을 통하여 측정할 수 있는 제도적 장치가 미비하여 기본적인 조형능력을 바탕으로 다양한 재료를 통하여 제품 및 산업디자인 관련한 다양한 모델링의 능력으로 수준 높은 제품모델링 업무를 담당할 수 있는 지식과 실기능력을 갖춘 전문 인력이 요구되어 현장에서 필요로하는 전문기술인력을 양성하고자 자격제도를 제정하였다.

◈ 수행직무

제품에 대한 기능, 구조, 재질, 기계장치 등 기술적 원리를 이해하고 디자인 의도를 반영한 실제품과 같은 모델을 각종 기기, 공구류 및 컴퓨터 등을 사용하여 제작하는 직무를 수행한다.

◈ 진로 및 전망

① 제품응용모델링의 업무 영역은 제품디자인 및 산업디자인 전 분야와 기계, 전기, 전자산업의 일부분야에 광범위하게 걸쳐 있다. 제품디자인 직종을 기준으로 통신기기 제조업체, 컴퓨터 및 응용기기 제조업체의 경우 주로 외부 콘트롤보드 인간공학적인 사용자 인터페이스 설계와 몸체 외관의 형태와 구조 설계에서 주요 활동을 벌이고 있으며

기계 제품의 경우 역시 구조 및 외관 형태정리와 조작 안전성과 편의성에 중점을맞추어 직무를 수행하고 있다. 소비제품 디자인의 경우 시장조사와 소비자 선호도 취향조사 자료의 분석과 이의 시각화 적용에 중점을 두고 있는 점 등을 감안할 때 제품모델링기능사의 역할은 산업발전에 크게 기여할 것으로 기대된다.

② 현재 제품응용모델링을 중심적 직무로 하는 사원을 채용하는 곳은 제품모델 전문제작업체 정도며 대부분은 일반 중견기업 이상 규모 업체의 제품개발과정에서 보조 직무로 제품응용모델링을 수행한다. 제품응용모델링 기능사의 활용방안은 다음과 같다.

- 제품개발 연구 및 시작실 취업
- 디자인 관련부서 취업
- 제품모형 전문업체 창업
- 제품모형 전문제작업체 취업

③ 인력양성기관

1) 인천직업전문학교 제품응용모델링과
- 소재지 : 인천 남구 주안 5동 1389-2번지
- 관련학과 : 멀티미디어제작과, 컴퓨터출판디자인과

2) 충북직업전문학교 제품응용모델링과
- 소재지 : 충북 충주시 주덕읍 삼청리 220번지
- 관련학과 : 멀티미디어제작과

3) 강원직업전문학교 제품응용모델링과
- 소재지 : 강원도 춘천시 우두동 72번지

4) 기타 대학, 전문대학, 기능대학 등의 산업디자인학과에서 모형제작실습을 병행하고 있으며, 가구제작 혹은 실내디자인 관련 학과들이 제품응용모델링(공)과로 직종이 전환되고 있는 추세이다.

④ 관련직업 : 제품모형제작원

◈ 실시기관명 및 홈페이지

한국산업인력공단(http://www.q-net.or.kr)

◈ 시험정보

수수료

- 필기 : 14,500 원
- 실기 : 37,600 원

◈ 출제경향

시험시간 내에 숙련기능을 가지고 모델링 재료 및 도구를 이용한 제품 모형을 합리적으로 구현할 수 있는 능력과 컴퓨터를 포함한 관련도구를 올바르게 사용 및 관리할 수 있는 능력의 유무를 평가한다.

◈ 출제기준

*<u>*별도 파일 삽입(274쪽)*</u>*

◈ 취득방법

① 응시자격 : 응시자격에는 제한이 없다.

② 관련학과 : 대학 및 전문대학, 특성화고등학교의 제품디자인, 제품 모델링 관련 학과 등

③ 시험과목

- 필기 : 1. 제품디자인일반 2. 제도와 CAD 3. 모델링재료 4. 제품 응용모델링
- 실기 : 제품응용모델링 실무

④ 검정방법

- 필기 : 객관식 4지 택일형 60 문항(60분)
- 실기 : 작업형(5시간 30분 정도)

⑤ 합격기준

- 필기 : 100점을 만점으로 하여 60점 이상
- 실기 : 100점을 만점으로 하여 60점 이상

◈ 과정평가형 자격 취득정보

① 이 자격은 과정평가형으로도 취득할 수 있다. 다만, 해당종목을 운영하는 교육훈련기관이 있어야 가능하다.

② 과정평가형 자격은 NCS 능력단위를 기반으로 설계된 교육·훈련과정을 이수한 후 평가를 통해 국가기술 자격을 부여하는 새로운 자격이다.

◈ 년도별 검정현황

종목명	연도	필기			실기		
		응시	합격	합격률(%)	응시	합격	합격률(%)
소 계		1,913	1,093	57.1%	4,709	4,437	94.2%
제품응용모델링기능사	2020	31	24	77.4%	79	65	82.3%
제품응용모델링기능사	2019	45	28	62.2%	159	151	95%
제품응용모델링기능사	2018	82	52	63.4%	198	189	95.5%
제품응용모델링기능사	2017	26	20	76.9%	211	183	86.7%
제품응용모델링기능사	2016	97	53	54.6%	246	237	96.3%
제품응용모델링기능사	2015	117	67	57.3%	267	261	97.8%
제품응용모델링기능사	2014	123	95	77.2%	338	331	97.9%

제품응용모델링기능사	2013	118	66	55.9%	394	376	95.4%
제품응용모델링기능사	2012	75	48	64%	360	345	95.8%
제품응용모델링기능사	2011	90	57	63.3%	359	347	96.7%
제품응용모델링기능사	2010	132	63	47.7%	291	261	89.7%
제품응용모델링기능사	2009	157	90	57.3%	249	233	93.6%
제품응용모델링기능사	2008	129	69	53.5%	241	230	95.4%
제품응용모델링기능사	2007	117	69	59%	276	261	94.6%
제품응용모델링기능사	2006	152	118	77.6%	327	313	95.7%
제품응용모델링기능사	2005	100	78	78%	263	247	93.9%
제품응용모델링기능사	2004	120	44	36.7%	172	147	85.5%
제품응용모델링기능사	2003	114	38	33.3%	176	164	93.2%
제품응용모델링기능사	2002	88	14	15.9%	103	96	93.2%

◈ 자격취득자에 대한 법령상 우대현황

① 본 자료는 종목별 국가기술자격 취득자 우대 법령을 자체 조사한 자료이다.

② 본 자료는 2020년 하반기에 법제처(www.law.go.kr) 홈페이지를 통해 조사하였으며, 법령 개정 시점 등에 따라 변경된 내용이 미반영 될 수 있다.

③ 법령별 세부 우대현황에 대한 적용은 관련법령을 담당하는 부처의 유권해석에 따른다.

④ 조문내역을 클릭하면 해당 법령의 세부정보(국가법령정보센터)를 확인하실 수 있다.

제품응용모델링기능사 우대현황

우대법령	조문내역	활용내용
공무원수당등에관한규정	제14조특수업무수당(별표11)	특수업무수당지급
공무원임용시험령	제27조경력경쟁채용시험등의응시자격등(별표7,별표8)	경력경쟁채용시험등의응시
공무원임용시험령	제31조자격증소지자등에대한우대(별표12)	6급이하공무원채용시험가산대상자격증
공직자윤리법시행령	제34조취업승인	관할공직자윤리위원회가취업승인을하는경우
공직자윤리법의시행에관한대법원규칙	제37조취업승인신청	퇴직공직자의취업승인요건
공직자윤리법의시행에관한헌법재판소규칙	제20조취업승인	퇴직공직자의취업승인요건
교육감소속지방공무원평정규칙	제23조자격증등의가산점	5급이하공무원,연구사및지도사관련가점사항
국가공무원법	제36조의2채용시험의가점	공무원채용시험응시가점
군무원인사법시행령	제10조경력경쟁채용요건	경력경쟁채용시험으로신규채용할수있는경우
군인사법시행규칙	제14조부사관의임용	부사관임용자격
근로자직업능력개발법시행령	제27조직업능력개발훈련을위하여근로자를가르칠수있는사람	직업능력개발훈련교사의정의
근로자직업능력개발법시행령	제28조직업능력개발훈련교사의자격취득(별표2)	직업능력개발훈련교사의자격
근로자직업능력개발법시행령	제38조다기능기술자과정의학생선발방법	다기능기술자과정학생선발방법중정원내특별전형
근로자직업능력개발법시행령	제44조교원등의임용	교원임용시자격증소지자에대한우대
기초연구진흥및기술개발지원에관한법률시행규칙	제2조기업부설연구소등의연구시설및연구전담요원에대한기준	연구전담요원의자격기준
지방공무원법	제34조의2신규임용시험의가점	지방공무원신규임용시험시가점
지방공무원임용령	제17조경력경쟁임용시험등을통한임용의요건	경력경쟁시험등의임용
지방공무원임용령	제55조의3자격증소지자에대한	6급이하공무원신규임용

	신규임용시험의특전	시필기시험점수가산
지방공무원평정규칙	제23조자격증등의가산점	5급이하공무원연구사및지도사관련가점사항
지방자치단체를당사자로하는계약에관한법률시행규칙	제7조원가계산시단위당가격의기준	노임단가가산
행정안전부소관비상대비자원관리법시행규칙	제2조인력자원의관리직종(별표)	인력자원관리직종
헌법재판소공무원수당등에관한규칙	제6조특수업무수당(별표2)	특수업무수당지급구분표
국가기술자격법	제14조국가기술자격취득자에대한우대	국가기술자격취득자우대
국가기술자격법시행규칙	제21조시험위원의자격등(별표16)	시험위원의자격
국가기술자격법시행령	제27조국가기술자격취득자의취업등에대한우대	공공기관등채용시국가기술자격취득자우대
국가를당사자로하는계약에관한법률시행규칙	제7조원가계산을할때단위당가격의기준	노임단가의가산
국회인사규칙	제20조경력경쟁채용등의요건	동종직무에관한자격증소지자에대한경력경쟁채용
군무원인사법시행규칙	제18조채용시험의특전	채용시험의특전
비상대비자원관리법	제2조대상자원의범위	비상대비자원의인력자원범위

□ 필 기

직무 분야	문화 · 예술 · 디자인 · 방송	중직무 분야	디자인	자격 종목	제품응용모델링기능사	적용 기간	2021.1.1.~2024.12.31.
○직무내용 : 제품에 대한 기능, 구조, 재질, 기계장치 등 기술적 원리를 이해하고 디자인 의도를 반영한 실제품과 같은 모델을 각종 기기, 공구류 및 컴퓨터 등을 사용하여 제작하는 직무이다.							

필기검정방법	객관식	문제수	60	시험시간	1시간

필 기 과목명	출 제 문제수	주요항목	세부항목	세세항목
제품 디자인 일반, 제도와 CAD, 모델링 재료, 제품응용 모델링	60	1. 디자인개요	1. 디자인 일반	1. 디자인의 정의 및 개념 2. 디자인의 분류 및 특성 3. 제품디자인의 정의 및 분류
			2. 디자인사	1. 근대 디자인사 2. 현대 디자인사
		2. 디자인의 요소와 원리	1. 디자인의 요소	1. 점, 선, 면 2. 형태와 질감 3. 빛과 색채 4. 운동감과 시공간
			2. 디자인의 원리	1. 조화 2. 균형 3. 율동 4. 통일 등
			3. 색채	1. 색채의 기본원리 2. 색의 표시 및 혼합 3. 색의 지각 및 감정적 효과 4. 색의 조화
		3. 제품디자인 이론	1. 디자인과 마케팅	1. 제품디자인의 발상방법 및 아이디어 전개과정 2. 제품계획 및 개발 3. 제품의 수명주기 4. 제품디자인프로세스
			2. 인간공학	1. 인간공학 일반 2. 사용자인터페이스
		4. 제도	1. 제도일반	1. 제도통칙에 관한 사항 2. 선의 종류와 용도 3. 척도 및 제도기호
			2. 평면도법	1. 평면도법에 관한 사항 2. 전개도
			3. 투상도법	1. 투상도법의 종류, 특성 및 작도법 2. 투시투상도법의 원리, 종류 및 작도법
		5. CAD	1. 컴퓨터응용모델링	1. 컴퓨터 기초 2. 2D 드로잉(drawing) 3. 3D 모델링(modeling) 4. 프린팅 및 플로팅
		6. 재료의 개요	1. 모델링재료 일반	1. 재료의 구비조건

필 기 과목명	출 제 문제수	주요항목	세부항목	세세항목
				2. 재료의 물리적 성질 3. 재료의 화학적 성질 4. 재료의 표준형태
		7. 재료의 분류	1. 플라스틱 재료 (합성수지)	1. 플라스틱 정의 및 개념 2. 플라스틱 분류 및 특성 3. 발포성수지 4. 친환경복합소재 등
			2. 목재	1. 목재의 성질 및 용도 2. 목재의 식별 및 선택 3. 목재의 건조법 4. 합성목재의 종류 및 특성
			3. 석고와 점토	1. 석고 2. 점토(Industrial Clay)
			4. 용제 및 접착제	1. 용제의 종류 및 특성 2. 접착제의 종류 및 특성
			5. 도장재료	1. 도료의 분류 2. 도료의 구성 3. 안료 및 염료 4. 착색 및 염색
		8. 모델링의 개요	1. 모델링 일반	1. 모델링의 개념 및 목적 2. 모형의 종류 및 특성 3. 모델링 전개과정
		9. 모델링 제작	1. 모델링용 공구 및 기계의 종류, 특성 및 사용법	1. 수공구 2. 측정기기 3. 톱기계 4. 조각기 5. 연삭기 6. 연마기 7. N/C기기 8. RP 기기
			2. 모델링 실제	1. 모델링 공정설계 2. 형판(template) 제작 3. 기계가공(machining) 4. 열성형(thermoforming) 5. 열처리(heat treatment) 6. 후가공(finishing)
			3. 표면처리 기법	1. 도장(painting) 2. 그래픽(silk screen)기법

□ 실 기

직무 분야	문화·예술·디자인·방송	중직무 분야	디자인	자격 종목	제품응용모델링기능사	적용 기간	2021.1.1.~2024.12.31.

○직무내용 : 제품에 대한 기능, 구조, 재질, 기계장치 등 기술적 원리를 이해하고 디자인 의도를 반영한 실제품과 같은 모델을 각종 기기, 공구류 및 컴퓨터 등을 사용하여 제작하는 직무이다.

○수행준거 : 1. 컴퓨터를 사용하여 3D 모델링 작업을 할 수 있다.
2. 컴퓨터 주변기기를 사용할 수 있다.
3. 공구를 사용하여 모형제작을 할 수 있다.
4. 모형 마감작업을 할 수 있다.

실기 검정방법	작업형	시험시간	5시간 30분 정도

실기 과목명	주요 항목	세부 항목	세세항목
제품 응용모델링 실무	1. 모형제작 계획수립	1. 모형제작 검토하기	1. 제품의 부품구성과 파트 리스트를 숙지하여 개발 아이템 구현 가능성을 사전에 검토하고 파악할 수 있다. 2. 외관 구조해석을 통한 금형 구현을 이해하여 CMF에 따른 가공방법을 선택할 수 있다.
	2. 디자인 구체화 모델링	1. 모델링하기	1. 선정된 아이디어 스케치를 기반으로 디자인 소프트웨어를 이용하여 표현할 수 있다. 2. 디자인 소프트웨어를 이용하여 정확하고 구체적인 사실감 있는 변형작업과 다양한 표현을 구사할 수 있다.
	3. 모형 제작	1. 도면작업하기	1. 구체화된 디자인 계획에 따라 렌더링 디자인을 3D 도면으로 제도할 수 있다.
		2. 모형제작하기	1. 도면 완료 후 주어진 재료 및 공구를 사용하여 모형제작을 할 수 있다.
		3. 모형 마감하기	1. 모델의 표면을 완벽하게 정리하여 칠바탕을 정리할 수 있다. 2. 흠집이나 구멍 등은 퍼티(putty)로 메우고 사포 작업을 할 수 있다. 3. 마무리 후가공을 할 수 있다.

직업상담사 2급

(Vocational Counselor)

◈ 개요

직업상담원이 수행하는 업무는 상담업무, 직업소개업무, 직업관련 검사 실시 및 해석업 무, 직업지도 프로그램 개발과 운영업무, 직업상담행정 업무 등으로 구별 지을 수 있다. 주요 상담업무에는 근로기준법을 비롯한 노동관계법규 등 노동시장에서 발생되는 직업과 관련된 법적인 일반적인 사항에 대한 일반상담 실시와 구인·구직상담, 창업상담, 경력개발상담, 직업 적응상담, 직업전환상담, 은퇴후 상담 등의 각종 직업상담이 있다. 직업상담원은 구직자들이 그들의 교육, 경력, 기술, 자격증, 구직직종, 원하는 임금 등을 포함한 구직표를 정확하게 작성하도록 도와주며 구직표를 제출하면 정확하게 되었는지를 검토하며 필요하면 수정을 한다. 직업상담원은 구직자들에게 가장 적합한 직업이 무엇인지를 찾는데 도와주며 적성, 흥미 검사 등을 실시하여 구직자의 적성과 흥미에 알맞은 직업정보를 제공하고 청소년, 여성, 중·고령자, 실업자 등을 위한 직업지도 프로그램 개발과 운영을 한다. 그리고 취업이 곤란한 구직자(장애자, 고령자)에게 보다 많은 취업기회를 제공하고 구인난을 겪고 있는 기업에게 다양한 인력을 소개하기 위하여 구인처 및 구직자를 개척하기도 한다.

◈ 수행직무

구인·구직·취업알선상담·진학상담·직업적응상담 등 노동법규 관련상담 노동시장, 직업세계 등과 관련된 직업정보의 수집·분석하여 상담자에게 이들 정보를 제공 직업적성검사, 흥미검사 실시 및 해석을 수행하는 업무를 수행한다.

◈ 진로 및 전망

노동부 지방노동관서, 고용안정센터, 인력은행 등 전국 19개 국립직업안정기관과 전국 281개 시·군·구 소재 공공직업안정기관 및 민간 유·무료직업소개소 및 24개 국외유료직업소개소 등의 직업상담원에 취업이 가능하다. 노동부 지방노동관서 등 직업소개기관 직업상담원 채용시 직업상담사 자격소지자에게 우대할 예정이다.

◈ 실시기관 홈페이지

한국산업인력공단(http://www.q-net.or.kr/)

◈ 시험정보

수수료

- 필기 : 19,400 원
- 실기 : 20,800 원

◈ 취득방법

① 시 행 처 : 한국산업인력공단

② 관련학과 : 대학 및 전문대학의 심리학과, 경영·경제학과, 법정계열학과, 교육심리학과 등

③ 시험과목

- 필기 : 1.직업상담학 2.직업심리학 3. 직업정보론 4.노동시장론 5. 노동관계법규
- 실기 : 직업상담실무

④ 검정방법

- 필기 : 객관식 4지 택일형 과목당 20문항(과목당 30분)
- 실기 : 필답형(2시간 30분, 100점)

⑤ 합격기준

- 필기 : 100점을 만점으로 하여 과목당 40점 이상, 전과목 평균 60점 이상
- 실기 : 100점을 만점으로 하여 60점 이상

◈ 출제기준

＊ 별도 파일 삽입(283쪽)

◈ 년도별 검정현황

종목명	연도	필기			실기		
		응시	합격	합격률(%)	응시	합격	합격률(%)
소 계		300,573	140,961	46.9%	190,498	61,904	32.5%
직업상담사2급	2020	19,074	11,827	62%	15,701	7,241	46.1%
직업상담사2급	2019	22,283	11,690	52.5%	15,119	6,648	44%
직업상담사2급	2018	23,328	12,235	52.4%	14,504	6,955	48%
직업상담사2급	2017	19,484	9,517	48.8%	12,653	5,227	41.3%
직업상담사2급	2016	20,516	10,289	50.2%	13,762	5,313	38.6%
직업상담사2급	2015	19,595	10,221	52.2%	14,114	5,039	35.7%
직업상담사2급	2014	21,381	11,223	52.5%	15,152	4,011	26.5%
직업상담사2급	2013	21,202	9,991	47.1%	14,758	3,872	26.2%
직업상담사2급	2012	21,876	8,747	40%	14,047	2,403	17.1%
직업상담사2급	2011	24,676	11,653	47.2%	16,653	4,026	24.2%
직업상담사2급	2010	25,565	11,927	46.7%	16,083	4,442	27.6%

직업상담사2급	2009	12,540	6,247	49.8%	7,396	1,774	24%
직업상담사2급	2008	6,461	2,886	44.7%	3,731	782	21%
직업상담사2급	2007	5,383	2,174	40.4%	2,439	165	6.8%
직업상담사2급	2006	3,132	1,407	44.9%	1,583	725	45.8%
직업상담사2급	2005	1,395	386	27.7%	574	282	49.1%
직업상담사2급	2004	770	231	30%	547	120	21.9%
직업상담사2급	2003	1,159	535	46.2%	679	100	14.7%
직업상담사2급	2002	1,271	416	32.7%	928	203	21.9%
직업상담사2급	2001	2,357	754	32%	1,803	335	18.6%
직업상담사2급	2000	27,125	6,605	24.4%	8,272	2,241	27.1%

◈ 자격취득자에 대한 법령상 우대현황

① 본 자료는 종목별 국가기술자격 취득자 우대 법령을 자체 조사한 자료이다.

② 본 자료는 2020년 하반기에 법제처(www.law.go.kr) 홈페이지를 통해 조사하였으며, 법령 개정 시점 등에 따라 변경된 내용이 미반영 될 수 있다.

③ 법령별 세부 우대현황에 대한 적용은 관련법령을 담당하는 부처의 유권해석에 따르고 있다.

직업상담사2급 우대현황

우대법령	조문내역	활용내용
공무원수당등에관한규정	제14조특수업무수당(별표11)	특수업무수당지급
공무원임용시험령	제27조경력경쟁채용시험등의응시자격등(별표7,별표8)	경력경쟁채용시험등의응시
공무원임용시험령	제31조자격증소지자등에대한우대(별표12)	6급이하공무원채용시험가산대상자격증
교육감소속지방공무원평정규칙	제23조자격증등의가산점	5급이하공무원,연구사및지도사관련가점사항
국가공무원법	제36조의2채용시험의가점	공무원채용시험응시가점
군무원인사법시행령	제10조경력경쟁채용요건	경력경쟁채용시험으로신규채용할수있는경우
군인사법시행규칙	제14조부사관의임용	부사관임용자격
근로자직업능력개발법시행령	제24조직업능력개발훈련시설의지정	직업능력개발훈련시설의지정을받으려는자의인력
근로자직업능력개발법시행령	제27조직업능력개발훈련을위하여근로자를가르칠수있는사람	직업능력개발훈련교사의정의
근로자직업능력개발법시행령	제28조직업능력개발훈련교사의자격취득(별표2)	직업능력개발훈련교사의자격
근로자직업능력개발법시행령	제38조다기능기술자과정의학생선발방법	다기능기술자과정학생선발방법중정원내특별전형
근로자직업능력개발법시행령	제44조교원등의임용	교원임용시자격증소지자에대한우대
기초연구진흥및기술개발지원에관한법률시행규칙	제2조기업부설연구소등의연구시설및연구전담요원에대한기준	연구전담요원의자격기준
중소기업인력지원특별법	제28조근로자의창업지원등	해당직종과관련분야에서신기술에기반한창업의경우지원
지방공무원수당등에관한규정	제14조특수업무수당(별표9)	특수업무수당지급
지방공무원임용령	제17조경력경쟁임용시험등을통한임용의요건	경력경쟁시험등의임용

지방공무원임용령	제55조의3자격증소지자에대한신규임용시험의특전	6급이하공무원신규임용시필기시험점수가산
지방공무원평정규칙	제23조자격증등의가산점	5급이하공무원연구사및지도사관련가점사항
헌법재판소공무원수당등에관한규칙	제6조특수업무수당(별표2)	특수업무수당 지급구분표
국가기술자격법	제14조국가기술자격취득자에대한우대	국가기술자격취득자우대
국가기술자격법시행규칙	제21조시험위원의자격등(별표16)	시험위원의자격
국가기술자격법시행령	제27조국가기술자격취득자의취업등에대한우대	공공기관등채용시국가기술자격취득자우대
국가를당사자로하는계약에관한법률시행규칙	제7조원가계산을할때단위당가격의기준	노임단가의가산
국회인사규칙	제20조경력경쟁채용등의요건	동종직무에관한자격증소지자에대한경력경쟁채용
군무원인사법시행규칙	제18조채용시험의특전	채용시험의특전
비상대비자원관리법	제2조대상자원의범위	비상대비자원의인력자원범위

□ 필 기

직무 분야	사회복지·종교	중직무 분야	사회복지·종교	자격 종목	직업상담사 2급	적용 기간	2020. 1. 1 ~ 2022. 12. 31
○직무내용 : 노동시장·직업세계 등과 관련된 직업정보를 수집·제공하고, 직업탐색, 직업선택, 직업적응 등에서 발생하는 개인의 직업 관련 문제 및 기업의 인력채용을 상담·지원하는 직무이다.							
필기검정방법	객관식	문제수	100	시험시간	2시간 30분		

필기 과목명	출제 문제수	주요항목	세부항목	세세항목
직업 상담학	20	1. 직업상담의 개념	1. 직업상담의 기초	1. 직업상담의 정의 2. 직업상담의 목적 3. 직업상담자의 역할 및 영역 4. 집단직업상담의 의미
			2. 직업상담의 문제유형	1. 윌리암슨의 분류 2. 보딘의 분류 3. 크릿츠의 분류 4. 직업의사결정상태에 따른 분류
		2. 직업상담의 이론	1. 기초상담 이론의 종류	1. 정신분석적 상담 2. 아들러의 개인주의 상담 3. 실존주의 상담 4. 내담자중심상담 5. 형태주의 상담 6. 교류분석적 상담 7. 행동주의 상담 8. 인지적-정서적 상담
		3. 직업상담 접근방법	1. 특성-요인 직업 상담	1. 특성-요인 직업상담 모형, 방법, 평가
			2. 내담자 중심 직업 상담	1. 내담자 중심 직업상담 모형, 방법, 평가
			3. 정신역동적 직업 상담	1. 정신역동적 직업상담 모형, 방법, 평가
			4. 발달적 직업 상담	1. 발달적 직업상담 모형, 방법, 평가
			5. 행동주의 직업 상담	1. 행동주의 직업상담 모형, 방법, 평가
			6. 포괄적 직업상담	1. 포괄적 직업상담 모형, 방법, 평가
		4. 직업상담의 기법	1. 초기면담의 의미	1. 초기면담의 유형과 요소 2. 초기면담의 단계
			2. 구조화된 면담법의 의미	1. 생애진로사정의 의미 2. 생애진로사정의 구조 3. 생애진로사정의 적용
			3. 내담자 사정의 의미	1. 동기, 역할 사정하기 2. 가치사정하기 3. 흥미사정하기

필 기 과목명	출 제 문제수	주요항목	세부항목	세세항목
				4. 성격사정하기
			4. 목표설정 및 진로시간 전망	1. 목표설정의 의미 및 특성 2. 진로시간 전망의 의미
			5. 내담자의 인지적 명확성 사정	1. 면담의존 사정과 사정 시의 가정 2. 사정과 가설발달의 의미
			6. 내담자의 정보 및 행동에 대한 이해	1. 내담자의 정보 및 행동에 대한 이해기법
			7. 대안개발과 의사결정	1. 대안선택 및 문제해결
		5. 직업상담 행정	1. 취업지원 관련보고	1. 정기보고 2. 수시보고
			2. 직업상담사의 윤리	1. 직업상담시 윤리적 문제
			3. 직업상담사의 보호	1. 건강장해 예방조치(산업안전보건법령)

필 기 과목명	출 제 문제수	주요항목	세부항목	세세항목
직업 심리학	20	1. 직업발달 이론	1. 특성-요인 이론 제개념	1. 특성-요인이론의 특징 2. 특성-요인이론의 주요내용 3. 홀랜드의 직업선택이론
			2. 직업적응 이론 제개념	1. 롭퀴스트와 데이비스의 이론 2. 직업적응에 대한 제연구
			3. 발달적 이론	1. 긴즈버그의 발달이론 2. 슈퍼의 발달이론 3. 고트프레드슨 이론
			4. 욕구이론	1. 욕구이론의 특성 2. 욕구이론의의 주요내용
			5. 진로선택의 사회학습 이론	1. 진로발달과정의 특성과 내용 2. 사회학습모형과 진로선택
			6. 새로운 진로 발달이론	1. 인지적 정보처리 접근 2. 사회인지적 조망접근 3. 가치중심적 진로접근 모형
		2. 직업심리 검사	1. 직업심리 검사의 이해	1. 심리검사의 특성 2. 심리검사의 용도 3. 심리검사의 분류
			2. 규준과 점수해석	1. 규준의 개념 및 필요성 2. 규준의 종류 3. 규준해석의 유의점
			3. 신뢰도와 타당도	1. 신뢰도의 개념 2. 타당도의 개념
			4. 주요 심리검사	1. 성인지능검사 2. 직업적성검사 3. 직업선호도검사 4. 진로성숙검사 5. 직업흥미검사
		3. 직무분석	1. 직무분석의 제개념	1. 직무분석의 의미 2. 직무분석의 방법 3. 직무분석의 원칙 4. 직무분석의 단계
		4. 경력개발과 직업전환	1. 경력개발	1. 경력개발의 정의 2. 경력개발 프로그램 3. 경력개발의 단계
			2. 직업전환	1. 직업전환과 직업상담

필 기 과목명	출 제 문제수	주요항목	세부항목	세세항목
		5. 직업과 스트레스	1. 스트레스의 의미	1. 스트레스의 특성 2. 스트레스의 작용원리
			2. 스트레스의 원인	1. 직업관련 스트레스 요인
			3. 스트레스의 결과 및 예방	1. 개인적 결과 2. 조직의 결과 3. 대처를 위한 조건 4. 예방 및 대처전략

필 기 과목명	출 제 문제수	주요항목	세부항목	세세항목
직업 정보론	20	1. 직업정보의 제공	1. 직업정보의 이해	1. 직업정보의 의의 2. 직업정보의 기능
			2. 직업정보의 종류	1. 민간직업정보 2. 공공직업정보
			3. 직업정보 제공 자료	1. 한국직업사전 2. 한국직업전망 3. 학과정보 4. 자격정보 5. 훈련정보 6. 직업정보시스템
		2. 직업 및 산업 분류의 활용	1. 직업분류의 이해	1. 직업분류의 개요 2. 직업분류의 기준과 원칙 3. 직업분류의 체계와 구조
			2. 산업분류의 이해	1. 산업분류의 개요 2. 산업분류의 기준과 원칙 3. 산업분류의 체계와 구조
		3. 직업 관련 정보의 이해	1. 직업훈련 정보의 이해	1. 직업훈련제도의 개요 및 훈련기관
			2. 워크넷의 이해	1. 워크넷의 내용 및 활용 2. 기타 취업사이트 활용
			3. 자격제도의 이해	1. 국가자격종목의 이해
			4. 고용 서비스 정책의 이해	1. 고용 서비스 정책 및 제도
		4. 직업 정보의 수집, 분석	1. 고용정보의 수집	1. 정보수집방법 2. 정보수집활동 3. 정보수집시 유의사항
			2. 고용정보의 분석	1. 정보의 분석 2. 분석시 유의점 3. 고용정보의 주요 용어

필 기 과목명	출 제 문제수	주요항목	세부항목	세세항목
노동 시장론	20	1. 노동시장의 이해	1. 노동의 수요	1. 노동수요의 의의와 특징 2. 노동수요의 결정요인 3. 노동의 수요곡선 4. 노동수요의 탄력성
			2. 노동의 공급	1. 노동공급의 의의와 특징 2. 노동공급의 결정요인 3. 노동의 공급곡선 4. 노동공급의 탄력성
			3. 노동시장의 균형	1. 노동시장의 의의와 특징 2. 노동시장의 균형분석 3. 한국의 노동시장의 구조와 특징
		2. 임금의 제개념	1. 임금의 의의와 결정이론	1. 임금의 의의와 법적 성격 2. 임금의 범위 3. 임금의 경제적 기능 4. 최저임금제도
			2. 임금체계	1. 임금체계의 의의 2. 임금체계의 결정 3. 임금체계의 유형
			3. 임금형태	1. 시간임금 2. 연공급 3. 직능급 4. 직무급 등
			4. 임금격차	1. 임금격차이론 2. 임금격차의 실태 및 특징
		3. 실업의 제개념	1. 실업의 이론과 형태	1. 실업의 제이론 2. 자발적 실업 3. 비자발적 실업 4. 마찰적 실업 5. 구조적 실업 6. 경기적 실업 7. 잠재적 실업
			2. 실업의 원인과 대책	1. 한국의 실업률 추이와 실업구조 2. 실업대책
		4. 노사관계 이론	1. 노사관계의 의의와 특성	1. 노사관계의 의의 2. 노사관계의 유형
			2. 노동조합의 이해	1. 노동조합의 형태 2. 단체교섭 3. 노동조합의 운영

필 기 과목명	출 제 문제수	주요항목	세부항목	세세항목
노동 관계 법규	20	1. 노동 기본권과 개별근로관계법규, 고용관련 법규	1. 노동기본권의 이해	1. 헌법상의 노동기본권
			2. 개별근로 관계법규의 이해	1. 근로기준법 및 시행령, 시행규칙 2. 남녀고용평등과 일·가정 양립 지원에 관한 법률 및 시행령, 시행규칙 3. 고용상 연령차별금지 및 고령자고용촉진에 관한 법률 및 시행령, 시행규칙 4. 파견근로자보호 등에 관한 법률 및 시행령, 시행규칙 5. 기간제 및 단시간 근로자 보호 등에 관한 법률 및 시행령, 시행규칙 6. 근로자 퇴직급여 보장법 및 시행령, 시행규칙
			3. 고용관련법규	1. 고용정책기본법 및 시행령, 시행규칙 2. 직업안정법 및 시행령, 시행규칙 3. 고용보험법 및 시행령, 시행규칙 4. 근로자직업능력개발법 및 시행령, 시행규칙
		2. 기타 직업상담 관련법규	1. 개인정보보호 관련 법규	1. 개인정보보호법 및 시행령, 시행규칙
			2. 채용관련 법규	1. 채용절차의 공정화에 관한 법률, 시행령, 시행규칙

□ 실 기

직무분야	사회복지·종교	중직무분야	사회복지·종교	자격종목	직업상담사 2급	적용기간	2020. 1. 1 ~ 2022. 12. 31

○직무내용 : 노동시장·직업세계 등과 관련된 직업정보를 수집·제공하고, 직업탐색, 직업선택, 직업적응 등에서 발생하는 개인의 직업 관련 문제 및 기업의 인력채용을 상담·지원하는 직무이다.

○수행준거 : 1. 구직자, 구인자 및 실업자를 위한 취업, 직업능력개발 상담을 할 수 있다.
2. 학생을 위한 진학지도, 취업상담을 할 수 있다.
3. 직업관련 정보를 수집하여 제공할 수 있다.

실기검정방법	필답형	시험시간	2시간 30분

실 기 과목명	주요항목	세부항목	세세항목
직업 상담 실무	1.직업심리검사	1. 검사 선택하기	1. 내담자에 따라 직업심리검사의 종류와 내용을 설명할 수 있다. 2. 내담자의 목표에 적합한 검사를 선택하기 위해 다양한 검사들의 가치와 제한점을 설명할 수 있다.
		2. 검사 실시하기	1. 표준화된 검사 매뉴얼에 따라 제시된 소요시간 내에 검사를 실시할 수 있다. 2. 표준화된 검사 매뉴얼에 따라 내담자의 수검태도를 관찰할 수 있다. 3. 정확한 검사결과를 도출하기 위해 채점기준에 따라 검사결과를 평정할 수 있다.
		3. 검사결과 해석하기	1. 검사 항목별 평정에 따라 내담자에게 의미 있는 내용을 도출할 수 있다. 2. 내담자가 검사결과를 쉽게 이해할 수 있도록 전문적 용어, 평가적 말투, 애매한 표현 등을 자제하고 적절한 용어를 선택하여 검사점수의 의미를 설명할 수 있다. 3. 검사결과해석에 내담자 참여를 유도하기 위해 구조화된 질문을 사용할 수 있다. 4. 검사결과에 대한 내담자의 불안과 왜곡된 이해를 최소화하기 위해 검사결과해석 시 내담자의 반응을 고려할 수 있다. 5. 직업심리검사도구의 결과에 대한 한계점을 설명할 수 있다. 6. 각종 심리검사 결과를 활용할 수 있다.
	2. 취업상담	1. 구직자 역량 파악하기	1. 구직자의 역량분석에 필요한 객관적 자료를 수집하기 위해 구직역량검사를 실시할 수 있다. 2. 구직자의 구직역량검사결과를 해석할 수 있다. 3. 개인적 및 사회적 여건을 고려하여 구직자에 대하여 종합적인 역량을 판단할 수 있다.
		2. 직업상담 기법 활용하기	1. 직업상담의 특성에 대해 설명할 수 있다. 2. 구직자의 특성에 적합한 상담이론을 선택할 수 있다. 3. 구직자 특성에 적합한 상담기법을 활용할 수

실 기 과목명	주요항목	세부항목	세세항목
			있다.
		3. 구직자 사정기법 활용하기	1. 초기면담을 할 수 있다. 2. 생애진로사정을 할 수 있다. 3. 동기, 역할 사정을 할 수 있다. 4. 가치사정을 할 수 있다. 5. 흥미사정을 할 수 있다. 6. 성격사정을 할 수 있다. 7. 목표설정을 할 수 있다. 8. 진로시간을 전망할 수 있다. 9. 내담자의 정보 및 행동 이해할 수 있다. 10. 대안선택 및 문제해결을 할 수 있다.
		4. 직업정보 분석하기	1. 노동시장 현황을 분석할 수 있다. 2. 직업분류를 활용할 수 있다. 3. 산업분류를 활용할 수 있다. 4. 각종 직업관련 자료 활용할 수 있다. 5. 직업정보를 분석 및 해석할 수 있다.

컨벤션기획사 2급
(Convention Meeting Planner Ⅱ)

◈ 개요
컨벤션기획사 1급 자격자의 지휘 하에 회의기획/운용 관련 제반업무를 수행하는 자로 회의목표 설정, 예산관리, 등록기획, 계약, 협상, 현장관리, 회의평가 업무에 대해 전문적 지식을 갖고 업무를 할 수 있다.

◈ 수행직무
국제회의 유치·기획·준비·진행 등 제반업무를 조정·운영하면서 회의목표 설정, 예산관리, 등록기획, 계약, 협상, 현장관리, 회의 평가의 직무를 수행한다.

◈ 진로 및 전망
관련직업 : 행사기획자, 회의기획자, 국제회의기획자

◈ 실시기관 홈페이지
한국산업인력공단(http://www.q-net.or.kr/)

◈ 시험정보
수수료

- 필기 : 19,400 원
- 실기 : 28,900 원

◈ 시험과목 및 활용 국가직무능력표준(NCS)

국가기술자격의 현장성과 활용성 제고를 위해 국가직무능력표준(NCS)를 기반으로 자격의 내용 (시험과목, 출제기준 등)을 직무 중심으로 개편하여 시행한다. (적용시기'22.1.1.부터)

필기과목명	NCS 능력단위	NCS 세분류
컨벤션 기획	경영계획 수립	경영기획
	회의 홍보 및 마케팅	회의기획
	회의 프로그램 설계	
	회의 개최 기획	
	전시회 참가업체유치 관리	전시기획
컨벤션 운영	회의 현장 조성	회의기획
	의전·수송·관광·식음료 관리	
	회의 위기 관리	
	회의등록 및 숙박관리	
	회의 제작물 기획 관리	
	회의 인력 관리	
부대행사 기획·운영	이벤트 현장 연출	이벤트기획
	이벤트 영상 제작 기획·관리	
	전시회 공식·부대행사 기획·운영	전시기획
	전시회 현장 운영 계획 및 관리	
	전시회 안전관리	

실기과목명	NCS 능력단위	NCS 세분류
컨벤션기획 실무	회의등록 및 숙박관리	회의기획
	의전·수송·관광·식음료 관리	
	회의 프로그램 설계	
	회의 홍보 및 마케팅	
	회의 위기 관리	
	회의 현장 조성	
	전시회 참가업체유치 관리	전시기획
	전시회 현장 운영 계획 및 관리	
	전시회 공식·부대행사 기획·운영	
	이벤트 현장 연출	이벤트기획

☞ NCS 세분류를 클릭하시면 관련 정보를 확인하실 수 있습니다.

※ 국가직무능력표준(NCS)란? 산업현장에서 직무를 수행하기 위해 요구되는 지식·기술·태도 등의 내용을 국가가 산업부문별·수준별로 체계화한 것

◈ 취득방법

① 시행처 : 한국산업인력공단

② 시험과목

- 필기 1. 컨벤션산업론(40문제) 2. 호텔.관광실무론(30문제) 3. 컨벤션 영어(30문제)
- 실기 : 컨벤션 실무(컨벤션기획 및 실무제안서 작성, 영어서신 작성)

③ 검정방법

- 필기 : 객관식 4지 택일형
- 실기 : 작업형(6시간 정도, 100점)

④ 합격기준

- 필기 : 100점을 만점으로 하여 과목당 40점 이상, 전과목 평균 60점 이상
- 실기 : 100점을 만점으로 하여 60점 이상

◈ 출제기준

* 별도 파일 삽입(299쪽)

◈ 년도별 검정현황

종목명	연도	필기			실기		
		응시	합격	합격률 (%)	응시	합격	합격률 (%)
소 계		17,664	13,185	74.6%	9,258	3,946	42.6%
컨벤션기획사2급	2020	1,259	1,115	88.6%	841	538	64%
컨벤션기획사2급	2019	1,077	834	77.4%	577	310	53.7%
컨벤션기획사2급	2018	1,071	785	73.3%	470	236	50.2%
컨벤션기획사2급	2017	1,099	845	76.9%	657	306	46.6%
컨벤션기획사2급	2016	1,216	973	80%	722	260	36%
컨벤션기획사2급	2015	1,555	1,211	77.9%	909	310	34.1%
컨벤션기획사2급	2014	1,412	1,052	74.5%	777	422	54.3%
컨벤션기획사2급	2013	1,177	1,027	87.3%	668	484	72.5%
컨벤션기획사2급	2012	847	689	81.3%	483	232	48%
컨벤션기획사2급	2011	631	551	87.3%	371	233	62.8%
컨벤션기획사2급	2010	557	422	75.8%	296	120	40.5%
컨벤션기획사2급	2009	422	335	79.4%	191	83	43.5%
컨벤션기획사2급	2008	263	210	79.8%	152	78	51.3%
컨벤션기획사2급	2007	330	281	85.2%	168	44	26.2%
컨벤션기획사2급	2006	313	266	85%	158	58	36.7%
컨벤션기획사2급	2005	400	170	42.5%	178	64	36%
컨벤션기획사2급	2004	817	380	46.5%	397	48	12.1%
컨벤션기획사2급	2003	3,218	2,039	63.4%	1,243	120	9.7%

◈ 자격취득자에 대한 법령상 우대현황

① 본 자료는 종목별 국가기술자격 취득자 우대 법령을 자체 조사한 자료이다.

② 본 자료는 2020년 하반기에 법제처(www.law.go.kr) 홈페이지를 통해 조사하였으며, 법령 개정 시점 등에 따라 변경된 내용이 미반영 될 수 있다.

③ 법령별 세부 우대현황에 대한 적용은 관련법령을 담당하는 부처의 유권해석에 따르고 있다.

컨벤션기획사2급 우대현황

법령명	조문내역	활용내용
공무원수당등에관한규정	제14조특수업무수당(별표11)	특수업무수당지급
공무원임용시험령	제27조경력경쟁채용시험등의응시자격등(별표7,별표8)	경력경쟁채용시험등의응시
공무원임용시험령	제31조자격증소지자등에대한우대(별표12)	6급이하공무원채용시험가산대상자격증
교육감소속지방공무원평정규칙	제23조자격증등의가산점	5급이하공무원,연구사및지도사관련가점사항
국가공무원법	제36조의2채용시험의가점	공무원채용시험응시가점
군무원인사법시행령	제10조경력경쟁채용요건	경력경쟁채용시험으로신규채용할수있는경우
근로자직업능력개발법시행령	제27조직업능력개발훈련을위하여근로자를가르칠수있는사람	직업능력개발훈련교사의정의
근로자직업능력개발법시행령	제28조직업능력개발훈련교사의자격취득(별표2)	직업능력개발훈련교사의자격
근로자직업능력개발법시행령	제38조다기능기술자과정의학생선발방법	다기능기술자과정학생선발방법중정원내특별전형
근로자직업능력개발법시	제44조교원등의임용	교원임용시자격증소지자에

행령		대한우대
기초연구진흥및기술개발지원에관한법률시행규칙	제2조기업부설연구소등의연구시설및연구전담요원에대한기준	연구전담요원의자격기준
연구직및지도직공무원의임용등에관한규정	제7조의2경력경쟁채용시험등의응시자격	경력경쟁채용시험등의응시자격
중소기업인력지원특별법	제28조근로자의창업지원등	해당직종과관련분야에서신기술에기반한창업의경우지원
지방공무원수당등에관한규정	제14조특수업무수당(별표9)	특수업무수당지급
지방공무원임용령	제17조경력경쟁임용시험등을통한임용의요건	경력경쟁시험등의임용
지방공무원임용령	제55조의3자격증소지자에대한신규임용시험의특전	6급이하공무원신규임용시필기시험점수가산
지방공무원평정규칙	제23조자격증등의가산점	5급이하공무원연구사및지도사관련가점사항
헌법재판소공무원수당등에관한규칙	제6조특수업무수당(별표2)	특수업무수당 지급구분표
국가기술자격법	제14조국가기술자격취득자에대한우대	국가기술자격취득자우대
국가기술자격법시행규칙	제21조시험위원의자격등(별표16)	시험위원의자격
국가기술자격법시행령	제27조국가기술자격취득자의취업등에대한우대	공공기관등채용시국가기술자격취득자우대
국가를당사자로하는계약에관한법률시행규칙	제7조원가계산을할때단위당가격의기준	노임단가의가산
국회인사규칙	제20조경력경쟁채용등의요건	동종직무에관한자격증소지자에대한경력경쟁채용
군무원인사법시행규칙	제18조채용시험의특전	채용시험의특전
비상대비자원관리법	제2조대상자원의범위	비상대비자원의인력자원범위

□ 필 기

직무분야	경영・회계・사무	중직무분야	경영	자격종목	컨벤션기획사 2급	적용기간	2020. 1. 1 ~ 2024.12.31
○ 직무내용 : 컨벤션기획사 1급 자격자의 지휘 하에 회의기획/운용 관련 제반업무를 수행하는 자로 회의목표 설정, 예산관리, 등록기획, 계약, 협상, 현장관리, 회의평가 업무에 대해 전문적 지식을 갖고 업무를 수행하는 직무이다.							

필기검정방법	객관식	문제수	100	시험시간	2시간 30분

필기 과목명	문제수	주요항목	세부항목	세세항목
컨벤션 산업론	40	1. 컨벤션 산업의 이해	1. 컨벤션 산업의 의의	1. 컨벤션 산업의 개념 2. 컨벤션 산업의 발전과정 3. 컨벤션의 유형별 분류
			2. 컨벤션산업의 구조	1. 컨벤션 주체 및 이해관계자 2. 개최장소 및 시설 3. 서비스 제공자 및 수혜자 분석 4. 컨벤션 산업의 파급효과 5. 컨벤션참가 의사결정
			3. 컨벤션 마케팅의 전략적 기초	1. 컨벤션마케팅의 기본적 이해 2. 컨벤션서비스의 만족도 제고 3. 컨벤션경쟁전략 4. 컨벤션마케팅 계획 수립 5. 컨벤션마케팅 시장조사 6. 컨벤션시장의 포지셔닝 7. 컨벤션마케팅 믹스
			4. 세계 컨벤션산업의 현황과 전망	1. 해외 주요국의 컨벤션산업 현황 2. 컨벤션 관련 주요 국제기구 현황
			5. 우리나라 컨벤션산업의 현황과 육성방향	1. 우리나라 컨벤션 현황 2. 우리나라 컨벤션센터 현황 3. 우리나라 컨벤션 산업의 육성방향 4. 우리나라 컨벤션 산업 관련 법규와 제도(국제회의산업육성에관한법률, 시행령, 시행규칙 등)
		2. 컨벤션 기획 실무	1. 컨벤션 장소선정	1. 개최지 선정과정 2. 개최지 선정기준 3. 개최지 선정전략
			2. 컨벤션 유치 및 기획	1. 컨벤션 유치절차 2. 목표설정 3. 프로그램 디자인 4. 예산 수립 및 운영 5. 컨벤션 유치전담 기관(CVB)

필기 과목명	문제수	주요항목	세부항목	세세항목
			3. 컨벤션 행사운영 및 서비스	1. 등록 2. 숙박 3. 회의와 커뮤니케이션 4. 광고와 홍보 5. 관광 6. 공식·사교행사 7. 통역 8. 수송 9. 식음료 계획 10. 현장운영 11. ICT 솔루션 12. 그린컨벤션(환경적 지속가능성)
			4. 컨벤션 평가	1. 컨벤션서비스의 평가내용 2. 서비스 품질평가 모형 3. 컨벤션서비스 품질의 평가결과 4. 컨벤션서비스 품질 제고 방안
			5. 컨벤션 위기관리	1. 위기와 위기관리의 개념 2. 행사단계별 위기관리 3. 컨벤션의 위기관리 4. 컨벤션의 안전대책 방안
			6. 컨벤션 사후관리	1. 결과보고서 작성 2. 예산집행 결산
		3. 전시·이벤트 실무	1. 전시 산업의 이해	1. 전시 산업의 개념 2. 전시 기획과 실무
			2. 이벤트 산업의 이해	1. 이벤트의 개념과 유형 2. 이벤트의 연출과 운영
호텔 관광 실무론	30	1. 호텔실무	1. 호텔의 기본적 이해	1. 호텔의 발전사 및 현황 2. 호텔의 정의와 분류 3. 호텔의 경영형태 4. 호텔조직에 대한 이해 5. 주요 호텔용어의 이해
			2. 주요 호텔업무	1. 프론트(현관)부문 업무 2. 객실관리부문 업무 3. 식음료 관리부문 업무 4. 연회부대시설부문 업무
		2. 관광실무	1. 관광산업 및 정책의 이해	1. 관광의 기초개념 2. 관광자원 개발 3. 관광사업 경영

필기 과목명	문제수	주요항목	세부항목	세세항목
				4. 관광관련법규 (관광기본법, 관광진흥법, 시행령, 시행규칙)
				5. 여행실무
컨벤션영어	30	1. 어휘 및 문법	1. 어휘의 이해	1. 기본 어휘
				2. 컨벤션 전문 어휘
			2. 문법의 이해	1. 기본 문법
				2. 문법 오류 파악
		2. 독해	1. 상황별 독해	1. 초청, 영접 및 수송
				2. 등록 및 회의
				3. 전시 및 상담
				4. 공식·사교 프로그램
				5. 관광 프로그램
				6. 기타 프로그램
			2. 독해력	1. 문장 이해
				2. 문맥 흐름 및 요지파악
				3. 상황별 어휘선택
		3. 회화	1. 상황별 회화	1. 초청, 영접 및 수송
				2. 등록 및 회의
				3. 전시 및 상담
				4. 공식·사교 프로그램
				5. 관광 프로그램
				6. 기타 프로그램
		4. 각종 문서	1. 문서작성 및 이해	1. 컨벤션 서한
				2. 컨벤션 서류

□ 실 기

직무 분야	경영 · 회계 · 사무	중직무 분야	경영	자격 종목	컨벤션기획사 2급	적용 기간	2020. 1. 1 ~ 2024.12.31

○ 직무내용 : 컨벤션기획사 1급 자격자의 지휘 하에 회의기획/운용 관련 제반업무를 수행하는 자로 회의목표 설정, 예산관리, 등록기획, 계약, 협상, 현장관리, 회의평가 업무에 대해 전문적 지식을 갖고 업무를 수행하는 직무이다.

○ 수행준거 : 1. 행사기본계획을 수립할 수 있다.
2. 행사 세부추진계획을 수립할 수 있다.
3. 영문서신을 작성할 수 있다.
4. 행사의 개요를 영문으로 작성할 수 있다.

실기검정방법	작업형	시험시간	6시간 정도

실기 과목명	주요항목	세부항목	세세항목
컨벤션 실무 (컨벤션 기획 및 실무 제안서작성, 영어 서신작성)	1. 회의참가자 관리	1. 참가자 등록접수 및 관리하기	1. 회의 개최 목표 및 예산계획에 따라 등록접수 계획을 수립할 수 있다.
			2. 등록자를 카테고리별로 구분하고 등록비를 차등 책정할 수 있다.
			3. 조기, 사전, 현장으로 등록 시기를 정할 수 있다.
			4. 온라인, 오프라인 상의 등록접수방법을 정할 수 있다.
			5. 등록 취소, 환불, 변경에 대한 규정을 수립할 수 있다.
			6. 등록접수계획에 따라 등록양식을 제작, 발송할 수 있다.
			7. 사전등록기간 중 등록접수 시 등록자에게는 정해진 기간 내에 등록을 접수하고 등록확인증(confirmation letter) 및 영수증을 발송할 수 있다.
			8. 등록 및 참가에 관한 문의사항에 대응할 수 있다.
			9. 현장등록접수를 위해 현장등록데스크 운영계획을 수립할 수 있다.
			10. 현장운영계획에 따라 등록요원 교육을 실행할 수 있다.
			11. 등록비를 관리하고 미결제 등록자(outstanding)에 대한 방침을 수립할 수 있다.
			12. 등록양식 상의 등록자 정보를 기록한 등록자 데이터베이스를 구축할 수 있다.
			13. 등록비 관리를 위한 별도의 통장을 개설할 수 있다.
			14. 온라인 결제를 위해 결제대행 서비스사 (PG; Payment Gateway)와 별도의 계약을 체결할 수 있다.
		2. 참가자 숙박 예약 및 관리하기	1. 회의 개최 장소로부터 일정거리에 있는 호텔 현황표를 작성할 수 있다.
			2. 회의장 위치, 호텔 수용시설을 고려, 주최 측과 협의 후, 본부 및 서브호텔을 결정하고 호텔과의 계약, 협상을 진행할 수 있다.
			3. 참가자 숙박신청서에 따라 등급별, 가격별, 객실 타입별 호텔 수요를 파악할 수 있다.
			4. 호텔 수요에 따라 객실 블록과 해제 방침을 정할 수 있다.
			5. 참가자 숙박신청에 따라 신청 호텔의 잔여객실 유무를 확인한 후 해당 호텔에 예약하고 호텔에 예치금(deposit)을 인계할 수 있다.

실기 과목명	주요항목	세부항목	세세항목
			6. 예약이 완료되면 예약확인증(confirmation letter)을 참가자에게 발송할 수 있다. 7. 참가자 신청호텔에 잔여객실이 부족한 경우 숙박 가능한 호텔을 파악하여 숙박예약을 완료할 수 있다. 8. 행사 기간 중 호텔에 숙박데스크를 운영하며 참가자의 숙박 수속편의 업무를 제공할 수 있다. 9. 숙박 취소, 노쇼(No Show) 환불 규정을 설정하여 적용할 수 있다.
		3. 참가자 영접 및 의전 관리하기	1. 주최 측과의 협의를 통하여 영접, 의전 대상자를 결정하고 명단을 제작, 관리할 수 있다. 2. 의전 서열에 따라 영접순서를 결정, 실행할 수 있다. 3. 의전 서열에 따라 소개 순서 및 좌석배치를 결정할 수 있다. 4. 영접 및 의전에 필요한 물품을 결정, 준비할 수 있다. 5. VIP룸 설치 및 상황을 수시로 점검할 수 있다. 6. 필요시 영접, 의전대상자에 대한 전담인력을 배치할 수 있다.
		4. 참가자 관광프로그램 관리하기	1. 회의 주제 및 참가자 특성을 고려하여 공식관광, 산업시찰, 동반자프로그램, 대회 전후 관광프로그램을 계획할 수 있다. 2. 사전 등록 기간 중 관광프로그램 참가자를 모집하고, 회의 기간 중 공식여행사가 관광안내데스크를 운영하여 참가자의 문의 및 현장 접수를 받을 수 있다.
		5. 회의 전체 식음료 서비스 관리하기	1. 프로그램 편성표에 맞춰 커피 브레이크, 오찬, 만찬과 같은 식음료행사 일정을 수립할 수 있다. 2. 장소별, 회의 별 특성에 맞춰 식음료 제공 방식을 결정할 수 있다. 3. 등록 인원 및 전차대회 식음료행사 참가비율을 고려하여 식음료행사 참가인원을 산정할 수 있다. 4. 회의 특성, 예산에 따라 식음료별 메뉴를 선정할 수 있다. 5. 참가자 특성에 따라 특이식성 메뉴를 선정할 수 있다. 6. 식사 시간 및 장소에 따라 식음료 서비스 스타일을 결정할 수 있다. 7. 식음료 제공 방식에 따라 서비스 업체를 선정할 수 있다.
	2. 회의참가자 마케팅	1. 회의 참가자 마케팅에 소요되는 제작물 결정하기	1. 마케팅활동계획에 따라 소요되는 브로슈어, 리플릿, 포스터 및 각종 뉴스레터 와 같은 마케팅 인쇄물 및 제작물을 결정할 수 있다.
		2. 회의 참가자마케팅 인쇄물, 제작물 제작 및 발송하기	1. 인쇄물, 제작물 발송을 위한 대상자 명단 및 연락처를 데이터베이스화할 수 있다. 2. 인쇄물, 제작물의 배포 및 설치 계획에 따라 발송

실기 과목명	주요항목	세부항목	세세항목
			또는 설치시기를 결정할 수 있다.
		3. 참가자 프로모션 운영하기	1. 프로모션 계획에 따라 전차대회 참가, ICT기술을 활용한 온라인마케팅, 텔레마케팅과 같은 프로모션 수단 및 활동내용을 결정할 수 있다.
			2. 해외참가자 프로모션을 위해 유관기관으로부터 지원금 또는 지원물품 신청가능유무 및 절차를 확인할 수 있다.
	3. 회의인력 관리	1. 회의 인력계획 수립하기	1. 각 업무별 담당자와의 협의를 통해 필요 인력에 대한 수요를 파악하고 규모 및 구체적 대상을 설정할 수 있다.
			2. 등록, 회의, 사무국, 수송, 영접, 관광과 같은 운영요원과 전문요원에 대한 업무 분장 계획을 수립할 수 있다.
			3. 각 업무 관련 필요한 인력에 관한 리스트를 작성할 수 있다.
		2. 현장운영 모집 및 전문 인력 섭외하기	1. 인력계획에 따라 운영요원 및 전문 인력 선발의 기준을 설정할 수 있다.
		3. 현장운영 인력 교육하기	1. 현장운영 계획에 따라 인력교육 및 운영 계획을 수립할 수 있다.
			2. 사전 교육이후에도 내용을 숙지할 수 있도록, 운영요원 매뉴얼을 작성할 수 있다.
			3. 응급환자 발생 시 행동요령을 교육할 수 있다.
			4. 문제 발생 시 신속한 보고가 될 수 있도록 보고 체계를 조직할 수 있다.
		4. 인력 운영 및 평가하기	1. 각 부문별 운영요원 업무일지를 작성하여 행사 진행 중 발생한 문제점을 확인하고 사무국에 보고할 수 있다.
			2. 운영요원들의 담당업무를 기록하고 공유할 수 있다.
	4. 회의현장 운영 및 관리	1. 회의장 조성하기	1. 회의장 및 부대사무실별 필요 공간 크기를 파악할 수 있다.
			2. 동선별, 크기별 특성을 고려한 회의장 조성 계획을 수립할 수 있다.
			3. 회의장 조성계획에 따라 회의장 및 부대사무실을 배치할 수 있다.
			4. 장애인의 이동 및 인식 편리성을 고려한 배치를 할 수 있다.
			5. 배치 계획 수립 후 시스템 기술자, 장치장식물 조성업체와 함께 현장방문을 통해 계획을 조정 및 확정할 수 있다.
			6. 계획 확정 후 테이블 및 의자, 시스템의 배치도면

실기 과목명	주요항목	세부항목	세세항목
			을 작성할 수 있다. 7. 배치도면 작성 후 행사장 담당자, 시스템 기술자, 장치장식물 조성업체와 함께 조정 및 확정할 수 있다. 8. 개최 일정에 맞춰 세팅 및 철거 일정을 조정할 수 있다.
		2. A/V장비 설치 및 운영하기	1. 리허설을 통하여 배치 변경, 추가 배치 및 작동불량 기자재들이 없는지 확인할 수 있다. 2. 실제 사용한 장비 모델이나 수량 또는 기술자 인원을 파악할 수 있다. 3. 철수시간을 확인하고, 장비나 대관장소의 파손여부를 확인할 수 있다.
		3. 회의 ICT시스템 구축 계획 수립하기	1. 회의 시스템의 구축을 위해 전차 대회의 시스템이나 유사 회의 시스템을 분석할 수 있다. 2. 회의의 규모에 맞춰 어느 정도 기능을 갖춘 회의 시스템이 필요한지 파악할 수 있다. 3. 등록, 숙박, 관광, 학술 시스템 중에서 회의에 사용될 기능들과 사용 언어를 결정할 수 있다.
		4. 회의 ICT시스템 개발 및 구축하기	1. 사전등록과 현장등록을 위한 회의 등록시스템의 내용과 범위를 정의할 수 있다. 2. 학술회의의 경우, 발표자의 초록제출, 논문접수, 현장 발표 자료 제출의 기능을 갖춘 시스템의 내용과 범위를 정의할 수 있다. 3. 신속한 현장진행을 위해서 바코드, RFID를 활용한 참가자의 출입 관리, 명찰제작, 논문접수, 등록확인증 발급을 위한 시스템의 내용과 범위를 정의할 수 있다.
		5. 회의 ICT시스템 운영 및 유지보수하기	1. 회의 시스템을 테스트하고 시스템의 운영상 문제가 없는지 모니터링 할 수 있다. 2. 참가자로부터의 각종 질문들과 예외사항에 대해 응대를 할 수 있다. 3. 온라인 회의 시스템을 사용하는 참가자로부터 문제점이 제기되면, 협력업체에 문의하여 해결할 수 있다. 4. 회의 시스템을 통해서 구축된 데이터베이스를 다운받아, 등록 현황을 파악할 수 있다. 5. 회의 시스템을 통한 개인정보의 유출, 해킹피해를 예방할 수 있도록 준비할 수 있다.

컬러리스트기사
(Engineer Colorist)

◈ 개요

산업경쟁력에서 디자인의 중요성이 커지면서 색채의 중요성도 함께 부각되고, 현장에서 필요한 색채전문 기술인력을 양성하고자 2002년 컬러리스트기사 자격제도를 신설하였다.

◈ 수행업무

컬러리스트기사는 색채에 대한 전문가로서 색채관련 상품기획, 소비자 조사, 색채규정 검토 및 적용, 색채디자인, 색채관리 등 전반에 걸쳐 전문적인 지식과 기술을 습득하고, 색채와 관련된 다른 분야와 협조를 하면서 종합적인 업무를 수행한다. 주로 제품에 대한 색채 연출을 통해 제품의 이미지를 좋게 만들어 부가가치를 높여주는 역할을 담당한다. 색채조사 및 분석, 색채기획, 디자인 관리, 색채검사와 같은 직무를 수행하고, 색채와 문화, 색채 마케팅 등 색채관련 응용능력이 필요한 작업을 행하며, 자문하는 역할도 한다.

◈ 과정평가형 자격제도

① 과정평가형 자격이란 국가직무능력표준(NCS)에 기반하여 일정 요건을 충족하는 교육·훈련 과정을 충실히 이수한 사람에게 내부·외부 평가를 거쳐 일정 합격기준을 충족하는 사람에게 국가기술자격을 부여하는 제도를 말한다.

② 과정평가형 자격취득 가능 종목 : 컬러리스트기사 자격의 검정방식은 기존의 검정형과 과정평가형이 병행하여 운영되고 있다.

◈ 실시기관명 및 홈페이지

한국산업인력공단(http://www.q-net.or.kr)

◈ 시험정보

수수료

- 필기 : 19,400원
- 실기 : 34,000원

◈ 출제경향

색채에 관한 이론지식과 실무능력을 가지고 조사, 분석, 계획, 디자인, 관리 등의 기술업무를 수행할 수 있는 능력을 평가한다.

◈ 출제기준

*별도 파일 삽입(314쪽)

◈ 취득방법

① 응시자격 : 응시자격에는 제한이 있다.

기술자격 소지자	관련학과 졸업자	순수 경력자
• 동일(유사)분야 다른 종목 기사 • 동일종목 외국자격취득자 • 산업기사 + 실무경력 1년 • 기능사 + 실무경력 3년	• 대졸(졸업예정자) • 기사수준의 훈련과정 이수자 • 3년제 전문대졸 + 실무경력 1년 • 2년제 전문대졸 + 2년 • 산업기사수준 훈련과정 이수 + 2년	실무경력 4년(동일, 유사 분야)

※ 관련학과 : 4년제 대학교 이상의 학교에 개설되어 있는 디자인 관련학과

※ 동일직무분야 : 건설 중 건축, 섬유·의복, 인쇄·목재·가구·공예 중 목재 ·가구·공예

② 시험과목

- 필기 1. 색채심리.마케팅 2. 색채디자인 3. 색채관리 4. 색채지각론 5. 색채체계 론
- 실기 : 색채계획 실무

③ 검정방법

- 필기 : 객관식 4지 택일형 과목당 20문항(과목당 30분)
- 실기 : 작업형(6시간 정도)

  [시험1: 1과제_3속성 테스트, 2과제_색채재현및보정(2시간), 시험2: 3과제_감성배색(1시간20분), 시험3: 4과제_색채계획및디자인(2시간20분)]

④ 합격기준

- 필기 : 100점 만점 40점 이상, 전과목 평균 60점 이상
- 실기 : 100점 만점 60점 이상

[기타공지]

컬러리스트기사 실기시험의 표현재료 사용에 대한 안내

*별도파일 삽입(325쪽)

◈ 과정평가형 자격 취득정보

① 이 자격은 과정평가형으로도 취득할 수 있다. 다만, 해당종목을 운영하는 교육훈련기관이 있어야 가능하다.

② 과정평가형 자격은 NCS 능력단위를 기반으로 설계된 교육·훈련과정을 이수한 후 평가를 통해 국가기술 자격을 부여하는 새로운 자격이다.

◈ 년도별 검정현황

종목명	연도	필기			실기		
		응시	합격	합격률(%)	응시	합격	합격률(%)
소 계		68,704	42,748	62.2%	43,762	19,230	43.9%
컬러리스트기사	2020	2,210	1,368	61.9%	1,520	542	35.7%
컬러리스트기사	2019	2,331	1,459	62.6%	1,631	735	45.1%
컬러리스트기사	2018	2,256	1,316	58.3%	1,504	583	38.8%
컬러리스트기사	2017	2,365	1,415	59.8%	1,573	607	38.6%
컬러리스트기사	2016	2,410	1,444	59.9%	1,433	754	52.6%
컬러리스트기사	2015	2,285	1,420	62.1%	1,490	709	47.6%
컬러리스트기사	2014	2,572	1,316	51.2%	1,558	663	42.6%
컬러리스트기사	2013	2,975	1,706	57.3%	1,959	743	37.9%
컬러리스트기사	2012	3,238	2,036	62.9%	2,222	1,042	46.9%
컬러리스트기사	2011	3,253	1,918	59%	2,479	987	39.8%
컬러리스트기사	2010	4,581	2,478	54.1%	2,827	1,180	41.7%
컬러리스트기사	2009	4,309	2,415	56%	2,357	1,301	55.2%
컬러리스트기사	2008	3,316	2,036	61.4%	2,277	1,244	54.6%
컬러리스트기사	2007	3,801	1,968	51.8%	2,848	1,065	37.4%
컬러리스트기사	2006	7,299	4,620	63.3%	4,426	1,843	41.6%
컬러리스트기사	2005	6,238	4,500	72.1%	4,236	1,912	45.1%
컬러리스트기사	2004	5,279	3,419	64.8%	3,779	2,499	66.1%
컬러리스트기사	2003	6,135	4,476	73%	3,643	821	22.5%
컬러리스트기사	2002	1,851	1,438	77.7%	0	0	0%

◈ 자격취득자에 대한 법령상 우대현황

① 본 자료는 종목별 국가기술자격 취득자 우대 법령을 자체 조사한 자료이다.

② 본 자료는 2020년 하반기에 법제처(www.law.go.kr) 홈페이지를 통해 조사하였으며, 법령 개정 시점 등에 따라 변경된 내용이 미반영 될 수 있다.

③ 법령별 세부 우대현황에 대한 적용은 관련법령을 담당하는 부처의 유권해석에 따른다.

④ 조문내역을 클릭하면 해당 법령의 세부정보(국가법령정보센터)를 확인하실 수 있다.

컬러리스트기사 우대현황

우대법령	조문내역	활용내용
공무원수당등에관한규정	제14조특수업무수당(별표11)	특수업무수당지급
공무원임용시험령	제27조경력경쟁채용시험등의응시자격등(별표7,별표8)	경력경쟁채용시험등의응시
공무원임용시험령	제31조자격증소지자등에대한우대(별표12)	6급이하공무원채용시험가산대상자격증
공직자윤리법시행령	제34조취업승인	관할공직자윤리위원회가취업승인을하는경우
공직자윤리법의시행에관한대법원규칙	제37조취업승인신청	퇴직공직자의취업승인요건
공직자윤리법의시행에관한헌법재판소규칙	제20조취업승인	퇴직공직자의취업승인요건
교육감소속지방공무원평정규칙	제23조자격증등의가산점	5급이하공무원,연구사및지도사관련가점사항
국가공무원법	제36조의2채용시험의가점	공무원채용시험응시가점
국가과학기술경쟁력강화를위한이공계지원특별법시행령	제20조연구기획평가사의자격시험	연구기획평가사자격시험일부면제자격

국가과학기술경쟁력강화를위한이공계지원특별법시행령	제2조이공계인력의범위등	이공계지원특별법해당자격
군무원인사법시행령	제10조경력경쟁채용요건	경력경쟁채용시험으로신규채용할수있는경우
군인사법시행규칙	제14조부사관의임용	부사관임용자격
군인사법시행령	제44조전역보류(별표2, 별표5)	전역보류자격
근로자직업능력개발법시행령	제27조직업능력개발훈련을위하여근로자를가르칠수있는사람	직업능력개발훈련교사의정의
근로자직업능력개발법시행령	제28조직업능력개발훈련교사의자격취득(별표2)	직업능력개발훈련교사의자격
근로자직업능력개발법시행령	제38조다기능기술자과정의학생선발방법	다기능기술자과정학생선발방법중정원내특별전형
근로자직업능력개발법시행령	제44조교원등의임용	교원임용시자격증소지자에대한우대
기초연구진흥및기술개발지원에관한법률시행규칙	제2조기업부설연구소등의연구시설및연구전담요원에대한기준	연구전담요원의자격기준
독학에의한학위취득에관한법률시행규칙	제4조국가기술자격취득자에대한시험면제범위등	같은분야응시자에대해교양과정인정시험, 전공기초과정인정시험및전공심화과정인정시험면제
문화산업진흥기본법시행령	제26조기업부설창작연구소등의인력시설등의기준	기업부설창작연구소의창작전담요원인력기준
소재부품전문기업등의육성에관한특별조치법시행령	제14조소재부품기술개발전문기업의지원기준등	소재부품기술개발전문기업의기술개발전담요원
엔지니어링산업진흥법시행령	제33조엔지니어링사업자의신고등(별표3)	엔지니어링활동주체의신고기술인력
엔지니어링산업진흥법시행령	제4조엔지니어링기술자(별표2)	엔지니어링기술자의범위
여성과학기술인육성및지원에관한법률시행령	제2조정의	여성과학기술인의해당요건
옥외광고물등의관리와옥외광고산업진흥에관한법률시행령	제44조옥외광고사업의등록기준및등록절차(별표6)	옥외광고사업의기술능력및시설기준

중소기업인력지원특별법	제28조근로자의창업지원등	해당직종과관련분야에서신기술에기반한창업의경우지원
중소기업창업지원법시행령	제20조중소기업상담회사의등록요건(별표1)	중소기업상담회사가보유하여야하는전문인력기준
중소기업창업지원법시행령	제6조창업보육센터사업자의지원(별표1)	창업보육센터사업자의전문인력기준
지방공무원법	제34조의2신규임용시험의가점	지방공무원신규임용시험시가점
지방공무원수당등에관한규정	제14조특수업무수당(별표9)	특수업무수당지급
지방공무원임용령	제17조경력경쟁임용시험등을통한임용의요건	경력경쟁시험등의임용
지방공무원임용령	제55조의3자격증소지자에대한신규임용시험의특전	6급이하공무원신규임용시필기시험점수가산
지방공무원평정규칙	제23조자격증등의가산점	5급이하공무원연구사및지도사관련가점사항
지방자치단체를당사자로하는계약에관한법률시행규칙	제7조원가계산시단위당가격의기준	노임단가가산
헌법재판소공무원수당등에관한규칙	제6조특수업무수당(별표2)	특수업무수당 지급구분표
국가기술자격법	제14조국가기술자격취득자에대한우대	국가기술자격취득자우대
국가기술자격법시행규칙	제21조시험위원의자격등(별표16)	시험위원의자격
국가기술자격법시행령	제27조국가기술자격취득자의취업등에대한우대	공공기관등채용시국가기술자격취득자우대
국가를당사자로하는계약에관한법률시행규칙	제7조원가계산을할때단위당가격의기준	노임단가의가산
국외유학에관한규정	제5조자비유학자격	자비유학자격
국회인사규칙	제20조경력경쟁채용등의요건	동종직무에관한자격증소지자에대한경력경쟁채용
군무원인사법시행규칙	제18조채용시험의특전	채용시험의특전
군무원인사법시행규칙	제27조가산점(별표6)	군무원승진관련가산점
비상대비자원관리법	제2조대상자원의범위	비상대비자원의인력자원범위

□ 필 기

직무 분야	문화 · 예술 · 디자인 · 방송	중직무 분야	디자인	자격 종목	컬러리스트기사	적용 기간	2018. 7. 1 ~ 2021 .12. 31
○직무내용 : 색채관련 조사, 상품기획, 소비자 조사, 색채표준, 색채디자인, 색채관리 등 종합적 업무를 전문적인 지식과 기술을 통해 상품의 부가가치를 높이는 직무							
필기검정방법	객관식	문제수	100			시험시간	2시간30분

필기과목명	문제수	주요항목	세부항목	세세항목
색채 심리 · 마케팅	20	1. 색채심리	1. 색채의 정서적 반응	1. 색채와 심리 2. 색채의 일반적 반응 3. 색채와 공감각(촉각, 미각, 후각, 청각, 시각) 4. 색채 연상과 상징
			2. 색채와 문화	1. 색채문화사 2. 색채와 자연환경(지역색, 풍토색) 3. 색채와 인문환경(의미와 상징) 4. 색채선호의 원리와 유형
			3. 색채의 기능	1. 색채의 기능 2. 안전과 색채 3. 색채치료
		2. 색채마케팅	1. 색채마케팅의 개념	1. 마케팅의 이해 2. 색채마케팅의 기능
			2. 색채 시장조사	1. 색채 시장조사기법 2. 설문작성 및 수행 3. 정보 및 유행색 수집
			3. 소비자행동	1. 소비자욕구 및 행동분석 2. 생활유형 3. 정보 분석 및 처리 4. 소비자의사결정
			4. 색채마케팅 전략	1. 시장세분화 전략 2. 브랜드색채 전략 3. 색채포지셔닝 4. 색채 Life Cycle

필기과목명	문제수	주요항목	세부항목	세세항목
색채디자인	20	1. 디자인일반	1. 디자인 개요	1. 디자인의 정의 및 목적 2. 디자인의 방법 3. 디자인 용어
			2. 디자인사	1. 조형예술사 2. 근대디자인사 3. 현대디자인사
			3. 디자인성격	1. 디자인의 요소 및 원리 2. 시지각적 특징 3. 디자인의 조건(합목적성, 경제성, 심미성 등) 4. 기타 디자인(유니버셜 디자인, 그린 디자인 등)
		2. 색채디자인계획	1. 색채계획	1. 색채계획의 목적과 정의 2. 색채계획 및 디자인의 프로세스 3. 색채 디자인의 평가 4. 매체의 종류 및 계획
			2. 디자인 영역별 색채계획	1. 환경디자인 2. 실내디자인 3. 패션디자인 4. 미용디자인 5. 시각디자인 6. 제품디자인 7. 멀티미디어디자인 8. 공공디자인 9. 기타 디자인

필기과목명	문제수	주요항목	세부항목	세세항목
색채관리	20	1. 색채와 소재	1. 색채의 원료	1. 염료, 안료의 분류와 특성 2. 색채와 소재의 관계 3. 특수재료 4. 도료와 잉크
			2. 소재의 이해	1. 금속소재 2. 직물소재 3. 플라스틱 소재 4. 목재 및 종이소재 5. 기타 특수소재
			3. 표면처리	1. 재질 및 광택 2. 표면처리기술
		2. 측색	1. 색채측정기	1. 색채측정기의 용도 및 종류, 특성 2. 색채측정기의 구조 및 사용법
			2. 측색	1. 측색원리와 조건 2. 측색방법 3. 측색 데이터 종류와 표기법 4. 색채표준과 소급성 5. 색차관리
		3. 색채와 조명	1. 광원의 이해와 활용	1. 표준 광원의 종류 및 특징 2. 조명방식 3. 색채와 조명의 관계
			2. 육안검색	1. 육안검색방법
		4. 디지털색채	1. 디지털색채의 기초	1. 디지털색채의 정의 및 특징 2. 디지털색채체계 3. 디지털색채 관련 용어 및 기능
			2. 디지털색채시스템 및 관리	1. 입·출력시스템 2. 디스플레이시스템 3. 디지털색채조절 4. 디지털색채관리 (Color Gamut Mapping)
		5. 조색	1. 조색기초	1. 조색의 개요
			2. 조색방법	1. CCM (Computer Color Matching) 2. 컬러런트(Colorant) 3. 육안조색 4. 색역 (Color Gamut)
		6. 색채품질 관리 규정	1. 색에 관한 용어	1. 측광, 측색, 시각에 관한 용어 2. 기타 색에 관한 용어
			2. 색채품질관리 규정	1. KS 색채품질관리 규정 2. ISO/CIE 색채품질관리 규정

필기과목명	문제수	주요항목	세부항목	세세항목
색채지각론	20	1. 색지각의 원리	1. 빛과 색	1. 색의 정의 2. 광원색과 물체색 3. 색채 현상 4. 색의 분류
			2. 색채지각	1. 눈의 구조와 특성 2. 색채자극과 인간의 반응 3. 색채지각설
		2. 색의 혼합	1. 혼색	1. 색채혼합의 원리 2. 가법혼색 3. 감법혼색 4. 중간혼색(병치혼색, 회전혼색 등) 5. 기타 혼색기법
		3. 색채의 감각	1. 색채의 지각적 특성	1. 색의 대비 2. 색의 동화 3. 색의 잔상 4. 기타 지각적 특성
			2. 색채지각과 감정효과	1. 온도감, 중량감, 경연감 2. 진출, 후퇴, 팽창, 수축 3. 주목성, 시인성 4. 기타 감정효과

필기과목명	문제수	주요항목	세부항목	세세항목
색채 체계론	20	1. 색채체계	1. 색채의 표준화	1. 색채표준의 개념 및 발전 2. 현색계, 혼색계 3. 색채표준의 조건 및 속성
			2. CIE(국제조명위원회) 시스템	1. CIE 색채규정 2. CIE 색체계(XYZ, Yxy, L*a*b* 색체계 등)
			3. 먼셀 색체계	1. 먼셀 색체계의 구조, 속성 2. 먼셀 색체계의 활용 및 조화
			4. NCS(Natural Color System)	1. NCS의 구조, 속성 2. NCS의 활용 및 조화
			5. 기타 색체계	1. 오스트발트 색체계 2. PCCS 색체계 3. DIN 색체계 4. RAL 색체계 5. 기타 색체계
		2. 색명	1. 색명체계	1. 색명에 의한 분류 2. 색명법(KS, ISCC-NIST)
		3. 한국의 전통색	1. 한국의 전통색	1. 정색과 간색 2. 한국의 전통색명
		4. 색채조화 이론	1. 색채조화	1. 색채조화와 배색
			2. 색채조화론	1. 쉐브럴의 조화론 2. 저드의 조화론 3. 파버비렌의 조화론 4. 요한네스이텐의 조화론 5. 기타 색채조화론

□ 실 기

직무분야	문화・예술・디자인・방송	중직무분야	디자인	자격종목	컬러리스트기사	적용기간	2018. 7. 1 ~ 2021 .12. 31

○직무내용 : 색채관련 조사, 상품기획, 소비자 조사, 색채표준, 색채디자인, 색채관리 등 종합적 업무를 전문적인 지식과 기술을 통해 상품의 부가가치를 높이는 직무

○수행준거 : 1. 프로젝트를 파악하여 설득력 있는 프로젝트 기획안을 작성할 수 있다.
2. 색채디자인의 콘셉트를 설정할 수 있다.
3. 한국산업표준에 의거한 완성도 높은 시안을 제작할 수 있다.
4. 기준색을 바탕으로 배합방법의 선택 및 조색, 보정 등을 할 수 있다.

실기검정방법	작업형	시험시간	6시간 정도

실기과목명	주요항목	세부항목	세세항목
색채계획실무	1. 색채디자인과제수립	1. 과제분석하기	1. 클라이언트의 제안요청서나 과제 수주를 위한 내·외부 제안서에 따라 과제의 취지와 목적, 내용, 특징을 파악할 수 있다. 2. 클라이언트의 요구조건에 따라 기본적이고 기초적인 정보를 수집할 수 있다. 3. 색채적용 디자인영역에 따라 과제 예상결과물의 특성과 범위를 분석할 수 있다. 4. 분석 자료를 기반으로 향후 발생가능한 문제점을 분석하고 방향성을 검토하여 제안여부를 판단할 수 있다.
		2. 과제제안하기	1. 색채적용 디자인영역별 클라이언트 요구사항과 기초조사 자료 수집을 통하여 과제의 목표와 범위를 설정할 수 있다. 2. 과제의 일정과 기술수준에 따라 추진방법, 프로세스, 진행계획을 수립할 수 있다. 3. 문서작성, 프레젠테이션 프로그램을 활용하여 제안서를 작성할 수 있다.
	2. 색채디자인 요소분석	1. 요구사항 분석하기	1. 수립된 과제를 바탕으로 클라이언트의 요구사항과 조건을 구체적이고 객관적으로 분석할 수 있다. 2. 의뢰인의 기본정보에 따라 라이프스타일, 구매행동 등 의뢰인의 성향과 특성을 분석할 수 있다. 3. 의뢰인과 협의한 요구사항과 조건에 따라 과제의 특성과 핵심적인 내용을 중요도에 따라 분류할 수 있다. 4. 분석 자료와 의뢰인의 요구사항에 따라 과제내용의 문제점을 도출하고 조정 여부를 검토할 수 있다.
		2. 시장환경 조사하기	1. 과제 수립 방향에 따라 시장환경의 조사 방향과 조사 범위를 설정할 수 있다. 2. 설정된 시장조사 범위에 따라 사회, 문화, 경제적 국내/외 시장현황과 관련 정보를 수집할 수 있다. 3. 색채적용 디자인영역별 컬러 아이덴티티, 포지셔닝, 소비자 인지도, SWOT 등 색채디자인 자료를 조사하고 분석할 수 있다. 4. 수집 자료를 바탕으로 경쟁사와 경쟁 디자인의 특징, 장단점과 포지셔닝을 분석할 수 있다. 5. 색채적용 디자인영역에 따라 관련 법규를 조사하고 인허가 기관을 조사할 수 있다.

실기과목명	주요항목	세부항목	세세항목
		3. 컬러트렌드분석하기	1. 유행색 전문기관, 패션정보기관, 대중매체 등을 통해 국내/외 시즌별, 디자인영역별 컬러트렌드를 수집할 수 있다. 2. 과제 수립 방향과 디자인영역에 따라 소재(material)를 수집하고 분류할 수 있다. 3. 분석된 컬러와 소재에 따라 가공(finishing) 기법을 수집하고 분류할 수 있다. 4. 조사된 CMF자료에 따라 종합적인 트렌드를 분석할 수 있다. 5. 분석된 자료를 바탕으로 색채적용 디자인영역에 따라 트렌드 분석보고서를 작성할 수 있다.
		4. 소비자분석하기	1. 수립된 과제의 실제 사용자 범위를 구체적으로 설정하고 타깃에 대한 소비자 구매행동, 라이프스타일, 특징에 관한 정보를 수집하고 분석할 수 있다. 2. 표적 소비자를 대상으로 연령, 지역, 소득, 문화에 따라 색채에 대한 정서적·심리적·상징적 반응을 분석할 수 있다. 3. 소비자를 대상으로 색채에 대한 선호도를 조사하고 분석할 수 있다. 4. 디자인영역별 소비자 감성을 충족시킬 수 있는 색채적 요소를 분석할 수 있다. 5. 수립된 과제의 디자인영역에 따라 색채의 기능성 효과 적용여부를 검토하고 조사/분석할 수 있다.
	3. 색채디자인 기획	1. 콘셉트설정하기	1. 시장조사 분석결과를 바탕으로 과제 내용을 검토하여 목표와 특징을 재설정할 수 있다. 2. 시장조사 분석결과와 문제해결 개선점 반영을 통해 색채디자인 방향성을 도출할 수 있다. 3. 색채디자인 방향 설정에 따라 색채이미지를 포지셔닝할 수 있다. 4. 색채디자인 방향 설정과 경쟁사와의 차별화전략을 반영하여 콘셉트 키워드를 도출할 수 있다.
		2. 콘셉트전개하기	1. 선정된 콘셉트에 따라 색채적용 디자인영역별 이미지를 조사하고 모티브를 수집할 수 있다. 2. 선정된 콘셉트의 효과적인 시각화를 위해 색채적용 디자인영역별 적합한 표현기법을 선택할 수 있다. 3. 디자인영역별 색채의 특성과 차별화를 반영하여 최적의 시각화 표현을 위한 아이디어를 제작할 수 있다. 4. 클라이언트, 소비자의 요구사항과 색채마케팅 전략을 고려하여 최종 아이디어를 선정할 수 있다.
		3. 기획서 작성하기	1. 설정된 콘셉트에 따라 과제의 기본전략과 실행방안을 수립할 수 있다. 2. 설정된 콘셉트에 따라 과제 내용의 시각적 표현 방법을 설정할 수 있다. 3. 설정된 콘셉트에 따라 과제의 특성과 목적이 조형적, 기능적으로 최적화시킬 수 있는 표현 방안을 도출할 수 있다. 4. 종합적인 분석 결과를 바탕으로 색채디자인 기획서를 작성할 수 있다.

실기과목명	주요항목	세부항목	세세항목
	4. 조색	1. 목표색 분석하기	1. 목표색을 구성하고 있는 원색의 종류와 색의 원료, 특성을 분석할 수 있다. 2. 목표색을 구성하고 있는 원색의 혼합량을 분석할 수 있다. 3. 측색계를 이용하여 목표색의 정확한 색채값을 측색할 수 있다. 4. 종합적인 분석결과에 따라 작업지시서를 작성할 수 있다.
		2. 색혼합하기	1. 목표색 분석에 따라 시료색의 색료와 원색을 선택할 수 있다. 2. 과거의 경험을 통해 시료색에 사용할 주된 원색의 혼합비율을 결정할 수 있다. 3. 색료를 혼합하여 목표색과 동일한 시료색을 종이나 천, 기타 적용 소재에 시험 착색하여 조색할 수 있다.
		3. 색채변화 판별하기	1. 혼합하는 색상의 종류에 따라 색채 삼속성을 기준으로 변하는 색감을 예측하고 판별할 수 있다. 2. 혼합하는 색의 혼합량에 따라 색채 삼속성을 기준으로 변하는 색감을 예측하고 판별할 수 있다. 3. 목표색과 시료색을 비교하여 육안으로 색의 일치 여부를 종합적으로 구별할 수 있다.
		4. 조색검사하기	1. 목표색과 시료색의 불일치 정도를 색의 삼속성을 기준으로 평가하여 육안으로 검사할 수 있다. 2. 소재와 관측조건에 따라 목표색과 시료색의 색차허용오차를 결정할 수 있다. 3. 측색계를 활용하여 시료색을 측색할 수 있다. 4. 한도견본을 이용한 육안검사와 측색계를 이용한 검사를 바탕으로 목표색과 시료색의 오차 정도를 평가하고 합격·불합격을 판정할 수 있다.
		5. 조색완성하기	1. 조색 평가 결과에 따라 색의 오차 정도를 파악하고 보정 방향을 결정할 수 있다. 2. 색차 보정 방향에 따라 조색을 조정하거나 최초 공정으로 돌아가 새롭게 조색할 수 있다. 3. 색채의 삼속성 기준에 따라 허용색차 범위 내에서 색의 일치 여부를 재평가하고 검토할 수 있다. 4. 목표색의 설정된 허용색차 범위 내에서 조색을 완성할 수 있다.
	5. 색채품질관리	1. 색채품질관리 계획수립하기	1. 의뢰인 요청과 색채기획 결과를 통해 도출된 작업요청서에 따라 개발 예정인 목표색의 색재, 소재, 성분 등을 파악할 수 있다. 2. 목표색을 관찰하고 삼속성을 기준으로 이미지를 파악할 수 있다. 3. 목표색의 광택을 측정하고 소광제 성분과 혼합량을 분석할 수 있다. 4. 텍스처(texture) 입자의 구성성분과 함량을 분석할 수 있다. 5. 의뢰인의 요구수준에 따라 목표색의 기술수준과 허용색차 범위를 분석할 수 있다. 6. 의뢰인의 요청서에 따라 색채품질관리계획을 수립하고 작업지시서를 작성할 수 있다.

실기과목명	주요항목	세부항목	세세항목
		2. 체크리스트작성하기	1. 작업요청서의 분석에 따라 목표색의 개발 방향성을 설정할 수 있다. 2. 목표색 개발 방향성 설정에 따라 목표색의 정확한 색채값을 측정할 수 있다. 3. 작업요청서와 소재에 따라 규정된 색차 허용 오차 범위를 규정할 수 있다. 4. 목표색 개발 방향성 설정에 따라 색채품질관리 목표 달성도와 개발 범위를 기록한 체크리스트를 작성할 수 있다.
		3. 품질점검실시하기	1. CCM(computer color matching, 컴퓨터 자동배색) 시스템의 원활한 운용을 위해 장비를 점검하고 안전사항 여부를 확인할 수 있다. 2. 색재와 소재에 따라 CCM에 목표색를 구성하는 기초 색료 데이터를 입력할 수 있다. 3. 분광측색계를 활용하여 목표색을 측색할 수 있다. 4. 목표색과의 컬러매칭을 위해 CCM을 활용하여 색료를 처방하고 공급하여 시료색을 채색할 수 있다. 5. 목표색과의 일치 여부를 확인하기 위해 시료색을 측색할 수 있다.
		4. 품질점검평가하기	1. 목표색과 시료색의 색차를 계산할 수 있다. 2. 목표광택과 시료광택의 광택차를 계산할 수 있다. 3. 목표색과 시료색의 불일치 정도를 CIE색공간 좌표를 기준으로 평가할 수 있다. 4. 목표색과 시료색의 불일치 정도를 색의 삼속성을 기준으로 육안 평가할 수 있다. 5. 혼합하는 메탈릭 및 텍스처 입자의 종류에 따라 휘도와 질감을 평가할 수 있다. 6. 체크리스트에 따라 허용색채 범위내에서 육안검색과 분광측색계 활용 검색을 종합적으로 판정하여 합격, 불합격 여부를 판단할 수 있다.
		5. 품질점검완성하기	1. 분광측색계 활용 검색과 육안검색을 병행 평가하여 색채 보정 방향을 결정할 수 있다. 2. 색채 보정 방향에 따라 시료색의 L*a*b*값을 목표색과 비교하여 원색을 선택하고 추가하여 색차를 보정할 수 있다. 3. 체크리스트에 따라 허용색차 범위 내에서 색의 일치 여부를 재평가하고 불합격을 판정받은 경우 상기 과정을 반복 시행할 수 있다. 4. 목표색의 허용색차 범위 내에서 시료석을 완성할 수 있다. 5. 의뢰인에게 제시할 조색 결과보고서를 정리하여 작성할 수 있다.
	6. 배색	1. 색채계획서 작성하기	1. 배색을 적용할 디자인 분야의 목적과 용도에 따라 주조색, 보조색, 강조색을 추출할 수 있다. 2. 배색을 적용할 재질과 소재, 형태를 고려하여 주조색, 보조색, 강조색을 추출할 수 있다. 3. 색의 심리적, 기능적 작용을 고려하여 주조색, 보조색, 강조색을 추출할 수 있다. 4. 색채디자인 콘셉트의 시각적 효과 최적화를 위해 배색기법과 형식을 결정할 수 있다. 5. 색채디자인 콘셉트 설정에 따라 색채계획서를 작성할 수 있다.

실기과목명	주요항목	세부항목	세세항목
		2. 배색조합하기	1. 선정된 주조색, 보조색, 강조색의 면적비례를 고려하여 배색을 조합할 수 있다. 2. 설정된 콘셉트에 따라 배색기법과 형식을 고려하여 배색을 조합할 수 있다. 3. 색채삼속성인 색상, 명도, 채도를 고려하여 배색을 조합할 수 있다. 4. 디자인영역별 색채의 특성과 차별화를 고려하여 배색을 조합할 수 있다. 5. 클라이언트, 소비자의 요구사항과 마케팅 전략을 고려하여 최종적인 배색을 조합할 수 있다.
		3. 배색적용의도작성하기	1. 설정된 콘셉트 이미지를 객관적으로 전달하기 위하여 일상생활에서 쉽게 연상될 수 있는 이미지를 문장으로 서술할 수 있다. 2. 조합한 배색에 따라 콘셉트의 사회·문화·경제적 배경, 디자인 환경 등을 포함한 적용의도를 서술할 수 있다. 3. 조합한 배색을 색상, 명도, 채도 기준으로 배색 포인트를 서술할 수 있다. 4. 설정된 콘셉트에 따라 주조색, 보조색, 강조색의 적용의도를 서술할 수 있다.
		4. 배색 베리에이션 조합하기	1. 설정된 콘셉트를 벗어나지 않고 유지하면서 배색의 다양한 베리에이션(variation)을 구현할 수 있다. 2. 소재와 재질의 특징을 고려하여 배색의 변화를 표현할 수 있다. 3. 색채 적용 디자인 분야에 따라 색의 삼속성 기준의 배색변화를 구현할 수 있다. 4. 생산예정 년도의 트렌드 분석 결과를 바탕으로 배색의 베리에이션을 표현할 수 있다.
	7. 디지털색채 운용	1. 디지털색채 제작하기	1. 디스플레이의 캘리브레이션을 구성하여 프로파일을 적용할 수 있다. 2. 컬러 피커(color picker)를 활용하여 디자인영역별 색채 팔레트를 제작할 수 있다. 3. 디자인영역별 그래픽 소프트웨어를 활용하여 디자인과 색채, 색온도를 보정할 수 있다. 4. 디자인영역별 콘셉트에 따라 디자인의 형태와 질감을 사실적이고 정밀하게 리터치할 수 있다. 5. 프루프 컬러(proof color)를 통해 이미지의 컬러를 시뮬레이션할 수 있다. 6. 선정된 배색 이미지와 색채 이미지를 설명하기 위한 컬러 도서를 작성할 수 있다.
		2. 디지털색채 시뮬레이션하기	1. 디자인영역별 선정된 콘셉트에 따라 그래픽 소프트웨어를 통해 시뮬레이션 공간을 구현할 수 있다. 2. 그래픽 소프트웨어를 활용하여 콘셉트에 맞는 컬러와 재질을 부여할 수 있다. 3. 그래픽 소프트웨어의 조명과 카메라를 활용하여 사실적인 메터리얼을 만들고 표현할 수 있다. 4. 그래픽 디자인에서 감마(gamma)와 환경(environment)의 컬러를 보정할 수 있다. 5. 완성된 시뮬레이션 디자인에 렌더링 소프트웨어를 활용하여 사실적인 이미지를 표현할 수 있다.

실기과목명	주요항목	세부항목	세세항목
		3. 디지털색채 출력하기	1. 출력결과물의 용도에 따라 출력 매체를 선정할 수 있다. 2. 파일 크기와 형식, 이미지 형식, 출력용지에 따라 최적의 효과를 달성할 수 있도록 출력 매체를 선정할 수 있다. 3. 컬러프린터의 컬러특성화 과정을 거쳐 컬러왜곡을 최소화할 수 있다. 4. 컬러매니지먼트 시스템(CMS)을 적용하여 디지털 입력장치와 출력장치의 상호 호환과정에서 발생하는 색차를 보정할 수 있다. 5. ICC 프로파일을 사용하여 입력장치의 데이터와 출력장치의 데이터를 표준데이터로 변환시켜 색차를 조절할 수 있다.
	8. 색채디자인과제완성	1. 색채디자인 제작하기	1. 색채디자인 전개 방법과 절차에 따라 진행된 콘셉트, 아이디어, 이미지 스크랩, 디지털색채를 바탕으로 색채디자인을 제작할 수 있다. 2. 콘셉트에 따라 색채디자인을 구성하는 색채, 이미지, 텍스트를 종합하여 시각적 표현을 제작할 수 있다. 3. 수집된 자료와 설정된 콘셉트에 따라 디자인영역별 색채디자인 시안을 개발할 수 있다. 4. 색채디자인 시안을 바탕으로 전체적인 통일감을 유지하고 부분적인 변화감을 살려 조화롭게 구성할 수 있다.
		2. 색채디자인 검토하기	1. 색채디자인 기획 콘셉트가 분명하고 정확하게 전달되었는지 검토하고 수정할 수 있다. 2. 시장성, 경쟁력, 차별성 등 마케팅전략을 고려하여 색채디자인을 검토하고 수정할 수 있다. 3. 색채디자인의 기능과 역할이 충실하게 수행되었는지 검토할 수 있다.
		3. 색채디자인 완성하기	1. 선정된 최종 색채디자인의 디테일을 총체적으로 마무리하고 정리하여 완성할 수 있다. 2. 최종 색채디자인을 적용할 생산 매체에 따라 소재와 재질을 결정할 수 있다. 3. 최종 색채디자인을 출력하여 인쇄 및 출력에 따른 결과물을 점검하고 완성할 수 있다
	9. 색채디자인 사후관리	1. 결과보고서 작성하기	1. 과제 기획부터 완성까지 색채디자인 전개 단계별 도출된 자료를 정리하여 문서화할 수 있다. 2. 정리된 문서에 따라 클라이언트에게 제시할 내용을 편집하여 결과보고서를 작성할 수 있다.
		2. 과제결과물 사후관리하기	1. 완료된 결과보고서를 쉽게 파악할 수 있도록 규격화, 단순화시켜 목록으로 분류하여 데이터화 할 수 있다. 2. 완료된 색채디자인 과제결과물을 시안별로 분류하고 해당 데이터를 디지털화하여 관리할 수 있다.

컬러리스트기사 실기시험의 표현재료 사용에 대한 안내

<table>
<tr><th colspan="2">교시 및 과제</th><th>사용가능재료</th><th>지참가능</th><th>지참불가</th></tr>
<tr><td rowspan="2">시험1</td><td>1과제 : 삼속성테스트</td><td rowspan="2">• 포스터컬러 12색
(흑 · 백 포함)</td><td rowspan="4">• 그레이 스케일
(명도자)</td><td rowspan="4">• 참고서적, 한국표준색표집, 먼셀북 등 이와 유사한 형태와 내용으로 되어 있는 것
• 배색방법, 색채이미지 등 목적에 맞게 분류해 온 것
• 색지에 포함된 색지 외 시험에 단서를 제공할 수 있는 설명서 등
• 색지를 조각으로 사전에 재단하여 온 경우</td></tr>
<tr><td>2과제 : 색채재현 및 보정</td></tr>
<tr><td>시험2</td><td>3과제 : 감성배색</td><td>• 포스터컬러 12색
(흑 · 백 포함)
• 색지재료
• 기타 표현재료
※ 임의 선택 또는 병용 사용 가능</td></tr>
<tr><td>시험3</td><td>4과제 : 색채 계획
및 디자인</td><td>• 컴퓨터 사용(한글, 포토샵 프로그램)
• 작업 시 색지참조가능</td></tr>
</table>

*** 마스크는 지참은 불가하지만 시험 중 수험자가 만들어서 사용할 수 있습니다.**

* 마스크의 예) 색을 정확하게 보기위해 켄트지에 네모 창을 뚫어 색지 위에 올려서 보는 것

시험2(3과제 감성배색)에 사용할 수 있는 색지재료에 대한 정의

<table>
<tr><th></th><th>정 의</th><th>비고</th></tr>
<tr><td rowspan="2">사용
가능</td><td>• <u>매 장마다 단색(1개의 색)면으로 되어 있으며, 소모할 수 있는 것</u>으로 낱장 또는 묶음으로 되어 있는 것</td><td rowspan="2">※ 사용 가능한 색지재료에 표시(작성)되어 있는 고유색지번호, 색배합 비율, 색상기호, 색명, 톤의 표시 등은 허용함.</td></tr>
<tr><td>예)1) COLORS 120, 환경색채계획100색표, KS 표준색 155 등
2) 각종 페인트회사 등의 컬러 가이드 중 매 장마다 단색(1개의 색)면으로 되어 있는 것
3) 한국표준잉크배합색표집(KSI), DIC, PANTONE 중 매 장마다 단색(1개의 색)면으로 되어 있는 것
4) 수험자가 제작하여 온 단색지</td></tr>
<tr><td>사용
불가</td><td colspan="2">• 배색 방법(톤인톤, 톤온톤, 토널 등) 및 색채 이미지(클래식, 로맨틱, 모던 등) 등 목적에 맞게 분류하여 온 것
• 문제의 답안 사이즈 등 색 조각으로 재단하여 온 것
• 색지에 포함된 색지 외 시험에 단서를 제시할 수 있는 설명서 등
예) KS표준색 155색의 경우 :(KS표준색 C&D155 색표가이드 일러두기) 전체를 제거한 후 사용
- 155a(작은 사이즈) : 부록(KS표준색 C&D155 색표 가이드 일러두기)은 지참불가
- 155b(큰 사이즈) : 묶음 중 색지부분만 사용가능</td></tr>
</table>

※ 본 시험은 분리과제 종목으로 점심시간에는 관련서적보기, 외부식사를 허용합니다.

컬러리스트산업기사

(Industrial Engineer Colorist)

◈ 개요

산업경쟁력에 있어서 디자인의 중요성이 크게 부각되면서 색채의 중요성도 함께 부각되고 있으며 환경, 군사전략, 의료, 원예 관리, 토양검사, 유물의 보존, 소재 개발, 감성 개발, 물성 측정, 교통안전 등 많은 분야에서 색채전문가 필요성도 커지고 있어 현장에서 필요한 전문기술인력을 양성하고자 컬러리스트산업기사 자격제도를 신설하였다.

◈ 수행업무

① 컬러리스트산업기사는 색채에 대한 전문가로서 색채관련 상품기획, 소비자 조사, 색채규정 검토 및 적용, 색채디자인, 색채관리 등 전반에 걸쳐 전문적인 지식과 기술을 습득하고, 색채와 관련된 다른 분야와 협조를 하면서 종합적인 업무를 수행한다.

② 과정평가형 자격취득 가능 종목 : 컬러리스트산업기사 자격의 검정방식은 기존의 검정형과 과정평가형이 병행하여 운영되고 있다.

◈ 실시기관명 및 홈페이지

한국산업인력공단(http://www.q-net.or.kr)

◈ 시험정보

수수료

- 필기 : 19,400원
- 실기 : 33,000원

◈ 출제경향

색채에 관한 이론지식과 실무능력을 가지고 조사, 분석, 계획, 디자인, 관리 등의 기술업무를 수행할 수 있는 능력을 평가한다.

◈ 출제기준

별도 파일 삽입(334쪽)

◈ 취득방법

① 응시자격 : 응시자격에는 제한이 있다.

기술자격 소지자	관련학과 졸업자	순수 경력자
· 동일(유사)분야 산업 기사 · 기능사 + 1년 · 동일종목외 외국자격취득자 · 기능경기대회 입상	· 전문대졸(졸업예정자) · 산업기사수준의 훈련과정 이수자	· 2년(동일, 유사 분야)

※ 관련학과 : 전문대학 이상의 학교에 개설되어 있는 디자인 관련학과

※ 동일직무분야 : 건설 중 건축, 섬유·의복, 인쇄·목재·가구·공예 중 목재·가구·공예

② 시험과목

- 필기: 1. 색채심리 2. 색채디자인 3. 색채관리 4. 색채지각의 이해 5. 색채체계의 이해
- 실기 : 색채계획 실무

③ 검정방법

- 필기 : 객관식 4지 택일형, 과목당 20문항(과목당 30분)
- 실기 : 작업형(5시간 정도)

④ 합격기준

- 필기 : 100점을 만점으로 하여 과목당 40점 이상, 전과목 평균 60

점 이상.

- 실기 : 100점을 만점으로 하여 60점 이상.

  [시험1: 2시간 30분(1과제_3속성 테스트, 2과제_색채재현및보정),

  시험2: 2시간30분 (감성배색)

[기타공지]

컬러리스트산업기사 실기시험의 표현재료 사용에 대한 안내

*<u>*별도파일 삽입(345쪽)*</u>*

◈ 과정평가형 자격 취득정보

① 이 자격은 과정평가형으로도 취득할 수 있다. 다만, 해당종목을 운영하는 교육훈련기관이 있어야 가능하다.

② 과정평가형 자격은 NCS 능력단위를 기반으로 설계된 교육·훈련과정을 이수한 후 평가를 통해 국가기술 자격을 부여하는 새로운 자격이다.

◈ 년도별 검정현황

종목명	연도	필기			실기		
		응시	합격	합격률(%)	응시	합격	합격률(%)
소 계		88,790	53,606	60.4%	50,576	27,043	53.5%
컬러리스트산업기사	2020	2,056	1,404	68.3%	1,397	607	43.5%
컬러리스트산업기사	2019	2,581	1,407	54.5%	1,519	676	44.5%
컬러리스트산업기사	2018	2,496	1,503	60.2%	1,532	836	54.6%
컬러리스트산업기사	2017	3,201	1,866	58.3%	2,009	1,017	50.6%
컬러리스트산업기사	2016	3,636	2,437	67%	2,273	1,094	48.1%
컬러리스트산업기사	2015	3,806	1,949	51.2%	2,064	1,202	58.2%

컬러리스트산업기사	2014	4,363	2,484	56.9%	2,728	1,316	48.2%
컬러리스트산업기사	2013	4,958	2,595	52.3%	2,878	1,292	44.9%
컬러리스트산업기사	2012	5,913	3,412	57.7%	3,175	1,460	46%
컬러리스트산업기사	2011	5,409	3,044	56.3%	3,191	1,728	54.2%
컬러리스트산업기사	2010	6,422	4,166	64.9%	3,639	1,875	51.5%
컬러리스트산업기사	2009	6,482	3,469	53.5%	3,384	2,532	74.8%
컬러리스트산업기사	2008	5,339	3,130	58.6%	3,696	1,869	50.6%
컬러리스트산업기사	2007	6,045	3,886	64.3%	4,468	1,943	43.5%
컬러리스트산업기사	2006	8,972	5,836	65%	4,674	1,971	42.2%
컬러리스트산업기사	2005	6,702	4,429	66.1%	3,442	2,464	71.6%
컬러리스트산업기사	2004	4,963	3,572	72%	2,789	2,238	80.2%
컬러리스트산업기사	2003	4,037	2,291	56.8%	1,718	923	53.7%
컬러리스트산업기사	2002	1,409	726	51.5%	0	0	0%

◈ 자격취득자에 대한 법령상 우대현황

① 본 자료는 종목별 국가기술자격 취득자 우대 법령을 자체 조사한 자료이다.

② 본 자료는 2020년 하반기에 법제처(www.law.go.kr) 홈페이지를 통해 조사하였으며, 법령 개정 시점 등에 따라 변경된 내용이 미반영 될 수 있다.

③ 법령별 세부 우대현황에 대한 적용은 관련법령을 담당하는 부처의 유권해석에 따른다.

④ 조문내역을 클릭하면 해당 법령의 세부정보(국가법령정보센터)를 확인하실 수 있다.

컬러리스트산업기사 우대현황

우대법령	조문내역	활용내용
공무원수당등에관한규정	제14조특수업무수당(별표11)	특수업무수당지급
공무원임용시험령	제27조경력경쟁채용시험등의응시자격등(별표7,별표8)	경력경쟁채용시험등의응시
공무원임용시험령	제31조자격증소지자등에대한우대(별표12)	6급이하공무원채용시험가산대상자격증
공직자윤리법시행령	제34조취업승인	관할공직자윤리위원회가취업승인을하는경우
공직자윤리법의시행에관한대법원규칙	제37조취업승인신청	퇴직공직자의취업승인요건
공직자윤리법의시행에관한헌법재판소규칙	제20조취업승인	퇴직공직자의취업승인요건
교육감소속지방공무원평정규칙	제23조자격증등의가산점	5급이하공무원,연구사및지도사관련가점사항
국가공무원법	제36조의2채용시험의가점	공무원채용시험응시가점
국가과학기술경쟁력강화를위한이공계지원특별법시행령	제20조연구기획평가사의자격시험	연구기획평가사자격시험일부면제자격
국가과학기술경쟁력강화를위한이공계지원특별법시행령	제2조이공계인력의범위등	이공계지원특별법해당자격
군무원인사법시행령	제10조경력경쟁채용요건	경력경쟁채용시험으로신규채용할수있는경우
군인사법시행규칙	제14조부사관의임용	부사관임용자격
군인사법시행령	제44조전역보류(별표2,별표5)	전역보류자격
근로자직업능력개발법시행령	제27조직업능력개발훈련을위하여근로자를가르칠수있는사람	직업능력개발훈련교사의정의
근로자직업능력개발법시행령	제28조직업능력개발훈련교사의자격취득(별표2)	직업능력개발훈련교사의자격
근로자직업능력개발법시	제38조다기능기술자과정	다기능기술자과정학생선발방법중정원내특

항령	의학생선발방법	별전형
근로자직업능력개발법시행령	제44조교원등의임용	교원임용시자격증소지자에대한우대
기초연구진흥및기술개발지원에관한법률시행규칙	제2조기업부설연구소등의연구시설및연구전담요원에대한기준	연구전담요원의자격기준
독학에의한학위취득에관한법률시행규칙	제4조국가기술자격취득자에대한시험면제범위등	같은분야응시자에대해교양과정인정시험,전공기초과정인정시험및전공심화과정인정시험면제
엔지니어링산업진흥법시행령	제33조엔지니어링사업자의신고등(별표3)	엔지니어링활동주체의신고기술인력
엔지니어링산업진흥법시행령	제4조엔지니어링기술자(별표2)	엔지니어링기술자의범위
여성과학기술인육성및지원에관한법률시행령	제2조정의	여성과학기술인의해당요건
연구직및지도직공무원의임용등에관한규정	제26조의2채용시험의특전(별표6,별표7)	연구사및지도사공무원채용시험시가점
옥외광고물등의관리와옥외광고산업진흥에관한법률시행령	제44조옥외광고사업의등록기준및등록절차(별표6)	옥외광고사업의기술능력및시설기준
중소기업인력지원특별법	제28조근로자의창업지원등	해당직종과관련분야에서신기술에기반한창업의경우지원
지방공무원법	제34조의2신규임용시험의가점	지방공무원신규임용시험시가점
지방공무원수당등에관한규정	제14조특수업무수당(별표9)	특수업무수당지급
지방공무원임용령	제17조경력경쟁임용시험등을통한임용의요건	경력경쟁시험등의임용
지방공무원임용령	제55조의3자격증소지자에대한신규임용시험의특전	6급이하공무원신규임용시필기시험점수가산
지방공무원평정규칙	제23조자격증등의가산점	5급이하공무원연구사및지도사관련가점사항
지방자치단체를당사자로하는계약에관한법률시행규칙	제7조원가계산시단위당가격의기준	노임단가가산
헌법재판소공무원수당등	제6조특수업무수당(별표	특수업무수당 지급구분표

에관한규칙	2)	
국가기술자격법	제14조국가기술자격취득자에대한우대	국가기술자격취득자우대
국가기술자격법시행규칙	제21조시험위원의자격등(별표16)	시험위원의자격
국가기술자격법시행령	제27조국가기술자격취득자의취업등에대한우대	공공기관등채용시국가기술자격취득자우대
국가를당사자로하는계약에관한법률시행규칙	제7조원가계산을할때단위당가격의기준	노임단가의가산
국외유학에관한규정	제5조자비유학자격	자비유학자격
국회인사규칙	제20조경력경쟁채용등의요건	동종직무에관한자격증소지자에대한경력경쟁채용
군무원인사법시행규칙	제18조채용시험의특전	채용시험의특전
군무원인사법시행규칙	제27조가산점(별표6)	군무원승진관련가산점
비상대비자원관리법	제2조대상자원의범위	비상대비자원의인력자원범위

□ 필 기

직무 분야	문화·예술·디자인·방송	중직무 분야	디자인	자격 종목	컬러리스트산업기사	적용 기간	2018. 7. 1 ~ 2021 .12. 31

○직무내용 : 색채관련 조사, 색채표준, 색채디자인, 색채관리 등 색채분야 업무의 기초적인 지식과 기술을 바탕으로 수행하는 직무

필기검정방법	객관식	문제수	100	시험시간	2시간30분

필기과목명	문제수	주요항목	세부항목	세세항목
색채 심리	20	1. 색채심리	1. 색채의 정서적 반응	1. 색채와 심리 2. 색채의 일반적 반응 3. 색채와 공감각(촉각, 미각, 후각, 청각, 시각)
			2. 색채의 연상, 상징	1. 색채의 연상 2. 색채의 상징
			3. 색채와 문화	1. 색채와 자연환경(지역색, 풍토색) 2. 색채와 인문환경(의미와 상징) 3. 색채 선호의 원리와 유형
			4. 색채의 기능	1. 색채의 기능 2. 안전과 색채 3. 색채치료
		2. 색채마케팅	1. 색채마케팅의 개념	1. 마케팅의 이해 2. 색채마케팅의 기능 3. 소비자행동 4. 색채마케팅 전략

필기과목명	문제수	주요항목	세부항목	세세항목
색채디자인	20	1. 디자인일반	1. 디자인 개요	1. 디자인의 정의 및 목적 2. 디자인의 방법 3. 디자인 용어
			2. 디자인사	1. 근대 디자인사 2. 현대 디자인사
			3. 디자인성격	1. 디자인의 요소 및 원리 2. 디자인의 조건 (합목적성, 경제성, 심미성 등) 3. 기타 디자인 (유니버셜 디자인, 그린 디자인 등)
		2. 색채디자인계획	1. 색채계획	1. 색채계획의 목적과 정의 2. 색채계획 및 디자인의 프로세스
			2. 디자인 영역별 색채계획	1. 환경디자인 2. 실내디자인 3. 패션디자인 4. 미용디자인 5. 시각디자인 6. 제품디자인 7. 멀티미디어디자인 8. 공공디자인 9. 기타 디자인

필기과목명	문제수	주요항목	세부항목	세세항목
색채관리	20	1. 색채와 소재	1. 색채의 원료	1. 염료, 안료의 분류와 특성 2. 색채와 소재의 관계 3. 특수재료 4. 도료와 잉크
			2. 소재	1. 금속소재 2. 직물소재 3. 플라스틱 소재 4. 목재 및 종이소재 5. 기타 특수소재
		2. 측색	1. 색채측정기	1. 색채측정기의 용도 및 종류, 특성 2. 색채측정기의 구조 및 사용법
			2. 측색	1. 측색원리와 조건 2. 측색방법 3. 측색 데이터 종류와 표기법 4. 색차관리
		3. 색채와 조명	1. 광원의 이해	1. 표준 광원의 종류 및 특징 2. 조명방식 3. 색채와 조명의 관계
			2. 육안검색	1. 육안검색방법
		4. 디지털색채	1. 디지털색채의 기초	1. 디지털색채의 이해 2. 디지털색채체계 3. 디지털색채 관련 용어 및 기능
			2. 디지털색채시스템 및 관리	1. 입・출력시스템 2. 디스플레이시스템 3. 디지털색채조절 4. 디지털색채관리(Color Gamut Mapping)
		5. 조색	1. 조색기초	1. 조색의 개요
			2. 조색방법	1. CCM (Computer Color Matching) 2. 컬러런트(Colorant) 3. 육안조색 4. 색역 (Color Gamut)
		6. 색채품질 관리 규정	1. 색에 관한 용어	1. 측광, 측색, 시각에 관한 용어 2. 기타 색에 관한 용어
			2. 색채품질관리 규정	1. KS 색채품질관리 규정 2. ISO/CIE 색채품질관리 규정

필기과목명	문제수	주요항목	세부항목	세세항목
색채 지각의 이해	20	1. 색지각의 원리	1. 빛과 색	1. 색의 정의 2. 광원색과 물체색 3. 색채 현상
			2. 색채지각	1. 눈의 구조와 특성 2. 색채자극과 인간의 반응 3. 색채지각설
		2. 색의 혼합	1. 색의 혼합	1. 색채혼합의 원리 2. 가법혼색 3. 감법혼색 4. 중간혼색(병치혼색, 회전혼색 등) 5. 기타 혼색기법
		3. 색채의 감각	1. 색채의 지각적 특성	1. 색의 대비 2. 색의 동화 3. 색의 잔상 4. 기타 지각적 특성
			2. 색채지각과 감정효과	1. 온도감, 중량감, 경연감 2. 진출, 후퇴, 팽창, 수축 3. 주목성, 시인성 4. 기타 감정효과

필기과목명	문제수	주요항목	세부항목	세세항목
색채 체계의 이해	20	1. 색채체계	1. 색채의 표준화	1. 색채표준의 개념 및 조건 2. 현색계, 혼색계
			2. CIE(국제조명위원회) 시스템	1. CIE 색채규정 2. CIE 색체계(XYZ, Yxy, L*a*b* 색체계 등)
			3. 먼셀 색체계	1. 먼셀 색체계의 구조, 속성 2. 먼셀 색체계의 활용 및 조화
			4. NCS (Natural Color System)	1. NCS의 구조, 속성 2. NCS의 활용 및 조화
			5. 기타 색체계	1. 오스트발트 색체계 2. PCCS 색체계 3. DIN 색체계 4. RAL 색체계 5. 기타 색체계
		2. 색명	1. 색명체계	1. 색명에 의한 분류 2. 색명법(KS, ISCC-NIST) 3. 한국의 전통색
		3. 색채조화 및 배색	1. 색채조화론	1. 색채조화의 목적 2. 전통적 조화론(쉐브럴, 저드, 파버비렌, 요한네스이텐)
			2. 배색 효과	1. 배색의 분리효과 2. 강조색배색의 효과 3. 연속배색의 효과 4. 반복배색의 효과 5. 기타 배색 효과

□ 실 기

직무 분야	문화·예술·디자인·방송	중직무 분야	디자인	자격 종목	컬러리스트산업기사	적용 기간	2018. 7. 1 ~ 2021 .12. 31

○직무내용 : 색채관련 조사, 색채표준, 색채디자인, 색채관리 등 색채분야 업무의 기초적인 지식과 기술을 바탕으로 수행하는 직무

○수행준거 : 1. 색채디자인의 콘셉트를 설정할 수 있다.
2. 한국산업표준에 의거한 완성도 높은 시안을 제작할 수 있다.
3. 기준색을 바탕으로 배합방법의 선택 및 조색, 보정 등을 할 수 있다.

실기검정방법	작업형	시험시간	5시간 정도

실기과목명	주요항목	세부항목	세세항목
색채계획실무	1. 색채디자인 요소분석	1. 요구사항분석하기	1. 수립된 과제를 바탕으로 클라이언트의 요구사항과 조건을 구체적이고 객관적으로 분석할 수 있다. 2. 의뢰인의 기본정보에 따라 라이프스타일, 구매행동 등 의뢰인의 성향과 특성을 분석할 수 있다. 3. 의뢰인과 협의한 요구사항과 조건에 따라 과제의 특성과 핵심적인 내용을 중요도에 따라 분류할 수 있다. 4. 분석 자료와 의뢰인의 요구사항에 따라 과제내용의 문제점을 도출하고 조정 여부를 검토할 수 있다.
		2. 시장환경 조사하기	1. 과제 수립 방향에 따라 시장환경의 조사 방향과 조사 범위를 설정할 수 있다. 2. 설정된 시장조사 범위에 따라 사회, 문화, 경제적 국내/외 시장현황과 관련 정보를 수집할 수 있다. 3. 색채적용 디자인영역별 컬러 아이덴티티, 포지셔닝, 소비자 인지도, SWOT 등 색채디자인 자료를 조사하고 분석할 수 있다. 4. 수집 자료를 바탕으로 경쟁사와 경쟁 디자인의 특징, 장단점과 포지셔닝을 분석할 수 있다. 5. 색채적용 디자인영역에 따라 관련 법규를 조사하고 인허가 기관을 조사할 수 있다.
		3. 컬러트렌드분석하기	1. 유행색 전문기관, 패션정보기관, 대중매체 등을 통해 국내/외 시즌별, 디자인영역별 컬러트렌드를 수집할 수 있다. 2. 과제 수립 방향과 디자인영역에 따라 소재(material)를 수집하고 분류할 수 있다. 3. 분석된 컬러와 소재에 따라 가공(finishing) 기법을 수집하고 분류할 수 있다. 4. 조사된 CMF자료에 따라 종합적인 트렌드를 분석할 수 있다. 5. 분석된 자료를 바탕으로 색채적용 디자인영역에 따라 트렌드 분석보고서를 작성할 수 있다.

실기과목명	주요항목	세부항목	세세항목
		4. 소비자분석하기	1. 수립된 과제의 실제 사용자 범위를 구체적으로 설정하고 타깃에 대한 소비자 구매행동, 라이프스타일, 특징에 관한 정보를 수집하고 분석할 수 있다. 2. 표적 소비자를 대상으로 연령, 지역, 소득, 문화에 따라 색채에 대한 정서적·심리적·상징적 반응을 분석할 수 있다. 3. 소비자를 대상으로 색채에 대한 선호도를 조사하고 분석할 수 있다. 4. 디자인영역별 소비자 감성을 충족시킬 수 있는 색채적 요소를 분석할 수 있다. 5. 수립된 과제의 디자인영역에 따라 색채의 기능성 효과 적용여부를 검토하고 조사/분석할 수 있다.
	2. 조색	1. 목표색 분석하기	1. 목표색을 구성하고 있는 원색의 종류와 색의 원료, 특성을 분석할 수 있다. 2. 목표색을 구성하고 있는 원색의 혼합량을 분석할 수 있다. 3. 측색계를 이용하여 목표색의 정확한 색채값을 측색할 수 있다. 4. 종합적인 분석결과에 따라 작업지시서를 작성할 수 있다.
		2. 색혼합하기	1. 목표색 분석에 따라 시료색의 색료와 원색을 선택할 수 있다. 2. 과거의 경험을 통해 시료색에 사용할 주된 원색의 혼합 비율을 결정할 수 있다. 3. 색료를 혼합하여 목표색과 동일한 시료색을 종이나 천, 기타 적용 소재에 시험 착색하여 조색할 수 있다.
		3. 색채변화 판별하기	1. 혼합하는 색상의 종류에 따라 색채 삼속성을 기준으로 변하는 색감을 예측하고 판별할 수 있다. 2. 혼합하는 색의 혼합량에 따라 색채 삼속성을 기준으로 변하는 색감을 예측하고 판별할 수 있다. 3. 목표색과 시료색을 비교하여 육안으로 색의 일치여부를 종합적으로 구별할 수 있다.
		4. 조색검사하기	1. 목표색과 시료색의 불일치 정도를 색의 삼속성을 기준으로 평가하여 육안으로 검사할 수 있다. 2. 소재와 관측조건에 따라 목표색과 시료색의 색차 허용오차를 결정할 수 있다. 3. 측색계를 활용하여 시료색을 측색할 수 있다. 4. 한도견본을 이용한 육안검사와 측색계를 이용한 검사를 바탕으로 목표색과 시료색의 오차 정도를 평가하고 합격·불합격을 판정할 수 있다.

실기과목명	주요항목	세부항목	세세항목
		5. 조색완성하기	1. 조색 평가 결과에 따라 색의 오차 정도를 파악하고 보정 방향을 결정할 수 있다. 2. 색차 보정 방향에 따라 조색을 조정하거나 최초 공정으로 돌아가 새롭게 조색할 수 있다. 3. 색채의 삼속성 기준에 따라 허용색차 범위 내에서 색의 일치 여부를 재평가하고 검토할 수 있다. 4. 목표색의 설정된 허용색차 범위 내에서 조색을 완성할 수 있다.
	3. 색채품질관리	1. 색채품질관리 계획수립하기	1. 의뢰인 요청과 색채기획 결과를 통해 도출된 작업요청서에 따라 개발 예정인 목표색의 색재, 소재, 성분 등을 파악할 수 있다. 2. 목표색을 관찰하고 삼속성을 기준으로 이미지를 파악할 수 있다. 3. 목표색의 광택을 측정하고 소광제 성분과 혼합량을 분석할 수 있다. 4. 텍스처(texture) 입자의 구성성분과 함량을 분석할 수 있다. 5. 의뢰인의 요구수준에 따라 목표색의 기술수준과 허용색차 범위를 분석할 수 있다. 6. 의뢰인의 요청서에 따라 색채품질관리계획을 수립하고 작업지시서를 작성할 수 있다.
		2. 체크리스트작성하기	1. 작업요청서의 분석에 따라 목표색의 개발 방향성을 설정할 수 있다. 2. 목표색 개발 방향성 설정에 따라 목표색의 정확한 색채값을 측정할 수 있다. 3. 작업요청서와 소재에 따라 규정된 색차 허용 오차 범위를 규정할 수 있다. 4. 목표색 개발 방향성 설정에 따라 색채품질관리 목표 달성도와 개발 범위를 기록한 체크리스트를 작성할 수 있다.
		3. 품질점검실시하기	1. CCM(computer color matching, 컴퓨터 자동배색) 시스템의 원활한 운용을 위해 장비를 점검하고 안전사항 여부를 확인할 수 있다. 2. 색재와 소재에 따라 CCM에 목표색를 구성하는 기초 색료 데이터를 입력할 수 있다. 3. 분광측색계를 활용하여 목표색을 측색할 수 있다. 4. 목표색과의 컬러매칭을 위해 CCM을 활용하여 색료를 처방하고 공급하여 시료색을 채색할 수 있다. 5. 목표색과의 일치 여부를 확인하기 위해 시료색을 측색할 수 있다.
		4. 품질점검평가하기	1. 목표색과 시료색의 색차를 계산할 수 있다. 2. 목표광택과 시료광택의 광택차를 계산할 수 있다. 3. 목표색과 시료색의 불일치 정도를 CIE색공간 좌표를 기준으로 평가할 수 있다. 4. 목표색과 시료색의 불일치 정도를 색의 삼속성을 기준으로 육안 평가할 수 있다. 5. 혼합하는 메탈릭 및 텍스처 입자의 종류에 따라 휘도와 질감을 평가할 수 있다. 6. 체크리스트에 따라 허용색채 범위내에서 육안검색과 분광측색계 활용 검색을 종합적으로 판정하여 합격, 불합격 여부를 판단할 수 있다.

실기과목명	주요항목	세부항목	세세항목
		5. 품질점검완성하기	1. 분광측색계 활용 검색과 육안검색을 병행 평가하여 색채 보정 방향을 결정할 수 있다. 2. 색채 보정 방향에 따라 시료색의 L*a*b*값을 목표색과 비교하여 원색을 선택하고 추가하여 색차를 보정할 수 있다. 3. 체크리스트에 따라 허용색차 범위 내에서 색의 일치 여부를 재평가하고 불합격을 판정받은 경우 상기 과정을 반복 시행할 수 있다. 4. 목표색의 허용색차 범위 내에서 시료색을 완성할 수 있다. 5. 의뢰인에게 제시할 조색 결과보고서를 정리하여 작성할 수 있다.
	4. 배색	1. 색채계획서작성하기	1. 배색을 적용할 디자인 분야의 목적과 용도에 따라 주조색, 보조색, 강조색을 추출할 수 있다. 2. 배색을 적용할 재질과 소재, 형태를 고려하여 주조색, 보조색, 강조색을 추출할 수 있다. 3. 색의 심리적, 기능적 작용을 고려하여 주조색, 보조색, 강조색을 추출할 수 있다. 4. 색채디자인 콘셉트의 시각적 효과 최적화를 위해 배색기법과 형식을 결정할 수 있다. 5. 색채디자인 콘셉트 설정에 따라 색채계획서를 작성할 수 있다.
		2. 배색조합하기	1. 선정된 주조색, 보조색, 강조색의 면적비례를 고려하여 배색을 조합할 수 있다. 2. 설정된 콘셉트에 따라 배색기법과 형식을 고려하여 배색을 조합할 수 있다. 3. 색채삼속성인 색상, 명도, 채도를 고려하여 배색을 조합할 수 있다. 4. 디자인영역별 색채의 특성과 차별화를 고려하여 배색을 조합할 수 있다. 5. 클라이언트, 소비자의 요구사항과 마케팅 전략을 고려하여 최종적인 배색을 조합할 수 있다.
		3. 배색적용의도작성하기	1. 설정된 콘셉트 이미지를 객관적으로 전달하기 위하여 일상생활에서 쉽게 연상될 수 있는 이미지를 문장으로 서술할 수 있다. 2. 조합한 배색에 따라 콘셉트의 사회·문화·경제적 배경, 디자인 환경 등을 포함한 적용의도를 서술할 수 있다. 3. 조합한 배색을 색상, 명도, 채도 기준으로 배색 포인트를 서술할 수 있다. 4. 설정된 콘셉트에 따라 주조색, 보조색, 강조색의 적용의도를 서술할 수 있다.
		4. 배색 베리에이션 조합하기	1. 설정된 콘셉트를 벗어나지 않고 유지하면서 배색의 다양한 베리에이션(variation)을 구현할 수 있다. 2. 소재와 재질의 특징을 고려하여 배색의 변화를 표현할 수 있다. 3. 색채 적용 디자인 분야에 따라 색의 삼속성 기준의 배색변화를 구현할 수 있다. 4. 생산예정 년도의 트렌드 분석 결과를 바탕으로 배색의 베리에이션을 표현할 수 있다.

실기과목명	주요항목	세부항목	세세항목
	5. 디지털색채 운용	1. 디지털색채 제작하기	1. 디스플레이의 캘리브레이션을 구성하여 프로파일을 적용할 수 있다. 2. 컬러 피커(color picker)를 활용하여 디자인영역별 색채 팔레트를 제작할 수 있다. 3. 디자인영역별 그래픽 소프트웨어를 활용하여 디자인과 색채, 색온도를 보정할 수 있다. 4. 디자인영역별 콘셉트에 따라 디자인의 형태와 질감을 사실적이고 정밀하게 리터치할 수 있다. 5. 프루프 컬러(proof color)를 통해 이미지의 컬러를 시뮬레이션할 수 있다. 6. 선정된 배색 이미지와 색채 이미지를 설명하기 위한 컬러 도서를 작성할 수 있다.
		2. 디지털색채 시뮬레이션하기	1. 디자인영역별 선정된 콘셉트에 따라 그래픽 소프트웨어를 통해 시뮬레이션 공간을 구현할 수 있다. 2. 그래픽 소프트웨어를 활용하여 콘셉트에 맞는 컬러와 재질을 부여할 수 있다. 3. 그래픽 소프트웨어의 조명과 카메라를 활용하여 사실적인 메터리얼을 만들고 표현할 수 있다. 4. 그래픽 디자인에서 감마(gamma)와 환경(environment)의 컬러를 보정할 수 있다. 5. 완성된 시뮬레이션 디자인에 렌더링 소프트웨어를 활용하여 사실적인 이미지를 표현할 수 있다.
		3. 디지털색채 출력하기	1. 출력결과물의 용도에 따라 출력 매체를 선정할 수 있다. 2. 파일 크기와 형식, 이미지 형식, 출력용지에 따라 최적의 효과를 달성할 수 있도록 출력 매체를 선정할 수 있다. 3. 컬러프린터의 컬러특성화 과정을 거쳐 컬러왜곡을 최소화할 수 있다. 4. 컬러매니지먼트 시스템(CMS)을 적용하여 디지털 입력장치와 출력장치의 상호 호환과정에서 발생하는 색차를 보정할 수 있다. 5. ICC 프로파일을 사용하여 입력장치의 데이터와 출력장치의 데이터를 표준데이터로 변환시켜 색차를 조절할 수 있다.
	6. 색채디자인과제완성	1. 색채디자인 제작하기	1. 색채디자인 전개 방법과 절차에 따라 진행된 콘셉트, 아이디어, 이미지 스크랩, 디지털색채를 바탕으로 색채디자인을 제작할 수 있다. 2. 콘셉트에 따라 색채디자인을 구성하는 색채, 이미지, 텍스트를 종합하여 시각적 표현을 제작할 수 있다. 3. 수집된 자료와 설정된 콘셉트에 따라 디자인영역별 색채디자인 시안을 개발할 수 있다. 4. 색채디자인 시안을 바탕으로 전체적인 통일감을 유지하고 부분적인 변화감을 살려 조화롭게 구성할 수 있다.

실기과목명	주요항목	세부항목	세세항목
		2. 색채디자인 검토하기	1. 색채디자인 기획 콘셉트가 분명하고 정확하게 전달되었는지 검토하고 수정할 수 있다. 2. 시장성, 경쟁력, 차별성 등 마케팅전략을 고려하여 색채디자인을 검토하고 수정할 수 있다. 3. 색채디자인의 기능과 역할이 충실하게 수행되었는지 검토할 수 있다.
		3. 색채디자인 완성하기	1. 선정된 최종 색채디자인의 디테일을 총체적으로 마무리하고 정리하여 완성할 수 있다. 2. 최종 색채디자인을 적용할 생산 매체에 따라 소재와 재질을 결정할 수 있다. 3. 최종 색채디자인을 출력하여 인쇄 및 출력에 따른 결과물을 점검하고 완성할 수 있다

컬러리스트산업기사 실기시험의 표현재료 사용에 대한 안내

<table>
<tr><th colspan="2">교시 및 과제</th><th>사용가능재료</th><th>지참가능</th><th>지참불가</th></tr>
<tr><td rowspan="2">시험1</td><td>삼속성 테스트</td><td rowspan="2">• 포스터컬러
(흑 백을 포함한 12색)</td><td rowspan="3">• 그레이 스케일
(명도자)</td><td rowspan="3">• 참고서적, 한국표준색표집, 먼셀북 등 이와 유사한 형태와 내용으로 되어 있는 것
• 색지재료로 사용할 수 없는 모든 것(아래 시험2 사용가능 색지 이외의 모든 컬러자료)</td></tr>
<tr><td>색채재현</td></tr>
<tr><td>시험2</td><td>감성배색</td><td>• 포스터컬러
(흑 · 백을 포함한 12색)
• 색지재료
• 기타 표현재료
※ 임의 선택 또는 병용 사용 가능</td></tr>
</table>

*** 마스크는 지참은 불가하지만 시험 중 수험자가 만들어서 사용할 수 있습니다.**

* 마스크의 예)
색을 정확하게 보기위해 켄트지에 네모 창을 뚫어 색지 위에 올려서 보는 것

시험2(감성배색)에 사용할 수 있는 색지재료에 대한 정의

<table>
<tr><th></th><th>정 의</th><th>비고</th></tr>
<tr><td rowspan="2">사용 가능</td><td>• <u>매 장마다 단색(1개의 색)면으로 되어 있으며, 소모할 수 있는 것</u>으로 낱장 또는 묶음으로 되어 있는 것</td><td rowspan="2">※ 사용 가능한 색지재료에 표시(작성)되어 있는 고유색지번호, 색배합 비율, 색상기호, 색명, 톤의 표시 등은 허용함.</td></tr>
<tr><td>예)1) COLORS 120, 환경색채계획100색표, KS 표준색 155 등
2) 각종 페인트회사 등의 컬러 가이드 중 매 장마다 단색(1개의 색)면으로 되어 있는 것
3) 한국표준잉크배합색표집(KSI), DIC, PANTONE 중 매 장마다 단색(1개의 색)면으로 되어 있는 것
4) 수험자가 제작하여 온 단색지</td></tr>
<tr><td>사용 불가</td><td colspan="2">• 배색 방법(톤인톤, 톤온톤, 토널 등) 및 색채 이미지(클래식, 로맨틱, 모던 등) 등 목적에 맞게 분류하여 온 것
• 문제의 답안 사이즈 등 색 조각으로 재단하여 온 것
• 색지에 포함된 색지 외 시험에 단서를 제시할 수 있는 설명서 등
예) KS표준색 155색의 경우 :(KS표준색 C&D155 색표가이드 일러두기) 전체를 제거한 후 사용
- 155a(작은 사이즈) : 부록(KS표준색 C&D155 색표 가이드 일러두기)은 지참불가
- 155b(큰 사이즈) : 묶음 중 색지부분만 사용가능</td></tr>
</table>

※ 본 시험은 분리과제 종목으로 점심시간에는 관련서적보기, 외부식사를 허용합니다.

컴퓨터그래픽스운용기능사

(Craftsman Computer Graphics Operation)

◈ 개요

사람이 표현할 수 없는 형상이나 그림을 컴퓨터라는 매체를 통해 다양한 기능과 기술 적 인 요소를 가미하여 시각적으로 형상화시켜 채색은 물론 조형을 제작할 수 있는 숙련 기능인력을 양성하기 위해 컴퓨터그래픽스운용기능사 자격제도가 제정되었다.

◈ 수행업무

컴퓨터그래픽스운용기능사는 디자인에 관한 기초이론지식을 가지고 시각디자인과 관련된 광도, 편집 포장디자인 등의 원고지시에 의한 컴퓨터 활용 등의 작업을 수행한다.

◈ 과정평가형 자격 취득정보

① 과정평가형 자격이란 국가직무능력표준(NCS)에 기반하여 일정 요건을 충족하는 교육 · 훈련 과정을 충실히 이수한 사람에게 내부·외부평가를 거쳐 일정 합격기준을 충족하는 사람에게 국가기술자격을 부여하는 제도를 말한다.

② 이 자격은 과정평가형으로도 취득할 수 있다. 다만, 해당종목을 운영하는 교육훈련기관이 있어야 가능하다.

◈ 실시기관명 및 홈페이지

한국산업인력공단(http://www.q-net.or.kr)

◈ 시험정보

수수료

- 필기 : 14,500원
- 실기 : 23,700원

◈ 출제경향

일반 PC 또는 매킨토시 중 택일하여 디자인 관련 컴퓨터 작업을 수행케 한다.

◈ 출제기준

별도 파일 삽입(352쪽)

◈ 년도별 검정현황

종목명	연도	필기			실기		
		응시	합격	합격률(%)	응시	합격	합격률(%)
소 계		744,544	368,845	49.5%	470,151	229,721	48.9%
컴퓨터그래픽스운용기능사	2020	11,952	8,330	69.7%	9,163	7,106	77.6%
컴퓨터그래픽스운용기능사	2019	13,543	8,590	63.4%	10,280	7,654	74.5%
컴퓨터그래픽스운용기능사	2018	12,738	8,746	68.7%	10,480	7,520	71.8%
컴퓨터그래픽스운용기능사	2017	11,891	8,068	67.8%	10,000	7,622	76.2%
컴퓨터그래픽스운용기능사	2016	11,791	7,863	66.7%	10,478	7,432	70.9%
컴퓨터그래픽스운용	2015	14,645	8,370	57.2	11,215	7,464	66.6

기능사				%			%
컴퓨터그래픽스운용 기능사	2014	15,488	9,277	59.9%	12,359	7,727	62.5%
컴퓨터그래픽스운용 기능사	2013	16,907	9,856	58.3%	13,150	8,368	63.6%
컴퓨터그래픽스운용 기능사	2012	16,212	10,263	63.3%	13,415	8,563	63.8%
컴퓨터그래픽스운용 기능사	2011	18,414	9,764	53%	14,312	7,352	51.4%
컴퓨터그래픽스운용 기능사	2010	20,564	14,893	72.4%	17,639	9,745	55.2%
컴퓨터그래픽스운용 기능사	2009	24,829	15,971	64.3%	19,445	11,288	58.1%
컴퓨터그래픽스운용 기능사	2008	21,056	12,488	59.3%	18,185	10,517	57.8%
컴퓨터그래픽스운용 기능사	2007	25,668	15,603	60.8%	20,745	9,802	47.2%
컴퓨터그래픽스운용 기능사	2006	29,181	15,187	52%	22,178	10,690	48.2%
컴퓨터그래픽스운용 기능사	2005	35,561	16,926	47.6%	23,722	10,663	44.9%
컴퓨터그래픽스운용 기능사	2004	41,839	23,243	55.6%	28,797	15,876	55.1%
컴퓨터그래픽스운용 기능사	2003	58,417	28,550	48.9%	36,107	17,601	48.7%
컴퓨터그래픽스운용 기능사	2002	85,594	35,265	41.2%	43,182	16,484	38.2%
컴퓨터그래픽스운용 기능사	2001	102,553	37,383	36.5%	48,182	18,069	37.5%
컴퓨터그래픽스운용 기능사	1998 ~2000	155,701	64,209	41.2%	77,117	22,178	28.8%

◈ **자격취득자에 대한 법령상 우대현황**

① 본 자료는 종목별 국가기술자격 취득자 우대 법령을 자체 조사한 자료이다.

② 본 자료는 2020년 하반기에 법제처(www.law.go.kr) 홈페이지를 통해 조사하였으며, 법령 개정 시점 등에 따라 변경된 내용이 미반영될 수 있다.

③ 법령별 세부 우대현황에 대한 적용은 관련법령을 담당하는 부처의 유권해석에 따른다.

④ 조문내역을 클릭하면 해당 법령의 세부정보(국가법령정보센터)를 확인하실 수 있다.

컴퓨터그래픽스운용기능사 우대현황

우대법령	조문내역	활용내용
공무원수당등에관한규정	제14조특수업무수당(별표11)	특수업무수당지급
공무원임용시험령	제27조경력경쟁채용시험등의응시자격등(별표7,별표8)	경력경쟁채용시험등의응시
공무원임용시험령	제31조자격증소지자등에대한우대(별표12)	6급이하공무원채용시험가산대상자격증
공직자윤리법시행령	제34조취업승인	관할공직자윤리위원회가취업승인을하는경우
공직자윤리법의시행에관한대법원규칙	제37조취업승인신청	퇴직공직자의취업승인요건
공직자윤리법의시행에관한헌법재판소규칙	제20조취업승인	퇴직공직자의취업승인요건
교육감소속지방공무원평정규칙	제23조자격증등의가산점	5급이하공무원,연구사및지도사관련가점사항
국가공무원법	제36조의2채용시험의가점	공무원채용시험응시가점
군무원인사법시행령	제10조경력경쟁채용요건	경력경쟁채용시험으로신규채용할수있는경우
군인사법시행규칙	제14조부사관의임용	부사관임용자격

근로자직업능력개발법시행령	제27조직업능력개발훈련을위하여근로자를가르칠수있는사람	직업능력개발훈련교사의정의
근로자직업능력개발법시행령	제28조직업능력개발훈련교사의자격취득(별표2)	직업능력개발훈련교사의자격
근로자직업능력개발법시행령	제38조다기능기술자과정의학생선발방법	다기능기술자과정학생선발방법중정원내특별전형
근로자직업능력개발법시행령	제44조교원등의임용	교원임용시자격증소지자에대한우대
기초연구진흥및기술개발지원에관한법률시행규칙	제2조기업부설연구소등의연구시설및연구전담요원에대한기준	연구전담요원의자격기준
옥외광고물등의관리와옥외광고산업진흥에관한법률시행령	제44조옥외광고사업의등록기준및등록절차(별표6)	옥외광고사업의기술능력및시설기준
지방공무원법	제34조의2신규임용시험의가점	지방공무원신규임용시험시가점
지방공무원임용령	제17조경력경쟁임용시험등을통한임용의요건	경력경쟁시험등의임용
지방공무원임용령	제55조의3자격증소지자에대한신규임용시험의특전	6급이하공무원신규임용시필기시험점수가산
지방공무원평정규칙	제23조자격증등의가산점	5급이하공무원연구사및지도사관련가점사항
지방자치단체를당사자로하는계약에관한법률시행규칙	제7조원가계산시단위당가격의기준	노임단가가산
헌법재판소공무원수당등에관한규칙	제6조특수업무수당(별표2)	특수업무수당 지급구분표
국가기술자격법	제14조국가기술자격취득자에대한우대	국가기술자격취득자우대
국가기술자격법시행규칙	제21조시험위원의자격등(별표16)	시험위원의자격
국가기술자격법시행령	제27조국가기술자격취득자의취업등에대한우대	공공기관등채용시국가기술자격취득자우대
국가를당사자로하는계약에관한법률시행규칙	제7조원가계산을할때단위당가격의기준	노임단가의가산
국회인사규칙	제20조경력경쟁채용등의요건	동종직무에관한자격증소지자에대한경력경쟁채용
군무원인사법시행규칙	제18조채용시험의특전	채용시험의특전
비상대비자원관리법	제2조대상자원의범위	비상대비자원의인력자원범위

□ 필 기

직무 분야	문화 · 예술 · 디자인 · 방송	중직무 분야	디자인	자격 종목	컴퓨터그래픽스운용기능사	적용 기간	2019. 1. 1 ~ 2021.12.31
○직무내용 : 디자인에 관한 기초지식을 가지고 컴퓨터그래픽 프로그램을 활용하여 광고, 편집, 포장디자인 등의 시각디자인 관련 원고지시에 의해 그래픽디자인 작업을 하는 직무							

필기검정방법	객관식	문제수	60	시험시간	1시간

필 기 과목명	출 제 문제수	주요항목	세부항목	세세항목
산업디자인 일반, 색채 및 도법, 디자인 재료, 컴퓨터 그래픽스	60	1. 디자인의 개요	1. 디자인일반	1. 디자인의 의미, 성립, 조건 2. 디자인의 분류 및 특징
			2. 디자인의 요소와 원리	1. 디자인의 요소 2. 디자인의 원리 3. 형태의 분류 및 특징 4. 형태 심리
			3. 디자인사	1. 근대 디자인사 2. 현대 디자인사
		2. 마케팅	1. 디자인과 마케팅	1. 디자인 정책 및 디자인 관리 2. 마케팅의 정의, 기능, 전략 3. 시장조사방법과 자료수집기법 4. 소비자 생활유형(Life style) 5. 친환경디자인과 마케팅
		3. 컴퓨터그래픽스 활용 분야	1. 시각디자인	1. 광고디자인(pop 등) 2. 편집디자인 3. 아이덴티티디자인 4. 타이포그래피 5. 포장디자인 6. 웹디자인(UX/UI) 7. 영상디자인(TV·CF, 애니메이션, 가상현실 등) 8. 캐릭터디자인
			2. 제품디자인	1. 전자/가전제품 디자인 2. 가구디자인 3. 악세서리(보석) 디자인 4. 잡화디자인 5. 문구/완구 디자인 6. 운송수단 디자인
			3. 환경디자인	1. 도시환경디자인 2. 조경디자인 3. 인테리어디자인 4. 디스플레이 5. 무대디자인 등
		4. 색채	1. 색의 기본원리	1. 색을 지각하는 기본원리 2. 색의 분류 및 색의 3속성
			2. 색의 혼합 및 색의 표시	1. 색의 혼합(감산, 가산, 중간혼합 등)

필 기 과목명	출 제 문제수	주요항목	세부항목	세세항목
			방법	2. 색체계, 색명 3. 먼셀색체계
			3. 색의 지각과 심리	1. 색의 대비 2. 동화, 현상, 잔상, 명시도, 주목성, 진출과 후퇴, 팽창과 수축 등 3. 온도감, 중량감, 흥분과 침정, 색의 경연감 등 색의 수반감정
			4. 색채조화	1. 색채조화와 배색
		5. 제도	1. 제도일반	1. 선의 종류와 용도, 기호 및 치수, 제도문자, 제도의 순서 등
			2. 평면도법	1. 원, 타원, 다각형 그리기 등
			3. 투상도법	1. 투상도법의 종류, 특성, 작도법
			4. 투시도법	1. 투시도법의 종류, 특성, 작도법
		6. 재료의 개요	1. 재료일반	1. 재료의 조건 및 분류방법 2. 재료의 일반적 성질
		7. 재료의 분류	1. 종이재료	1. 종이의 개요 및 제조 2. 종이의 종류 및 특성
			2. 디자인표현재료(채색재료)	1. 디자인 표현재료의 종류 및 특성 2. 디자인 표현재료의 용도 및 활용방법
			3. 사진재료일반	1. 필름의 종류 및 특성, 용도 2. 인화 및 현상재료의 종류, 특성, 용도
			4. 공업재료일반	1. 목재, 플라스틱, 금속, 점토, 석고, 석재, 섬유, 유리, 연마, 광택, 접착제 등의 종류 및 특성
			5. 도장재료일반	1. 도장재료의 종류, 특성, 용도
		8. 컴퓨터그래픽스 일반	1. 컴퓨터그래픽스의 이해	1. 컴퓨터그래픽스 개념 및 특징 2. 컴퓨터그래픽스 역사 3. 디자인프로세스와 컴퓨터그래픽스
			2. 컴퓨터그래픽스의 원리	1. 컴퓨터그래픽 좌표계 2. 컬러와 컴퓨터그래픽 3. 벡터방식 및 픽셀방식 4. 해상도 5. 그래픽 파일 포맷
		9. 컴퓨터그래픽스시스템 구성	1. 입력장치	1. 입력장치의 종류 및 특징
			2. 중앙처리장치	1. 연산, 제어, 기억장치
			3. 출력장치	1. 출력장치의 종류 및 특징
		10. 컴퓨터 그래픽스	1. 컴퓨터응용디자인(프로	1. 2차원 컴퓨터그래픽스

필 기 과목명	출 제 문제수	주요항목	세부항목	세세항목
		활용	그램의 기본개념)	2. 3차원 컴퓨터그래픽스 3. 컴퓨터 애니메이션
			2. 컴퓨터에 관한 지식	1. 컴퓨터 관련 지식 2. 컴퓨터 및 주변기기운용

□ 실 기

직무 분야	문화·예술·디자인·방송	중직무 분야	디자인	자격 종목	컴퓨터그래픽스운용기능사	적용 기간	2019. 1. 1 ~ 2021.12.31

○직무내용 : 디자인에 관한 기초지식을 가지고 컴퓨터그래픽 프로그램을 활용하여 광고, 편집, 포장디자인 등의 시각디자인 관련 원고지시에 의해 그래픽디자인 작업을 하는 직무
○수행준거 : 1. 원고의 내용에 따른 작업방법을 선택할 수 있다.
2. 원고의 내용에 따른 특성을 파악하여 적합한 그래픽 툴을 선택할 수 있다.
3. 컴퓨터와 그래픽 프로그램을 사용하여 그래픽 작업을 할 스 있다.
4. 컴퓨터 주변기기를 운용할 수 있다.

실기 검정방법	작업형	시험시간	4시간 정도

실 기 과목명	주요항목	세부항목	세세항목
컴퓨터 그래픽스 운용실무	1. 시안 디자인 개발기초	1. 아트웍하기	1. 디자인 소프트웨어를 활용하여 이미지 구현을 할 수 있다. 2. 디자인 콘셉트와 비주얼을 기반으로 타이포그래피를 사용할 수 있다 3. 인쇄 제작을 고려하여 CMYK 4원색과 별색을 구분하여 사용할 수 있다. 4. 색이 전달하는 이미지를 활용하여 콘셉트에 적합한 색을 배색 및 보정할 수 있다. 5 매체와 재료의 특성에 따라 적합한 색상을 구현할 수 있다.
	2. 디자인 제작 관리	1. 디자인 파일 작업하기	1. 제작 발주를 위하여 확정된 최종 디자인을 제작용 데이터로 변환 작업할 수 있다. 2. 매체에 따른 적용 오류 발생 가능성의 요소들을 확인하고 그에 따라 대처할 수 있다.
		2. 샘플 확인하기	1. 정확한 샘플 제작·확인을 위하여 납품 처에 맞는 매체별 데이터를 확인할 수 있다. 2. 최종 발주를 위하여 교정·제작 요청을 할 수 있다. 3. 교정본을 확인하여 색·오타·이미지 등을 확인할 수 있다. 4. 디자인 오류 발견 시 데이터 수정 작업을 할 수 있다. 5. 제작 오류 발견 시 제작 업체와 협의·조율할 수 있다.

컴퓨터활용능력 2급

◈ 개요

누구나 컴퓨터를 사용할 줄 알고 접하는 정보화 시대에 개개인의 컴퓨터 활용능력을 객관적으로 검증하기 위하여 도입. 3급은 컴퓨터에 관한 초급 숙련기능을 가지고 이와 관련된 업무를 수행할 수 있는지의 능력을 평가한다.

◈ 수행직무

스프레드시트, 데이터베이스 프로그램 등 각종 응용 프로그램을 이용하여 실무에 적용되는 업무를 수행한다.

◈ 진로 및 전망

사무자동화의 필수 프로그램인 스프레드시트, 데이터베이스 등의 활용능력을 평가하는 자격시험으로서 기업입사 시에도 유리하지만, 2002년 대입부터 자격증을 소지한 학생에게 가산점을 주는 정보소양인증제도가 적용되기 때문에 대입에도 유리하다. 공무원 시험시 1급은 2%, 2급은 1.5%, 3급은 1%의 가산점이 주어지며, 일반 기업체에서도 가산점 혜택을 확대 실시중이다.

◈ 실시기관 홈페이지

대한상공회의소(http://license.korcham.net/)

◈ 취득방법

① 시 행 처 - 대한상공회의소

② 시험과목

- 필기 (매과목100점): 컴퓨터 일반, 스프레드시트 일반
- 실기 (100점): 스프레드시트 실무(프로그램 : MS Office 2016)

③ 검정방법

- 필기 : 객관식 40문제, 제한시간 40분
- 실기 : 주관식 5문제 이내, 제한시간 40분

④ 합격기준

- 필기 : 매 과목 40점 이상, 전 과목 평균 60점 이상
- 실기 : 70점 이상.

⑤ 응시자격 - 제한없음.

◈ 응시수수료

- 필기 : 19,000원
- 실기 : 22,500원

◈ 출제경향

- 필기 : ① 컴퓨터 일반 : 컴퓨터 시스템의 개요, 컴퓨터 하드웨어, PC운영체제(WINDOWS), 컴퓨터 소프트웨어, PC 통신과 인터넷, 정보화 시대와 컴퓨터 보안

② 스프레드시트 일반 : 워크시트 기본, 워크시트 편집, 데이터의 관리와 분석, 워크시트의 형식지정, 수식과 함수의 이용, 차트(그래프)작성

- 실기 : 스프레드시트 실무 - 입력 및 편집, 수식 활용, 차트(그래프) 작성, 출력, 데이터 관리)

◈ 출제기준

□ 필기

○ 직무분야 : 경영·회계·사무(기초사무)	○ 자격종목 : 컴퓨터활용능력 2급	○ 적용기간 : 2021. 1. 1. ~ 2023. 12. 31.
○ 직무내용 : 컴퓨터와 주변기기를 이용하고, 인터넷을 사용하는 사무환경에서 스프레드시트 응용 프로그램을 이용하여 필요한 정보를 수집, 분석, 활용하는 업무를 수행		
○ 필기검정방법 : 객관식 (40문제)	○ 시험시간 : 40분	

필기 과목명	출제문제수	주요항목	세부항목	세세항목
컴퓨터일반	20	• 컴퓨터 시스템 활용	• 운영체제 사용	• 윈도우즈 기본 요소와 기능 • 마우스 및 키보드 사용법 • 메뉴 및 창 사용법 • 시작 메뉴 및 작업 표시줄 • 바탕화면의 사용 • 폴더 옵션 • 폴더 만들기와 사용 • 복사, 이동, 삭제, 이름 바꾸기 • 휴지통 다루기 • 검색 및 실행 • 내 PC 및 파일 탐색기 • Windows 보조프로그램 • 인쇄
			• 컴퓨터 시스템 설정 변경	• 시스템 설정 • 장치 설정 • 전화 설정 • 네트워크 및 인터넷 설정 • 개인 설정

필기 과목명	출제문제수	주요항목	세부항목	세세항목
				• 앱 설정 • 계정 설정 • 시간 및 언어 설정 • 게임 설정 • 접근성 설정 • 검색 설정 • 개인정보 설정 • 업데이트 및 보안 설정
			• 컴퓨터 시스템 관리	• 컴퓨터의 원리 • 컴퓨터의 기능 • 데이터 형태, 용도와 규모 등에 의한 분류 • 컴퓨터의 성능 • 중앙처리장치 • 기억장치 • 입출력장치 • 기타 장치 • 소프트웨어의 개념 및 종류 • 각종 유틸리티 프로그램 • 운영체제의 기본 개념 • 운영체제의 종류 • PC 관리 기초지식 • PC 응급처치
		• 인터넷 자료 활용	• 인터넷 활용	• 인터넷의 개요 • 웹 브라우저 사용 및 설정 • 인터넷 사용 환경 설정 • 인터넷 서비스
			• 멀티미디어 활용	• 멀티미디어 개요 • 멀티미디어 시스템 • 멀티미디어 데이터의 종류별 개념

필기 과목명	출제문제수	주요항목	세부항목	세세항목
				및 특징 • 멀티미디어 관련 하드웨어 설정 • 멀티미디어 애플리케이션
			• 최신 정보통신 기술 활용	• 정보통신기술 관련 용어 • 모바일 기기 관련 용어
		• 컴퓨터 시스템 보호	• 정보 보안 유지	• 정보 윤리 기본 • 저작권 보호 • 개인정보 보호
			• 시스템 보안 유지	• 컴퓨터 범죄의 유형 • 컴퓨터 범죄의 예방과 대책 • 바이러스의 종류 및 특징 • 바이러스의 예방과 치료 • 방화벽 및 보안센터 • 기타 보안 기능
스프레드시트 일반	20	• 응용 프로그램 준비	• 프로그램 환경 설정	• 프로그램 실행 • 프로그램 옵션 설정 • 프로그램의 메뉴 및 기능 활용 • 창 제어 • 화면 인터페이스의 이해 및 활용
			• 파일 관리	• 파일의 열기/닫기 • 파일의 저장/다른 이름으로 저장 및 저장 옵션 • 파일 배포 설정 및 보내기 • 문서배포 준비/보내기
			• 통합 문서 관리	• 시트의 삽입, 삭제, 선택, 숨기기 • 시트의 복사/이동, 그룹 • 시트 이름 바꾸기

필기 과목명	출제문제수	주요항목	세부항목	세세항목
				• 시트 보호 및 통합 문서 보호 • 통합 문서의 공유 및 병합
		• 데이터 입력	• 데이터 입력	• 각종 데이터 입력 • 일러스트레이션 활용 • 이름 및 메모, 윗주 삽입
			• 데이터 편집	• 데이터 편집 • 찾기 및 바꾸기 • 영역 설정 방식 이해 • 서식 설정 • 데이터의 복사, 이동, 삭제 • 다양한 붙여넣기 옵션 사용
			• 서식 설정	• 기본 서식 지정 • 사용자 지정 서식 지정 • 조건부 서식 지정 • 서식 파일/스타일 사용
		• 데이터 계산	• 기본 계산식	• 셀 참조 방식 이해 • 수식 입력, 수식 편집 • 내장함수를 사용한 수식 입력(*주1) • 시트 및 통합 문서 간 수식 계산 • 오류 메시지 처리
		• 데이터 관리	• 기본 데이터 관리	• 데이터 정렬(기본, 사용자지정) • 자동/고급 필터 • 텍스트 나누기 • 그룹 및 윤곽설정
			• 데이터 분석	• 데이터 통합 • 데이터 표 • 부분합 • 목표값 찾기 • 시나리오 분석

필기 과목명	출제 문제 수	주요항목	세부항목	세세항목
				• 피벗 테이블 및 피벗 차트
		• 차트 활용	• 차트 작성	• 차트 작성 방법 • 차트 종류 • 차트 구성 요소
			• 차트 편집	• 차트 종류 변경 • 차트 구성 요소 편집
		• 출력 작업	• 페이지 레이아웃 설정	• 테마 변경 • 페이지 설정 • 크기 조정 • 시트 옵션 • 머리글/바닥글 도구 사용
			• 인쇄 작업	• 페이지 설정 • 인쇄 미리보기 설정 • 인쇄 옵션 설정 • 프린터 속성 설정
		• 매크로 활용	• 매크로 작성	• 매크로의 개념 • 매크로의 생성/수정/삭제 • 매크로 실행 및 컨트롤 연계

※ 운영체제는 Windows 10(Home) 버전 기준임

※ 스프레드시트는 Microsoft Office 2016 버전 기준임

□ 실기

○ 직무분야 : 경영·회계·사무(기초사무)	○ 자격종목 : 컴퓨터활용능력 2급	○ 적용기간 : 2021. 1. 1. ~ 2023. 12. 31.
○ 직무내용 : 컴퓨터와 주변기기를 이용하고, 인터넷을 사용하는 사무환경에서 스프레드시트 응용 프로그램을 이용하여 필요한 정보를 수집, 분석, 활용하는 업무를 수행		
○ 실기검정방법 : 컴퓨터작업형(5문제 이내)	○ 시험시간 : 40분	

실기 과목명	출제 문제수	주요항목	세부항목	세세항목
스프레드시트 실무	5문제 이내	• 응용 프로그램 준비	1. 프로그램 환경 설정하기	1.1 정보 가공을 위한 응용 프로그램을 실행할 수 있다. 1.2 프로그램의 기본적인 사용을 위한 프로그램 환경을 파악할 수 있다. 1.3 프로그램의 효율적인 사용을 위해 프로그램의 옵션을 설정할 수 있다.
			2. 파일 관리하기	2.1 작업할 파일을 열고 닫을 수 있다. 2.2 파일을 다양한 저장 옵션으로 저장할 수 있다. 2.3 공동작업을 위해 파일을 배포하고 내보낼 수 있다.
			3. 통합 문서 관리하기	3.1 새로운 시트를 삽입할 수 있다. 3.2 시트 복사/이동, 이름 바꾸기, 그룹 설정하여 작

실기 과목명	출제 문제수	주요항목	세부항목	세세항목
				업할 수 있다. 3.3 시트 보호 설정을 할 수 있다. 3.4 통합 문서를 보호할 수 있다. 3.5 통합 문서를 공유하고 병합할 수 있다.
		• 데이터 입력	1. 데이터 입력하기	1.1 업무에 필요한 데이터를 종류별 특성에 맞게 입력할 수 있다. 1.2 데이터의 시각화를 위해 일러스트레이션 개체를 삽입할 수 있다. 1.3 이름, 메모, 윗주 등의 기능을 이용하여 기타 정보를 입력할 수 있다.
			2. 데이터 편집하기	2.1 필요에 따라 입력된 데이터를 수정할 수 있다. 2.2 효율적인 데이터의 편집을 위한 다양한 영역 설정 방법을 사용할 수 있다. 2.3 데이터의 다양한 활용을 위해 복사하여 다른 형식으로 붙여 넣을 수 있다.
			3. 서식 설정하기	3.1 데이터의 가독성을 고려하여 데이터에 기본 서식을 지정할 수 있다. 3.2 데이터의 가독성을 높이고, 이해를 높이기 위해 사용자지정 서식을 지정할 수 있다. 3.3 데이터의 파악을 용이하게 하기 위해 조건부 서식을

실기 과목명	출제 문제수	주요항목	세부항목	세세항목
				적용할 수 있다. 3.4 업무 능률을 높이기 위해 서식파일과 스타일을 사용할 수 있다.
		• 데이터 계산	1. 기본 계산식 사용하기 (*주1)	1.1 데이터의 계산 작업을 위한 기본 계산식을 사용할 수 있다. 1.2 분산된 데이터들의 계산을 위해 시트 및 통합 문서 간 수식을 사용할 수 있다. 1.3 계산 결과의 정확성을 위해 오류 메시지를 처리할 수 있다.
		• 데이터 관리	1. 기본 데이터 관리하기	1.1 분산 데이터의 통합 관리를 위해 워크시트를 관리할 수 있다. 1.2 기본적인 데이터의 분석을 위해 기본 데이터 도구를 사용할 수 있다. 1.3 데이터의 형식과 사용자의 입력을 제어하기 위해 데이터 유효성 검사를 설정할 수 있다.
			2. 데이터 분석하기	2.1 데이터를 요약하고 보고하기 위해 데이터 분석 도구를 사용할 수 있다. 2.2 가상 분석 도구를 이용하여 수식에 여러 가지 값 집합을 적용한 다양한 결과를 확인할 수 있다.
		• 차트	1. 차트	1.1 데이터에 적합한 차트의

실기 과목명	출제 문제수	주요항목	세부항목	세세항목
		활용	작성하기	종류를 선택하여 작성할 수 있다. 1.2 데이터의 내용에 맞춰 차트의 구성 요소를 변경할 수 있다. 1.3 작성된 차트를 필요에 따라 크기를 조정하여 재배치할 수 있다.
			2. 차트 편집하기	2.1 차트에 표현하고자 하는 데이터 원본을 선택하여 반영할 수 있다. 2.2 필요에 따라 적합한 차트 종류로 변경할 수 있다. 2.3 필요에 따라 작성된 차트의 서식을 변경할 수 있다. 2.4 반복적으로 사용되는 차트를 서식 파일로 저장하여 활용할 수 있다.
		• 출력 작업	1. 페이지 레이아웃 설정하기	1.1 인쇄물의 출력을 위해 페이지 레이아웃을 설정할 수 있다. 1.2 화면 보기에서 인쇄물을 확인하고 페이지 레이아웃을 변경할 수 있다.
			2. 인쇄 작업하기	2.1 인쇄물의 출력을 위한 프린터 속성을 설정할 수 있다. 2.2 인쇄물의 출력을 위한 다양한 인쇄 옵션을 설정할 수 있다.
		• 매크로 활용	1. 매크로 작성하기	1.1 반복적인 작업을 단순화하기 위해 매크로를 작성

실기 과목명	출제 문제수	주요항목	세부항목	세세항목
				할 수 있다. 1.2 컨트롤과 연계하여 매크로를 실행할 수 있다.

※ 스프레드시트는 Microsoft Office 2016 버전 기준임

(*주1) 스프레드시트 함수 출제 범위 (2급)

구분	주요 함수
날짜와 시간함수	DATE, DAY, DAYS, EDATE, EOMONTH, HOUR, MINUTE, MONTH, NOW, SECOND, TIME, TODAY, WEEKDAY, WORKDAY, YEAR
논리 함수	AND, FALSE, IF, IFERROR, NOT, OR, TRUE
데이터베이스 함수	DAVERAGE, DCOUNT, DCOUNTA, DMAX, DMIN, DSUM
문자열 함수	FIND/FINDB, LEFT, LEN, LOWER, MID, PROPER, RIGHT, SEARCH/SEARCHB, TRIM, UPPER
수학과 삼각함수	ABS, INT, MOD, POWER, RAND, RANDBETWEEN, ROUND, ROUNDDOWN, ROUNDUP, SUM, SUMIF, SUMIFS, TRUNC
재무함수	-
찾기와 참조함수	CHOOSE, COLUMN, COLUMNS, HLOOKUP, INDEX, MATCH, ROW, ROWS, VLOOKUP
통계함수	AVERAGE, AVERAGEA, AVERAGEIF, AVERAGEIFS, COUNT, COUNTA, COUNTBLANK, COUNTIF, COUNTIFS, LARGE, MAX, MAXA, MEDIAN, MIN, MINA, MODE, RANK.AVG, RANK.EQ, SMALL, STDEV, VAR
정보함수	-

◈ 자격취득자에 대한 법령상 우대현황

▣ 교육위원회 및 교육감소속지방공무원평정규칙 □ 동법 제23조 (자격증 등의 가점)

▣ 공무원임용시험령 □ 동령 제31조 (채용시험의 특전)

▣ 소방공무원 승진임용규정 □ 동규정 시행규칙 제15조의2 (가점평정)

▣ 국회인사규칙 □ 동규칙 제20조 (특별채용의 요건)

▣ 국가를 당사자로 하는 계약에 관한 법률 □ 동법 시행규칙 제49조 (원가계산을 할 때 단위당 가격의 기준)

▣ 교원자격검정령 □ 동령 시행규칙 제9조 (무시험검정의 신청)

▣ 국가공무원법 □ 동법 제36조의2 (채용시험의 가점)

▣ 국회인사규칙 □ 동규칙 제20조 (특별채용의 요건)

▣ 비상대비자원 관리법 □ 동법 제2조 (대상자원의 범위)

▣ 공직자윤리법의 시행에 관한 대법원규칙 □ 동규칙 제26조 (취업승인)

▣ 기능대학법 □ 동법 시행령 제10조 (다기능기술자과정의 학생선발방법)

▣ 국가기술자격법 □ 동법 제14조 (국가기술자격 취득자에 대한 우대) □ 동법 시행령 제27조 (국가기술자격취득자의 취업 등에 대한 우대)

▣ 근로자직업능력개발법 □ 동법 제21조 (근로자의 자율적 직업능력개발 지원) □ 동법 제28조 (직업능력개발훈련교사의 자격취득)

▣ 지역균형개발 및 지방중소기업 육성에 관한 법률 □ 동법 제48조 (인력의 개발 및 지역정착) □ 동법 시행령 제59조 (인력의 지역정착 지원)

▣ 독학에 의한 학위취득에 관한 법률 □ 동법 시행령 제9조 (시험과목면제 대상) ▣ 석유 및 석유대체연료 사업법 □ 동법 시행규칙 제29조 (품질검사기관의 지정기준 및 절차)

▣ 군인사법 □ 동법 시행규칙 제14조 (부사관의 임용<개정 2001.5.19.>)

▣ 경찰공무원임용령 □ 동령 제16조 (특별채용의 요건)

▣ 지방자치단체를 당사자로 하는 계약에 관한 법률 □ 동법 시행령 제57조 (주민참여감독자의 자격) □ 동법 시행령 제7조 (원가계산을 할 때 단위당 가격의 기준) ▣ 중소기업인력지원 특별법 □ 동법 제28조 (근로자의 창업지원 등)

▣ 법원공무원규칙 □ 동규칙 제19조 (특별채용시험의 응시요건 등)

▣ 군무원인사법 □ 동법 제7조 (신규채용)

텔레마케팅관리사

(Telemarketing Administrator)

◈ 개요

전문지식을 바탕으로 컴퓨터를 결합한 정보통신기술을 활용해 고객에게 필요한 정보를 즉시 제공, 신상품소개, 고객의 고충사항 처리, 시장조사, 인바운드와 아웃바운드 등 다양한 기능을 수행하는 숙련된 기능인력을 양성하기 위해 텔레마케팅 관리사 자격제도를 제정하였다.

◈ 수행직무

원거리 통신을 이용하여 단순한 전화응대에서부터 컴퓨터를 이용한 최신식 기술까지 동 원하여 인바인더와 아웃바인더의 직무를 수행한다.

◈ 진로 및 전망

관련직업 : 텔레마케터, 전화고객상담원

◈ 실시기관 홈페이지

한국산업인력공단(http://www.q-net.or.kr/)

◈ 시험정보

수수료

- 필기 : 19,400 원
- 실기 : 20,800 원

◈ 출제경향

실기시험은 주관식 시험인 필답형과 작업을 요하는 작업형으로 구성되어 있으며, 텔레마케팅에 관한 숙련된 기능을 가지고 판매·관리를 할 수 있는 능력의 유무와 시장조사, 고객응대와 관련된 업무를 수행할 수 있는 능력의 유무를 평가한다.

◈ 출제기준

□ 필 기

직무분야	영업・판매	중직무분야	영업・판매	자격종목	텔레마케팅관리사	적용기간	2022.1.1.~2024.12.31
○직무내용 : 통신수단을 이용하여 이루어지는 상품 또는 서비스에 대한 판매 및 고객관리를 의미하며 시장환경분석, 상품개발기획, 전략수립, 조직운영관리, 성과관리, 고객관계관리, 판매관리, 인・아웃바운드마케팅, 텔레마케팅시스템 운용의 업무 수행							
필기검정방법	객관식	문제수	100	시험시간	2시간 30분		

필기과목명	출 제 문제수	주요항목	세부항목	세세항목
판매관리	25	1. 아웃바운드 및 인바운드 텔레마케팅	1. 아웃바운드 텔레마케팅	1. 아웃바운드 텔레마케팅개념 2. 아웃바운드 텔레마케팅성공요소 3. 아웃바운드 텔레마케팅활용 4. 시스템을 활용한 아웃바운드 업무처리 5. 아웃바운드 업무 시 주의사항
			2. 인바운드 텔레마케팅	1. 인바운드 텔레마케팅개념 2. 인바운드 텔레마케팅

필기 과목명	출제 문제수	주요항목	세부항목	세세항목
				활용 3. 인바운드 텔레마케팅업무의 중요사항 4. 인바운드 업무처리방식 5. 인바운드 업무 시 주의사항
		2. 마케팅믹스	1. 제품전략	1. 제품의 개념과 구성요소 2. 제품의 분류 3. 제품의사결정
			2. 가격전략	1. 가격의 개념 및 특성 2. 가격결정에 영향을 미치는 요인 3. 가격의 유형
			3. 유통전략	1. 유통관리의 개념 2. 유통경로의 구조 3. 유통채널의 다양성 4. 유통경로 설계과정
			4. 촉진믹스전략	1. 촉진의 의의와 목적 2. 촉진체계의 유형 3. 촉진방법 4. 경쟁우위를 위한 통합적마케팅커뮤니케이션(Intergrated Marketing Communication)전략
		3. 마케팅기회	1. 마케팅정보	1. 내부정보시스템 2. 시장정보시스템

필기 과목명	출 제 문제수	주요항목	세부항목	세세항목
		의 분석	시스템	3. 마케팅인텔리젼스 시스템 4. 마케팅조사시스템 5. 마케팅의사결정 지원시스템
		4. 시장세분화, 목표시장 선정 및 포지셔닝	1. 시장세분화	1. 시장세분화의 의의 2. 시장세분화의 단계 3. 시장세분화의 기준
			2. 목표시장의 선정	1. 세분시장의 평가 2. 목표시장 선정 3. 시장공략전략의 선택
			3. 포지셔닝	1. 포지셔닝의 의의 2. 포지셔닝 전략 3. 포지셔닝 전략의 수립과정
시장 조사	25	1. 시장조사의 이해	1. 시장조사의 의의	1. 시장조사의 역할 2. 과학적 조사로써 마케팅 조사
			2. 시장조사의 절차	1. 문제의 정의 2. 문제해결을 위한 체계의 정립 3. 조사의 설계 4. 조사의 실시 5. 자료의 분석과 내용

필기과목명	출 제 문제수	주요항목	세부항목	세세항목
			3. 시장조사의 윤리	1. 조사자가 지켜야 할 사항 2. 조사결과 이용자가 지켜야 할 윤리 3. 면접자가 지켜야 할 사항 4. 응답자 권리의 보호
		2. 자료수집	1. 표본조사	1. 표본조사의 필요성 2. 확률표본추출법 3. 비확률표본추출법
			2. 2차 자료	1. 2차 자료의 종류 2. 2차 자료의 수집절차 3. 2차 자료의 유용성과 한계 4. 2차 자료의 평가
			3. 1차 자료	1. 1차 자료의 종류 2. 질적조사 3. 탐색조사 4. 기술조사 5. 인과관계조사
			4. 설문지	1. 설문지의 구성 및 내용 2. 설문지 작성 요령(과정)
		3.자료수집방법	1. 면접조사	1. 면접조사의 특성 2. 면접조사의 장·단점
			2. 전화조사	1. 전화조사의 특성 2. 전화조사의 장·단점
			3. 우편조사	1. 우편조사의 특성

필기 과목명	출 제 문제수	주요항목	세부항목	세세항목
				2. 우편조사의 장·단점
			4. 웹조사	1. 웹조사의 특성 2. 웹조사의 장단점
		4. 자료의 측정	1. 자료의 측정과 척도	1. 측정의 의미와 과정 2. 척도의 종류 3. 측정의 신뢰성과 타당성
텔레마케팅관리	25	1. 텔레마케팅 일반	1. 텔레마케팅의 이해	1. 텔레마케팅의 기초 2. 텔레마케팅의 분류 3. 국내 텔레마케팅 시장
		2. 조직관리	1. 조직의 구성	1. 조직화의 과정 2. 조직설계 3. 조직구조의 형태
			2. 조직의 활성화	1. 기업문화 2. 조직의 변화 3. 조직개발 4. 조직의 갈등관리
			3. 리더십의 이해	1. 리더십의 개요 2. 리더십의 특성이론 3. 리더십의 행동이론 4. 리더십의 상황이론
		3. 인사관리	1. 인사관리의 의의	1. 인사관리의 의의 2. 인사관리의 주체 3. 인사관리의 내용
			2. 인적자원의	1. 인적자원계획

필기과목명	출제문제수	주요항목	세부항목	세세항목
			계획과 충원	2. 직무분석 3. 모집과 선발
			3. 인적자원의 유지와 활용	1. 배치와 이동 2. 승진 3. 인사고과 4. 보상
			4. 인적자원의 개발	1. 교육훈련 2. 경력개발
		4. 성과관리	1. 콜센터 운영관리	1. 콜센터의 역할 2. 아웃바운드 콜센터 3. 인바운드 콜센터
			2. 텔레마케팅 예산편성 및 성과분석	1. 콜량 예측 등 2. 콜센터 운영성과 분석
고객관리	25	1. 고객관계관리 (CRM)의 기본적 이해	1. 고객관계관리(CRM)의 등장배경	1. 시장의 변화 2. 기술의 변화 3. 고객의 변화 4. 마케팅커뮤니케이션의 변화
			2. 고객관계관리(CRM)의 이해	1. 고객관계관리(CRM)의 정의 2. 고객관계관리(CRM)의 필요성 3. 고객관계관리(CRM)의

필기과목명	출제문제수	주요항목	세부항목	세세항목
				특성 4. 고객관계관리(CRM)의 분류 5. 고객관계관리(CRM)의 성공전략
			3. 빅데이터를 활용한 고객관계관리(CRM)	1. 빅데이터의 이해 2. 빅데이터의 수집방법 3. 빅데이터의 처리기술 4. 빅데이터의 분석도구
		2. 고객상담기술	1. 고객을 이해하기 위한 기술	1. 고객의 욕구파악 2. 고객의 행동스타일 이해 3. 고객유형별 상담기술 4. 고객만족도 조사
			2. 상담처리기술	1. 상담처리 순서 및 방법 2. 고객불만 및 VOC 처리 기법 3. 거절 극복 및 대처기법 4. 개인정보보호 관련 규정 5. 감정노동의 이해 및 관리
			3. 의사소통기법	1. 의사소통의 구성요소 2. 언어적 의사소통 3. 비언어적 의사소통

□ 실기

직무 분야	영업 · 판매	중직무 분야	영업 · 판매	자격 종목	텔레마케팅 관리사	적용 기간	2022.1.1.~2024.12.31

○ 직무내용 : 통신수단을 이용하여 이루어지는 상품 또는 서비스에 대한 판매 및 고객관리를 의미하며 시장환경분석, 상품개발기획, 전략수립, 조직운영관리, 성과관리, 고객관계관리, 판매관리, 인·아웃바운드마케팅, 텔레마케팅시스템 운용의 업무 수행

○ 수행준거 : 1. 인·아웃바운드 전략실행, 스크립트 작성·활용할 수 있다.
2. 고객관리 전략을 실행할 수 있다.
3. 마케팅전략을 실행할 수 있다.
4 마케팅 의사결정에 필요한 시장조사를 이해하고 적용할 수 있다.
5. 효과적인 텔레마케팅 관리·운영을 할 수 있다.

실기검정방법	필답형	시험시간	2시간 30분 정도

실기 과목명	주요항목	세부항목	세세항목
텔레마케팅 실무	1. 인·아웃바운드 마케팅	1. 인·아웃바운드 스크립트 활용하기	1. 인·아웃바운드 스크립트 개념을 이해하고 설명 할 수 있다. 2. 인·아웃바운드 업무 특성을 이해하여 프로세스를 작성할 수 있다. 3. 인·아웃바운드 업무 프로세스에 따라 스크립트를 작성·활용할 수 있다. 4. Role-Playing을 통하여 인·아웃바운드 스크립트를 활용 할 수 있다. 5. 고객 유형과 상황에 적합한 반론 스크립트를 작성하여 활용할 수 있다.

실 기 과목명	주요항목	세부항목	세세항목
		2. 인·아웃바운드 고객 응대하기	1. 경청기법을 이해하여 고객의 니즈를 효과적으로 파악하는 경청기법을 활용할 수 있다. 2. 고객을 설득할 수 있는 화법들을 습득하여 전문적인 언어표현 기법을 활용할 수 있다. 3. 국어 활용 능력을 배양하여 국어 표준화법을 준수할 수 있다.
	2. 고객관리 (CRM : Customer Relationship Management)	1. 고객관계관리(CRM) 비전 설정하기	1. 소비자, 경쟁사 등에 대한 외부환경을 분석할 수 있다. 2. 자사의 고객에 대한 내부환경을 분석할 수 있다. 3. CRM 비전을 완성할 수 있다.
		2. 고객관계관리(CRM) 전략수립하기	1. 고객필터링을 할 수 있다. 2. 고객 마케팅 기획을 할 수 있다.
		3. 고객자료 수집하기	1. 자료수집 방법을 선택할 수 있다. 2. 고객관계 마케팅 자료를 수집할 수 있다.

실 기 과목명	주요항목	세부항목	세세항목
		4. 고객정보 분석하기	1. 고객의 정보를 분석 목적에 따라 구분하여 정리할 수 있다. 2. 고객의 정보에서 추출해야 할 중요 요소를 구분짓고 결정할 수 있다. 3. 시계열 분석, 분산분석 등 다양한 경영 통계 분석기법을 통해서 기존 고객 데이터를 분석하고 해석할 수 있다.
		5. 고객 응대하기	1 고객 접점에서 발생되는 문제를 해결하기 위하여 고객의 문의에 응대할 수 있다. 2 불만 고객 발생 시 고객응대 매뉴얼에 따라 불만요소를 처리할 수 있다. 3 고객과의 분쟁 발생 시 유관기관과의 교섭을 통해 문제를 처리할 수 있다.

실 기 과목명	주요항목	세부항목	세세항목
		6. 고객창출·유지하기	1. 고객을 잠재고객, 신규고객, 일반고객, 우량고객, 불량고객 등으로 세분화할 수 있다. 2. 지속적인 가치제공을 통해 잠재고객을 신규고객으로, 신규고객을 일반고객으로 일반고객을 우량고객으로 전환시키는 등 관계를 유지, 강화할 수 있다.
		7. 고객 관련 정보 처리하기	1. 인바운드(In-bound) 정보를 처리할 수 있다. 2. 아웃바운드(Out-bound) 정보를 제공할 수 있다.
	3. 마케팅 전략기획	1. STP 전략 수립하기	1. 고객의 인구통계적 기준, 제품에 대한 편익 기준, 생활양식, 가치관 등의 기준으로 시장을 세분화할 수 있다. 2. 목표시장을 선정할 수 있다. 3. 통계적인 방법 활용, 소비자조사 등을 통하여 포지셔닝을 위한 도식화를 할 수 있다. 4. 포지셔닝을 수립할 수 있다.

실 기 과목명	주요항목	세부항목	세세항목
		2. 제품전략 수립하기	1. 제품특징을 파악할 수 있다. 2. 제품수명주기를 파악할 수 있다. 3. 제품별 포토폴리오 분석을 할 수 있다. 4. 포지셔닝에 부합된 제품전략을 수립할 수 있다.
		3. 가격전략 수립하기	1. 제품원가 요인을 분석할 수 있다. 2. 가격 민감성에 대해 분석할 수 있다. 3. 손익분석과 가격설정을 할 수 있다. 4. 경쟁사 대비 가격 포지셔닝을 할 수 있다. 5. 가격구조를 관리할 수 있다.
		4. 유통전략 수립하기	1. 유통채널을 분석할 수 있다. 2. 유통경로를 설계할 수 있다. 3. 유통경로를 관리할 수 있다.
		5. 촉진전략 수립하기	1. 매체분석을 할 수 있다. 2. 포지셔닝에 따른 광고매체를 선정할 수 있다. 3. 판매촉진기법을 적용할 수 있다.

실 기 과목명	주요항목	세부항목	세세항목
	4. 시장조사	1. 시장조사계획 수립하기	1. 표본추출 설계를 할 수 있다. 2. 조사방법을 결정 할 수 있다. 3. 조사내용을 결정할 수 있다. 4. 비용/일정을 계획할 수 있다.
		2. 설문지/가이드라인 작성하기	1. 설문형식 및 내용을 구성할 수 있다. 2. 측정방법과 적합성을 판단 할 수 있다. 3. 조사목적에 부합하는 설문지를 작성할 수 있다.
		3. 자료수집분석 및 활용하기	1. 조사대상, 조사방법 등 자료를 수집할 수 있다. 2. 수집한 자료를 조사목적에 맞게 분석할 수 있다. 3. 조사결과를 인·아웃바운드 업무에 활용할 수 있다.

실기 과목명	주요항목	세부항목	세세항목
	5. 텔레마케팅 관리	1. 인사 및 성과관리하기	1. 인사관리에 대해 이해할 수 있다. 2. 인사관리의 주체에 대해 이해할 수 있다. 3. 인사관리의 내용을 이해할 수 있다. 4. 인적자원 계획 및 직무분석을 할 수 있다. 5. 모집, 선발, 배치와 이동에 대해 이해할 수 있다. 6. 승진과 인사고과, 보상을 적절히 할 수 있다.
		2. 조직관리하기	1. 조직화의 과정을 이해할 수 있다. 2. 조직을 설계할 수 있다. 3. 조직구조의 형태를 이해할 수 있다. 4. 기업문화를 이해할 수 있다. 5. 조직의 변화를 이해할 수 있다. 6. 조직개발을 할 수 있다. 7. 조직의 갈등관리를 할 수 있다. 8. 리더십에 대해 이해할 수 있다. 9. 리더십의 특성이론 및 상황이론, 행동이론을 이해할 수 있다. 10. 감정노동 스트레스를 관리할 수 있다.

◈ 취득방법

① 시 행 처 : 한국산업인력공단

② 관련학과 : 대학 및 전문대학의 텔레마케팅 관련학과

③ 시험과목

- 필기 : 1. 판매관리 2. 시장조사 3. 텔레마케팅관리 4. 고객관리
- 실기 : 텔레마케팅 실무

④ 검정방법

- 필기 : 객관식 4지 택일형 과목당 25문항(2시간 30분)
- 실기 : 복합형(필답형(1시간 30분 정도, 70점))+작업형(1시간 30분 정도, 30점)

  2022년부터 필답형 100점으로 변경예정(2022년부터 적용되는 출제기준 참고)

⑤ 합격기준

- 필기 : 100점을 만점으로 하여 과목당 40점 이상, 전과목 평균 60점 이상
- 실기 : 100점을 만점으로 하여 60점 이상

◈ 년도별 검정현황

종목명	연도	필기			실기		
		응시	합격	합격률(%)	응시	합격	합격률(%)
소 계		99,896	85,939	86%	97,073	34,753	35.8%
텔레마케팅관리사	2020	3,388	3,012	88.9%	3,653	761	20.8%
텔레마케팅관리사	2019	3,127	2,938	94%	3,219	1,559	48.4%
텔레마케팅관리사	2018	3,368	2,969	88.2%	3,433	1,222	35.6%
텔레마케팅관리사	2017	3,880	3,335	86%	3,722	1,228	33%
텔레마케팅관리사	2016	4,133	3,586	86.8%	4,117	1,847	44.9%
텔레마케팅관리사	2015	5,009	4,449	88.8%	5,512	2,075	37.6%
텔레마케팅관리사	2014	6,233	5,264	84.5%	6,221	2,132	34.3%
텔레마케팅관리사	2013	7,280	5,983	82.2%	6,541	3,508	53.6%
텔레마케팅관리사	2012	9,490	7,914	83.4%	9,179	5,954	64.9%
텔레마케팅관리사	2011	9,216	7,695	83.5%	9,582	3,116	32.5%
텔레마케팅관리사	2010	5,615	4,314	76.8%	5,639	2,490	44.2%
텔레마케팅관리사	2009	5,806	4,801	82.7%	7,090	2,066	29.1%
텔레마케팅관리사	2008	8,027	6,322	78.8%	8,850	1,243	14%
텔레마케팅관리사	2007	8,182	7,322	89.5%	7,397	2,382	32.2%
텔레마케팅관리사	2006	4,458	4,325	97%	4,769	1,784	37.4%
텔레마케팅관리사	2005	2,762	2,672	96.7%	2,953	813	27.5%
텔레마케팅관리사	2004	2,586	2,421	93.6%	2,626	388	14.8%
텔레마케팅관리사	2003	3,239	2,923	90.2%	2,570	185	7.2%
텔레마케팅관리사	2002	4,097	3,694	90.2%	0	0	0%

◈ **자격취득자에 대한 법령상 우대현황**

① 본 자료는 종목별 국가기술자격 취득자 우대 법령을 자체 조사한 자료이다.

② 본 자료는 2020년 하반기에 법제처(www.law.go.kr) 홈페이지를 통해 조사하였으며, 법령 개정 시점 등에 따라 변경된 내용이 미반영 될 수 있다.

③ 법령별 세부 우대현황에 대한 적용은 관련법령을 담당하는 부처의 유권해석에 따른다

텔레마케팅관리사 우대현황

우대법령	조문내역	활용내용
공무원수당등에관한규정	제14조특수업무수당(별표11)	특수업무수당지급
공무원임용시험령	제27조경력경쟁채용시험등의응시자격등(별표7,별표8)	경력경쟁채용시험등의응시
공무원임용시험령	제31조자격증소지자등에대한우대(별표12)	6급이하공무원채용시험가산대상자격증
교육감소속지방공무원평정규칙	제23조자격증등의가산점	5급이하공무원,연구사및지도사관련가점사항
국가공무원법	제36조의2채용시험의가점	공무원채용시험응시가점
군무원인사법시행령	제10조경력경쟁채용요건	경력경쟁채용시험으로신규채용할수있는경우
군인사법시행규칙	제14조부사관의임용	부사관임용자격
근로자직업능력개발법시행령	제27조직업능력개발훈련을위하여근로자를가르칠수있는사람	직업능력개발훈련교사의정의
근로자직업능력개발법시행령	제28조직업능력개발훈련교사의자격취득(별표2)	직업능력개발훈련교사의자격
근로자직업능력개발법시행령	제38조다기능기술자과정의학생선발방법	다기능기술자과정학생선발방법중정원내특별전형
근로자직업능력개발법시행령	제44조교원등의임용	교원임용시자격증소지자에대한우대
기초연구진흥및기	제2조기업부설연구소등의연구시	연구전담요원의자격기준

술개발지원에관한법률시행규칙	설및연구전담요원에대한기준	
독학에의한학위취득에관한법률시행규칙	제4조국가기술자격취득자에대한시험면제범위등	같은분야응시자에대해교양과정인정시험, 전공기초과정인정시험및전공심화과정인정시험면제
중소기업인력지원특별법	제28조근로자의창업지원등	해당직종과관련분야에서신기술에기반한창업의경우지원
지방공무원수당등에관한규정	제14조특수업무수당(별표9)	특수업무수당지급
지방공무원임용령	제17조경력경쟁임용시험등을통한임용의요건	경력경쟁시험등의임용
지방공무원임용령	제55조의3자격증소지자에대한신규임용시험의특전	6급이하공무원신규임용시필기시험점수가산
지방공무원평정규칙	제23조자격증등의가산점	5급이하공무원연구사및지도사관련가점사항
헌법재판소공무원수당등에관한규칙	제6조특수업무수당(별표2)	특수업무수당 지급구분표
국가기술자격법	제14조국가기술자격취득자에대한우대	국가기술자격취득자우대
국가기술자격법시행규칙	제21조시험위원의자격등(별표16)	시험위원의자격
국가기술자격법시행령	제27조국가기술자격취득자의취업등에대한우대	공공기관등채용시국가기술자격취득자우대
국가를당사자로하는계약에관한법률시행규칙	제7조원가계산을할때단위당가격의기준	노임단가의가산
국회인사규칙	제20조경력경쟁채용등의요건	동종직무에관한자격증소지자에대한경력경쟁채용
군무원인사법시행규칙	제18조채용시험의특전	채용시험의특전
비상대비자원관리법	제2조대상자원의범위	비상대비자원의인력자원범위

포장기사

(Engineer Packing)

◈ 개요

현재 국내 포장산업의 규모는 GDP의 2%를 달하고 있으며, 또한 포장은 포장재료로 사용되는 종이, 펄프, 석유화학, 우리, 금속 등의 산업 및 인쇄, 물류, 정보 등 다양한 산업부문과 연관된다. 이처럼 포장분야의 비중이 커지고 포장을 통해 정보와 구매 동기를 제공함으로써 시장에서의 상품구매력을 좌우하는 중요한 요소로 작용함에 따라 포장에 대한 전문적인 지식과 기능을 갖춘 전문인력이 필요하게 됨에 따라 포장기사자격 제도를 제정하였다.

◈ 수행직무

제품내용의 성격과 목적을 이해하여 요구되어지는 기능을 충족시킬 수 있도록 간단하고 합리적인 형태나 구조로 제품의 외관 및 포장을 디자인하고, 디자인이 정확하게 구현되는가를 감독하는 업무 수행, 실무 종사자들에 대한 지도 및 교육을 실시하는 직무를 행한다.

◈ 실시기관명 및 홈페이지

한국산업인력공단(http://www.q-net.or.kr)

◈ 진로 및 전망

① 주로 포장재료 대량 수요업체나 포장재료 제조회사의 포장개발부서나 포장컨설팅업체 등으로 진출하게 된다.

② 오늘날 포장의 영역은 소비성 제품에서부터 산업 및 공업성, 제품 환경성, 제품 및 용품에 이르기까지 확대되고 있다. 특히 소비성 제품의 포장은 새로운 재료와 제품의개발과 응용, 소비패턴의 변화에 따른 구조디자인과 디자인 기능이 향상되고 있다.

③ 최근 포장산업은 다음 몇 가지 요인에 영향을 받고 있다. 먼저 포장폐기물이 토양 오염의 주범이라는 인식이 확산되면서 환경보호를 위한 강력한 규제 영향으로 인해 양적인 퇴보와 질적인 발전의 기회를 동시에 맞고 있다. 두 번째로 식품 및 의약품에대한 위생성, 안전성이 강조되면서 식품과 유해성분 전이에 대한 연구가 진행되고 있으나, 국내에는 식품포장 전문인력이 절대적으로 부족한 형편이다. 셋째로는 물류합리화를 위해 포장표준화가 중요시된다는 점과 넷째로는 농산물의 포장화와 저온유통체계 확충작업이 급속하게 전개된다는 점이다.

④ 이에 따라 국내 포장업계에서 기존 주요 포장재료인 종이, 판지, 골판지, 합성수지, 유리병, 금속관에서부터 환경 친화적이고, 안전하며, 재활용이 가능하며, 가볍고, 저물류비용의 신제품의 개발과 기술개발에 주력하고 있다. 또한 포장디자인분야의 투자도 꾸준히 증가하고 있다. 그렇지만 국내에는 포장관련 전문기술인력이 많이 부족하다. 따라서 포장분야의 전문적인지식과 실물경험을 갖춘다면 전망은 매우 밝다고 할 수 있다.

◈ 시험정보

수수료

- 필기 : 19,400 원
- 실기 : 22,600 원

◈ 취득방법

① 응시자격 : 응시자격에는 제한이 있다.

기술자격 소지자	관련학과 졸업자	순수 경력자
· 동일(유사)분야 기사 · 산업기사 + 1년 · 기능사 + 3년 · 동일종목의 외국자격취득자	· 대졸(졸업예정자) · 3년제 전문대졸 + 1년 · 2년제 전문대졸 + 2년 · 기사수준의 훈련과정 이수자 · 산업기사수준 훈련과정 이수 + 2년	· 4년(동일, 유사 분야)

※ 관련학과 : 4년제 대학교 이상의 학교에 개설되어 있는 포장 등 관련학과

※ 동일직무분야 : 건설, 광업자원, 기계, 재료, 화학, 섬유·의복, 전기·전자, 정보통신, 식품가공, 인쇄·목재·가구·공예, 농림어업, 안전관리, 환경·에너지

② 시험과목 및 검정방법

1. 필기시험(객관식 4지 택일형-과목당 20문항, 과목당 30분)
 - 포장일반
 - 물류관리 및 유통시험
 - 포장재료 및 시험
 - 포장기법
2. 실기시험(필답형- 2시간 30분)
 - 포장실무

③ 합격 기준

- 필기 : 100점을 만점으로 하여 과목당 40점 이상, 전 과목 평균 60점 이상
- 실기 : 100점을 만점으로 하여 60점 이상

④ 필기시험 면제 : 필기시험에 합격한 자에 대하여는 필기시험 합격자 발표일로부터 2년간 필기시험을 면제한다.

◈ 출제기준

별도 파일 삽입(399쪽)

◈ 년도별 검정현황

종목명	연도	필기			실기		
		응시	합격	합격률(%)	응시	합격	합격률(%)
소 계		798	307	38.5%	392	113	28.8%
포장기사	2020	49	18	36.7%	34	10	29.4%
포장기사	2019	47	35	74.5%	35	2	5.7%
포장기사	2018	41	17	41.5%	29	4	13.8%
포장기사	2017	40	20	50%	27	10	37%
포장기사	2016	26	19	73.1%	28	3	10.7%
포장기사	2015	58	28	48.3%	31	4	12.9%
포장기사	2014	43	11	25.6%	25	13	52%
포장기사	2013	42	15	35.7%	29	2	6.9%
포장기사	2012	43	29	67.4%	33	8	24.2%
포장기사	2011	28	16	57.1%	17	7	41.2%
포장기사	2010	28	22	78.6%	24	12	50%
포장기사	2009	35	20	57.1%	16	12	75%
포장기사	2008	18	10	55.6%	14	9	64.3%
포장기사	2007	34	9	26.5%	9	2	22.2%
포장기사	2006	18	7	38.9%	7	3	42.9%
포장기사	2005	7	3	42.9%	4	0	0%
포장기사	2004	7	1	14.3%	2	0	0%
포장기사	2003	12	2	16.7%	3	2	66.7%
포장기사	2002	7	3	42.9%	2	0	0%
포장기사	2001	4	0	0%	0	0	0%
포장기사	1978 ~2000	211	22	10.4%	23	10	43.5%

◈ 자격취득자에 대한 법령상 우대현황

① 본 자료는 종목별 국가기술자격 취득자 우대 법령을 자체 조사한 자료이다.

② 본 자료는 2020년 하반기에 법제처(www.law.go.kr) 홈페이지를

통해 조사하였으며, 법령 개정 시점 등에 따라 변경 된 내용이 미반영 될 수 있다.

③ 법령별 세부 우대현황에 대한 적용은 관련법령을 담당하는 부처의 유권해석에 따른다.

포장기사 우대현황

법령명	조문내역	활용내용
공무원수당등에관한규정	제14조특수업무수당(별표11)	특수업무수당지급
공무원임용시험령	제27조경력경쟁채용시험등의응시자격등(별표7,별표8)	경력경쟁채용시험등의응시
공무원임용시험령	제31조자격증소지자등에대한우대(별표12)	6급이하공무원채용시험가산대상자격증
공직자윤리법시행령	제34조취업승인	관할공직자윤리위원회가취업승인을하는경우
공직자윤리법의시행에관한대법원규칙	제37조취업승인신청	퇴직공직자의취업승인요건
공직자윤리법의시행에관한헌법재판소규칙	제20조취업승인	퇴직공직자의취업승인요건
교육감소속지방공무원평정규칙	제23조자격증등의가산점	5급이하공무원,연구사및지도사관련가점사항
국가공무원법	제36조의2채용시험의가점	공무원채용시험응시가점
국가과학기술경쟁력강화를위한이공계지원특별법시행령	제20조연구기획평가사의자격시험	연구기획평가사자격시험일부면제자격
국가과학기술경쟁력강화를위한이공계지원특별법시행령	제2조이공계인력의범위등	이공계지원특별법해당자격
군무원인사법시행령	제10조경력경쟁채용요건	경력경쟁채용시험으로신규채용할수있는경우
군인사법시행령	제44조전역보류(별표2,별표5)	전역보류자격
근로자직업능력개발법시행령	제27조직업능력개발훈련을위하여근로자를가르칠수있는사	직업능력개발훈련교사의정의

	람	
근로자직업능력개발법시행령	제28조직업능력개발훈련교사의자격취득(별표2)	직업능력개발훈련교사의자격
근로자직업능력개발법시행령	제38조다기능기술자과정의학생선발방법	다기능기술자과정학생선발방법중정원내특별전형
근로자직업능력개발법시행령	제44조교원등의임용	교원임용시자격증소지자에대한우대
기술사법	제6조기술사사무소의개설등록등	합동사무소개설시요건
기술사법시행령	제19조합동기술사사무소의등록기준등(별표1)	합동사무소구성원요건
기초연구진흥및기술개발지원에관한법률시행규칙	제2조기업부설연구소등의연구시설및연구전담요원에대한기준	연구전담요원의자격기준
독학에의한학위취득에관한법률시행규칙	제4조국가기술자격취득자에대한시험면제범위등	같은분야응시자에대해교양과정인정시험,전공기초과정인정시험및전공심화과정인정시험면제
문화산업진흥기본법시행령	제26조기업부설창작연구소등의인력시설등의기준	기업부설창작연구소의창작전담요원인력기준
선거관리위원회공무원규칙	제21조경력경쟁채용등의요건(별표4)	같은종류직무에관한자격증소지자에대한경력경쟁채용
선거관리위원회공무원규칙	제29조전직시험의면제(별표12)	전직시험의면제
선거관리위원회공무원규칙	제83조응시에필요한자격증(별표12)	채용시험전직시험의응시에필요한자격증구분
선거관리위원회공무원규칙	제89조채용시험의특전(별표15)	6급이하공무원채용시험에응시하는경우가산
선거관리위원회공무원평정규칙	제23조자격증의가점(별표5)	자격증소지자에대한가점평정
소재부품전문기업등의육성에관한특별조치법시행령	제14조소재부품기술개발전문기업의지원기준등	소재부품기술개발전문기업의기술개발전담요원
엔지니어링산업진흥법시행령	제33조엔지니어링사업자의신고등(별표3)	엔지니어링활동주체의신고기술인력
엔지니어링산업진흥법시행령	제4조엔지니어링기술자(별표2)	엔지니어링기술자의범위
여성과학기술인육성및지원에관한법률시행령	제2조정의	여성과학기술인의해당요건

연구직및지도직공무원의임용등에관한규정	제12조전직시험의면제(별표2의5)	연구직및지도직공무원경력경쟁채용등과전직을위한자격증구분및전직시험이면제되는자격증구분표
연구직및지도직공무원의임용등에관한규정	제26조의2채용시험의특전(별표6,별표7)	연구사및지도사공무원채용시험시가점
연구직및지도직공무원의임용등에관한규정	제7조의2경력경쟁채용시험등의응시자격	경력경쟁채용시험등의응시자격
중소기업인력지원특별법	제28조근로자의창업지원등	해당직종과관련분야에서신기술에기반한창업의경우지원
중소기업창업지원법시행령	제20조중소기업상담회사의등록요건(별표1)	중소기업상담회사가보유하여야하는전문인력기준
중소기업창업지원법시행령	제6조창업보육센터사업자의지원(별표1)	창업보육센터사업자의전문인력기준
지방공무원법	제34조의2신규임용시험의가점	지방공무원신규임용시험시가점
지방공무원수당등에관한규정	제14조특수업무수당(별표9)	특수업무수당지급
지방공무원임용령	제17조경력경쟁임용시험등을통한임용의요건	경력경쟁시험등의임용
지방공무원임용령	제55조의3자격증소지자에대한신규임용시험의특전	6급이하공무원신규임용시필기시험점수가산
지방공무원평정규칙	제23조자격증등의가산점	5급이하공무원연구사및지도사관련가점사항
지방자치단체를당사자로하는계약에관한법률시행규칙	제7조원가계산시단위당가격의기준	노임단가가산
해양환경관리법시행규칙	제74조업무대행자의지정(별표29)	자재약제의성능시험검정업무대행자지정기준
행정안전부소관비상대비자원관리법시행규칙	제2조인력자원의관리직종(별표)	인력자원관리직종
헌법재판소공무원규칙	제21조전직시험의면제(별표7)	전직시험이면제되는자격증구분표
헌법재판소공무원수당등에관한규칙	제6조특수업무수당(별표2)	특수업무수당 지급구분표
헌법재판소공무원평정규칙	제23조자격증가점(별표4)	5급이하및기능직공무원자격증취득자가점평정
국가기술자격법	제14조국가기술자격취득자에대한우대	국가기술자격취득자우대

국가기술자격법시행규칙	제21조시험위원의자격등(별표16)	시험위원의자격
국가기술자격법시행령	제27조국가기술자격취득자의취업등에대한우대	공공기관등채용시국가기술자격취득자우대
국가를당사자로하는계약에관한법률시행규칙	제7조원가계산을할때단위당가격의기준	노임단가의가산
국외유학에관한규정	제5조자비유학자격	자비유학자격
국회인사규칙	제20조경력경쟁채용등의요건	동종직무에관한자격증소지자에대한경력경쟁채용
군무원인사법시행규칙	제18조채용시험의특전	채용시험의특전
군무원인사법시행규칙	제27조가산점(별표6)	군무원승진관련가산점
비상대비자원관리법	제2조대상자원의범위	비상대비자원의인력자원범위

□ 필 기

직무 분야	경영 · 회계 · 사무	중직무 분야	생산관리	자격 종목	포장기사	적용 기간	2021. 1. 1. ~ 2024. 12. 31.
○직무내용 : 산업분야에서 생산 및 가공된 각종 상품의 포장에 필요한 세부사항과 요구되는 재료와 용기의 형상을 결정하여, 상품의 유통과정을 이해하고, 제품 보호성향상과 물류비 절감을 위한 포장의 설계, 관리 및 개발 등 관련된 활동들을 수행하는 직무							
필기검정방법	객관식	문제수	80	시험시간	2시간		

필기 과목명	출제 문제수	주요항목	세부항목	세세항목
포장일반	20	1. 포장개론과 환경	1. 포장	1. 포장의 목적 2. 포장의 기능 3. 포장분류 및 표시
			2. 환경	1. 포장폐기물 재활용과 처리방법 2. 포장재 사용규제 및 재질구조 개선 기준 3. 전과정평가(LCA) 4. 친환경포장 설계 5. 친환경포장재 종류 및 특성
		2. 포장기계	1. 포장기계	1. 일반포장기계의 종류 및 용도 2. 경포장기계의 종류 및 용도 3. 인쇄기의 종류 및 용도 4. 계량기의 종류 및 용도 5. 충전기의 종류 및 용도 6. 접착기의 종류 및 용도
		3. 포장디자인 및 마케팅, 인쇄	1. 포장디자인	1. 포장디자인의 목적과 기능 2. 포장디자인의 상품화계획 3. 포장디자인 개발요건
			2. 마케팅	1. 상품전략과 포장 2. 브랜드의 개념과 분류
			3. 인쇄기법	1. 인쇄의 종류 및 특징 2. 잉크종류 및 용도
물류관리 및 유통시험	20	1. 물류관리	1. 물류관리의 개념	1. 물류 및 로지스틱스의 개념 2. 물류의 구성 3. 물류의 영역 4. 물류비 개념 및 분석
			2. 화물운송, 하역 및 보관	1. 운송 2. 하역 3. 보관 및 창고
			3. 물류 모듈 시스템	1. 파렛트 2. 컨테이너 3. 유니트 로드 시스템 4. 물류모듈체계
			4. 일관 파렛트화	1. 일관 파렛트화의 개념 2. 파렛트 규격표준화 3. 파렛트 풀 시스템

			5. 포장 표준화	1. 포장표준화의 요소 및 범위 2. 포장표준화 추진방법
		2. 물류정보 관리	1. 정보관리 시스템	1. 바코드의 개념 2. POS의 이해 3. RFID의 개념 4. SCM의 개념
		3. 유통시험	1. 포장유통시험	1. 포장화물의 진동 및 충격 시험 2. 포장화물의 압축 및 적재 시험
포장재료 및 시험	20	1. 지류	1. 종이 및 판지	1. 종이, 판지 포장재의 종류 및 특성 2. 종이, 판지의 생산공정이해
			2. 골판지	1. 골판지의 특성 2. 골판지의 용도 3. 특수 골판지의 종류 및 특성 4. 골판지 상자의 개요 5. 골판지 상자의 설계 (치수 및 강도)
		2 . 플라스틱	1. 플라스틱	1. 플라스틱의 제조 및 일반적인 특성 2. 플라스틱 필름의 종류 및 특성 3. 연포장재 가공방법 4. 플라스틱 용기의 종류 및 특성 5. 플라스틱 용기의 가공방법
		3. 유리, 도자기, 금속 및 목재	1. 유리 및 도자기	1. 유리 및 도자기의 제조방법 및 특성 2. 유리 및 도자기 용기의 종류 및 용도
			2. 금속	1. 금속 캔의 종류 및 특성 2. 기타 금속용기(에어로졸, 튜브)
			3. 목재	1. 목재의 개요 2. 목상자의 종류 및 용도
		4. 포장 부자재 및 기타포장재	1. 포장 부자재	1. 마개 및 클로저의 종류 및 용도 2. 접착제, 봉함, 결속재의 종류 및 용도
			2. 기타포장재	1. 포장용 완충재의 종류 및 특성 2. 기능성 포장재의 종류 및 특성
		5. 포장시험법	1. 포장재료시험	1. 종이 및 판지 시험 2. 플라스틱 필름, 시트 및 용기 시험 3. 목재 시험 4. 금속 시험 5. 유리 시험 6. 기타 포장재 시험
포장기법	20	1. 식품포장	1.식품포장 기법	1. 무균포장 2. 레토르트포장 3. MA포장 4. 선도유지 포장 5. 진공포장 6. 가스치환포장 7. 가열 살균 포장 8. 냉동 포장
		2. 완충포장	1. 완충포장	1. 완충포장개론

				2. 수송환경 3. 파손성의 설계와 평가 4. 완충곡선과 완충재의 특성 평가
		3. 기능성 포장	1. 방수, 방습, 방청 포장	1. 방수 및 방습포장 2. 방청포장
			2. 기타 특수포장	1. 어린이 보호포장 2. 의약품 포장 3. Active 및 smart 포장 4. 변조방지포장 5. 베리어프리 포장

□ 실 기

직무 분야	경영 · 회계 · 사무	중직무 분야	생산관리	자격 종목	포장기사	적용 기간	2021. 1. 1. ~ 2024. 12. 31.
○ 직무내용 : 산업분야에서 생산 및 가공되어진 각 상품의 포장에 필요한 세부사항과 요구되는 재료와 용기의 형상을 결정하여, 상품의 유통과정을 이해하고, 제품 보호성향상과 물류비 절감을 위한 포장의 설계, 관리 및 개발 등 관련된 활동들을 수행하는 직무 ○ 수행준거 : 1. 포장계획을 할 수 있다. 2. 포장원가 계산을 할 수 있다. 3. 물류 및 환경관련 업무를 할 수 있다. 4. 포장재료 및 화물에 대한 적정 시험을 할 수 있다. 5. 포장규격 작성에 관한 업무를 할 수 있다. 6. 포장공정에 대한 업무를 할 수 있다.							
실기검정방법	필답형			시험시간	2시간 30분		

실기 과목명	주요항목	세부항목	세세항목
포장 실무	1. 포장분석	1. 관련법규 검토하기	1. 국내 포장관련 법규들을 조사할 수 있다. 2. 해외 포장관련 법규들을 조사할 수 있다. 3. 포장관련 규제 및 클레임 사례를 조사할 수 있다.
		2. 경제성 분석하기	1. 타사의 제품샘플을 수집할 수 있다. 2. 포장 제조공정 표준안을 작성할 수 있다. 3. 예상되는 포장 재료비를 산출할 수 있다. 4. 예상되는 가공비와 적정이윤을 산출할 수 있다. 5. 물류비 등 기타 부가비용을 산출할 수 있다. 6. 견적을 비교할 수 있다. 7. 적정원가를 계산할 수 있다.
	2. 포장 설계	1. 제품 분석하기	1. 제품의 크기, 무게, 취약부위, 내충격 강도 등 물리적 특성을 조사할 수 있다. 2. 제품의 화학적 특성을 조사할 수 있다. 3. 제품의 미생물학적 특성을 조사할 수 있다.
		2. 친환경 포장 설계하기	1. 원천감량을 고려하여 설계할 수 있다. 2. 포장재에 대한 재활용(물질 재활용, 에너지 회수, 화학적 회수 등)을 고려하여 설계할 수 있다. 3. 친환경 포장 설계에 대한 적합성 여부를 검토할 수 있다. 4. 친환경 포장 재료를 선택할 수 있다.
		3. 포장재료 선택하기	1. 제품을 포장하는데 요구되는 포장재료에 대한 시험에 대해 숙지할 수 있다. 2. 포장재료 관련 시험을 실시할 수 있다. 3. 외부포장 재질을 선택할 수 있다. 4. 내부포장 재질을 선택할 수 있다. 5. 단위포장 재질을 선택할 수 있다. 6. 선택한 결과를 정리할 수 있다.
		4. 포장기법 선택하기	1. 피포장물과 포장재료, 유통환경에 대한 정보를 분석할 수 있다. 2. 자사 및 타사 포장 전략을 검토할 수 있다. 3. 자사 생산기술능력에 대해 조사할 수 있다. 4. 적합한 포장기법을 적용할 수 있다.

		5. 포장치수 결정하기	1. 제품의 물류환경을 검토할 수 있다. 2. 포장작업 편이성을 검토할 수 있다. 3. 외부포장 치수를 결정할 수 있다. 4. 내부포장 치수를 결정할 수 있다. 5. 입수 및 배열, 적입방법을 결정할 수 있다. 6. 내용물의 완충고정, 공간비율 등을 검토할 수 있다. 7. 표준 치수 규격을 확정할 수 있다.
		6. 포장강도 설정하기	1. 제품의 물류환경을 검토할 수 있다. 2. 제품의 강도 및 물리적 특성을 검토할 수 있다. 3. 포장재의 완충특성을 검토할 수 있다. 4. 필요한 경우 포장 및 완충재에 대한 압축, 낙하, 충격, 진동시험을 수행할 수 있다. 5. 내용물의 완충고정, 공간비율 등을 검토할 수 있다. 6. 표준강도규격을 확정할 수 있다.
	3. 포장시험	1. 포장시험하기	1. 종이 및 판지 시험을 할 수 있다. 2. 플라스틱 필름, 시트 및 용기 시험을 할 수 있다. 3. 목재 시험을 할 수 있다. 4. 금속 시험을 할 수 있다. 5. 유리 시험을 할 수 있다. 6. 기타 포장재 시험을 할 수 있다.
		2. 화물시험하기	1. 포장화물의 진동 및 충격 시험을 할 수 있다. 2. 포장화물의 압축 및 적재 시험을 할 수 있다.

포장산업기사

(Industrial Engineer Packing)

◈ 개요

최근 새로운 포장재료(환경친화성, 안전성, 저물류비용 중시)의 개발과 응용을 통해 인간생활의 질을 향상시키려는 포장 및 포장디자인에 대한 연구가 활발하게 진행되고 있다. 이에 따라 포장을 통해 정보와 구매동기를 제공함으로써 상품의 품질과 구매력을 향상시키기 위한 포장에 관한 전문지식과 기능을 갖춘 전문인력 양성이 요구됨에 따라 자격제도를 제정하였다.

◈ 수행직무

제품내용의 성격과 목적을 이해하여 요구되어지는 기능을 충족시킬 수 있도록, 간단하고 합리적인 형태나 구조로 제품의 외관 및 포장을 디자인하는 실무적인 일을 수행하는 직무를 맡는다.

◈ 실시기관명 및 홈페이지

한국산업인력공단(http://www.q-net.or.kr)

◈ 진로 및 전망

① 포장재료 대량 수요업체, 포장재료 제조회사 등의 포장개발부서 등으로 진출할 수있다.

② 최근 포장산업의 성장에 영향을 미치는 강력한 요인으로는 환경친화성, 위생성과 안전성, 물류합리화를 위한 포장표준화, 농산물의 포장

화와 저온유통체계의 확충작업등을 들 수 있다. 이에 따라 국내 포장 업계에서도 소비자들을 위한 많은 정보와 동기를 제공할 수 있으면서도 상품에 대한 구매자극을 불러일으킬 수 있는 신제품의 개발과 기술개발에 주력하고 있고다.

③ 또한 포장디자인분야의 투자도 확대시키고 있다. 그렇지만 국내에는 포장관련 전문기술인력이 많이 부족하다. 따라서 포장분야의 전문적인 지식과 실무경험을 갖춘다면 전망은 매우 밝다고 할 수 있다.

◈ 시험정보

수수료

- 필기 : 19,400 원
- 실기 : 20,800 원

◈ 출제기준

<u>별도 파일 삽입(412쪽)</u>

◈ 취득방법

① 응시자격 : 응시자격에는 제한이 있다.

기술자격 소지자	관련학과 졸업자	순수 경력자
· 동일(유사)분야 산업 기사 · 기능사 + 1년 · 동일종목의 외국자격취득자 · 기능경기대회 입상	· 전문대졸(졸업예정자) · 산업기사수준의 훈련과정 이수자	· 2년(동일, 유사 분야)

※ 관련학과 : 전문대학 이상의 학교에 개설되어 있는 포장 등 관련학과

※ 동일직무분야 : 건설, 광업자원, 기계, 재료, 화학, 섬유·의복, 전기·전자, 정보통신, 식품가공, 인쇄·목재·가구·공예, 농림어업, 안전관리,

환경·에너지

② 시험과목 및 검정방법

필기시험(객관식 4지 택일형, 과목당 20문항, 과목당 30분)

- 포장일반
- 포장재료 및 시험
- 포장기법

2. 실기시험(필답형, 2시간 30분)

- 포장실무

③ 합격 기준

- 필기 : 100점을 만점으로 하여 과목당 40점 이상, 전 과목 평균 60점 이상
- 실기 : 100점을 만점으로 하여 60점 이상

④ 필기시험 면제 : 필기시험에 합격한 자에 대하여는 필기시험 합격자 발표일로부터 2년간 필기시험을 면제한다.

◈ 년도별 검정현황

종목명	연도	필기			실기		
		응시	합격	합격률(%)	응시	합격	합격률(%)
소 계		3,230	543	16.8%	241	48	19.9%
포장산업기사	2020	17	5	29.4%	6	0	0%
포장산업기사	2019	22	11	50%	9	4	44.4%
포장산업기사	2018	14	4	28.6%	5	1	20%
포장산업기사	2017	17	8	47.1%	7	1	14.3%
포장산업기사	2016	15	6	40%	4	2	50%
포장산업기사	2015	17	9	52.9%	8	0	0%
포장산업기사	2014	20	7	35%	6	2	33.3%

포장산업기사	2013	10	1	10%	6	0	0%
포장산업기사	2012	12	3	25%	4	1	25%
포장산업기사	2011	24	6	25%	5	0	0%
포장산업기사	2010	17	10	58.8%	8	1	12.5%
포장산업기사	2009	37	12	32.4%	14	6	42.9%
포장산업기사	2008	34	19	55.9%	20	5	25%
포장산업기사	2007	44	11	25%	14	1	7.1%
포장산업기사	2006	51	15	29.4%	18	1	5.6%
포장산업기사	2005	59	19	32.2%	20	1	5%
포장산업기사	2004	52	5	9.6%	5	1	20%
포장산업기사	2003	41	3	7.3%	6	2	33.3%
포장산업기사	2002	68	7	10.3%	7	2	28.6%
포장산업기사	2001	64	4	6.3%	5	3	60%
포장산업기사	1977 ~2000	2,595	378	14.6%	64	14	21.9%

◈ 자격취득자에 대한 법령상 우대현황

① 본 자료는 종목별 국가기술자격 취득자 우대 법령을 자체 조사한 자료이다.

② 본 자료는 2020년 하반기에 법제처(www.law.go.kr) 홈페이지를 통해 조사하였으며, 법령 개정 시점 등에 따라 변경 된 내용이 미반영 될 수 있다.

③ 법령별 세부 우대현황에 대한 적용은 관련법령을 담당하는 부처의 유권해석에 따른다.

포장산업기사 우대현황

법령명	조문내역	활용내용
공무원수당등에관한규정	제14조특수업무수당(별표11)	특수업무수당지급
공무원임용시험령	제27조경력경쟁채용시험등의응시자격등(별표7,별표8)	경력경쟁채용시험등의응시
공무원임용시험령	제31조자격증소지자등에대한우대(별표12)	6급이하공무원채용시험가산대상자격증
공직자윤리법시행령	제34조취업승인	관할공직자윤리위원회가취업승인을하는경우
공직자윤리법의시행에관한대법원규칙	제37조취업승인신청	퇴직공직자의취업승인요건
공직자윤리법의시행에관한헌법재판소규칙	제20조취업승인	퇴직공직자의취업승인요건
교육감소속지방공무원평정규칙	제23조자격증등의가산점	5급이하공무원,연구사및지도사관련가점사항
국가공무원법	제36조의2채용시험의가점	공무원채용시험응시가점
국가과학기술경쟁력강화를위한이공계지원특별법시행령	제20조연구기획평가사의자격시험	연구기획평가사자격시험일부면제자격
국가과학기술경쟁력강화를위한이공계지원특별법시행령	제2조이공계인력의범위등	이공계지원특별법해당자격
군무원인사법시행령	제10조경력경쟁채용요건	경력경쟁채용시험으로신규채용할수있는경우
군인사법시행규칙	제14조부사관의임용	부사관임용자격
군인사법시행령	제44조전역보류(별표2,별표5)	전역보류자격
근로자직업능력개발법시행령	제27조직업능력개발훈련을위하여근로자를가르칠수있는사람	직업능력개발훈련교사의정의
근로자직업능력개발법시행령	제28조직업능력개발훈련교사의자격취득(별표2)	직업능력개발훈련교사의자격
근로자직업능력개발법시행령	제38조다기능기술자과정의학생선발방법	다기능기술자과정학생선발방법중정원내특별전형

근로자직업능력개발법시행령	제44조교원등의임용	교원임용시자격증소지자에대한우대
기술사법	제6조기술사사무소의개설등록등	합동사무소개설시요건
기술사법시행령	제19조합동기술사사무소의등록기준등(별표1)	합동사무소구성원요건
기초연구진흥및기술개발지원에관한법률시행규칙	제2조기업부설연구소등의연구시설및연구전담요원에대한기준	연구전담요원의자격기준
독학에의한학위취득에관한법률시행규칙	제4조국가기술자격취득자에대한시험면제범위등	같은분야응시자에대해교양과정인정시험,전공기초과정인정시험및전공심화과정인정시험면제
선거관리위원회공무원규칙	제21조경력경쟁채용등의요건(별표4)	같은종류직무에관한자격증소지자에대한경력경쟁채용
선거관리위원회공무원규칙	제29조전직시험의면제(별표12)	전직시험의면제
선거관리위원회공무원규칙	제83조응시에필요한자격증(별표12)	채용시험전직시험의응시에필요한자격증구분
선거관리위원회공무원규칙	제89조채용시험의특전(별표15)	6급이하공무원채용시험에응시하는경우가산
선거관리위원회공무원평정규칙	제23조자격증의가점(별표5)	자격증소지자에대한가점평정
엔지니어링산업진흥법시행령	제33조엔지니어링사업자의신고등(별표3)	엔지니어링활동주체의신고기술인력
엔지니어링산업진흥법시행령	제4조엔지니어링기술자(별표2)	엔지니어링기술자의범위
여성과학기술인육성및지원에관한법률시행령	제2조정의	여성과학기술인의해당요건
연구직및지도직공무원의임용등에관한규정	제26조의2채용시험의특전(별표6,별표7)	연구사및지도사공무원채용시험시가점
중소기업인력지원특별법	제28조근로자의창업지원등	해당직종과관련분야에서신기술에기반한창업의경우지원
지방공무원법	제34조의2신규임용시험의가점	지방공무원신규임용시험시가점
지방공무원수당등에관	제14조특수업무수당(별표9)	특수업무수당지급

한규정		
지방공무원임용령	제17조경력경쟁임용시험등을통한임용의요건	경력경쟁시험등의임용
지방공무원임용령	제55조의3자격증소지자에대한신규임용시험의특전	6급이하공무원신규임용시필기시험점수가산
지방공무원평정규칙	제23조자격증등의가산점	5급이하공무원연구사및지도사관련가점사항
지방자치단체를당사자로하는계약에관한법률시행규칙	제7조원가계산시단위당가격의기준	노임단가가산
해양환경관리법시행규칙	제74조업무대행자의지정(별표29)	자재약제의성능시험검정업무대행자지정기준
헌법재판소공무원규칙	제21조전직시험의면제(별표7)	전직시험이면제되는자격증구분표
헌법재판소공무원수당등에관한규칙	제6조특수업무수당(별표2)	특수업무수당 지급구분표
헌법재판소공무원평정규칙	제23조자격증가점(별표4)	5급이하및기능직공무원자격증취득자가점평정
국가기술자격법	제14조국가기술자격취득자에대한우대	국가기술자격취득자우대
국가기술자격법시행규칙	제21조시험위원의자격등(별표16)	시험위원의자격
국가기술자격법시행령	제27조국가기술자격취득자의취업등에대한우대	공공기관등채용시국가기술자격취득자우대
국가를당사자로하는계약에관한법률시행규칙	제7조원가계산을할때단위당가격의기준	노임단가의가산
국외유학에관한규정	제5조자비유학자격	자비유학자격
국회인사규칙	제20조경력경쟁채용등의요건	동종직무에관한자격증소지자에대한경력경쟁채용
군무원인사법시행규칙	제18조채용시험의특전	채용시험의특전
군무원인사법시행규칙	제27조가산점(별표6)	군무원승진관련가산점
비상대비자원관리법	제2조대상자원의범위	비상대비자원의인력자원범위

□ 필 기

직무분야	경영・회계・사무	중직무분야	생산관리	자격종목	포장산업기사	적용기간	2021. 1. 1. ~ 2024. 12. 31.
○직무내용 : 산업분야에서 생산 및 가공된 각종 상품의 포장에 필요한 기본사항과 요구되는 재료 용기의 형상을 결정하여, 상품의 유통과정을 이해하고 제품 보호성 향상을 위한 포장의 특성, 측정 등 관련된 활동들을 수행하는 직무							
필기검정방법	객관식	문제수	60	시험시간	1시간 30분		

필 기 과목명	출 제 문제수	주요항목	세부항목	세세항목
포장일반	20	1. 포장개론과 환경	1. 포장	1. 포장의 목적과 정의 2. 포장분류 3. 포장 표시
			2. 포장의 환경성	1. 포장과 환경 2. 포장의 재활용 3. 친환경포장재 종류 및 특성
		2. 포장기계	1. 포장기계	1. 일반포장기계 종류와 용도 2. 계량기의 종류 및 용도 3. 충전기의 종류 및 용도 4. 접착기의 종류 및 용도
		3. 포장표준화	1. 포장표준화	1. 포장표준화의 요소 및 범위 2. 포장표준화 추진방법
		4. 유통시험	1. 포장유통시험	1. 포장화물의 진동 및 충격 시험 2. 포장화물의 압축 및 적재 시험
		5. 포장디자인	1. 포장디자인	1. 포장디자인의 목적과 기능 2. 포장디자인의 상품화계획 3. 포장디자인 개발요건
포장재료 및 시험	20	1. 지류	1. 종이 및 판지	1. 종이, 판지 포장재의 종류 및 특성 2. 종이, 판지의 생산공정의 이해
			2. 골판지	1. 골판지의 특성 2. 골판지의 용도 3. 골판지 상자의 개요 4. 골판지 상자의 설계 (치수 및 강도)
		2. 플라스틱	1. 플라스틱	1. 플라스틱의 제조 및 일반적인 특성 2. 플라스틱 필름의 종류 및 특성 3. 연포장재 가공방법 4. 플라스틱 용기의 종류 및 특성
		3. 유리, 도자기, 금속 및 목재	1. 유리 및 도자기	1. 유리 및 도자기의 제조방법 및 특성 2. 유리 및 도자기 용기의 종류 및 용도
			2. 금속	1. 금속 캔의 종류 및 특성 2. 기타 금속용기(에어로졸, 튜브)
			3. 목재	1. 목재의 개요 2. 목상자의 종류 및 용도
		4. 포장 부자재 및	1. 포장 부자재	1. 마개 및 클로저의 종류 및 용도

		기타포장재		2. 접착제, 봉함, 결속재의 종류 및 용도
			2. 기타 포장재	1. 포장용 완충재의 종류 및 특성 2. 기능성 포장재의 종류 및 특성
		5. 포장시험법	1. 포장재료시험	1. 종이 및 판지 시험 2. 플라스틱 필름, 시트 및 용기 시험 3. 목재 시험 4. 금속 시험 5. 유리 시험 6. 기타 포장재 시험
포장기법	20	1. 식품포장	1.식품포장 기법	1. 무균포장 2. 레토르트포장 3. MA포장 4. 선도유지 포장 5. 진공포장 6. 가스치환포장 7. 가열 살균 포장 8. 냉동 포장
		2. 완충포장	1. 완충포장	1. 완충포장개론 2. 수송환경 3. 파손성의 설계와 평가 4. 완충곡선과 완충재의 특성 평가
		3. 특수 포장	1. 방수, 방습, 방청 포장	1. 방수 및 방습포장 2. 방청포장
			2. 기타 특수포장	1. 어린이 보호포장 2. 의약품 포장 3. Active 및 smart 포장 4. 변조방지포장

□ 실 기

직무분야	경영・회계・사무	중직무분야	생산관리	자격종목	포장산업기사	적용기간	2021. 1. 1. ~ 2024. 12. 31.

○ 직무내용 : 산업분야에서 생산 및 가공된 각종 상품의 포장에 필요한 기본사항과 요구되는 재료 용기의 형상을 결정하여, 상품의 유통과정을 이해하고 제품 보호성 향상을 위한 포장의 특성, 측정 등 관련된 활동들을 수행하는 직무

○ 수행준거 : 1. 포장기본사항 계획을 수립할 수 있다.
2. 포장원가 계산을 할 수 있다.
3. 친환경 포장관련 업무를 할 수 있다.
4. 포장시험 및 포장기기에 관한 업무를 할 수 있다.
5. 포장표준화에 관한 업무를 할 수 있다.

실기검정방법	필답형	시험시간	2시간 30분

실기과목명	주요항목	세부항목	세세항목
포장실무	1. 포장분석	1. 관련법규 검토하기	1. 국내 포장관련 법규들을 조사할 수 있다. 2. 해외 포장관련 법규들을 조사할 수 있다. 3. 포장관련 규제 및 클레임 사례를 조사할 수 있다.
		2. 경제성 분석하기	1. 타사의 제품샘플을 수집할 수 있다. 2. 포장 제조공정 표준안을 작성할 수 있다. 3. 예상되는 포장 재료비를 산출할 수 있다. 4. 예상되는 가공비와 적정이윤을 산출할 수 있다. 5. 물류비 등 기타 부가비용을 산출할 수 있다. 6. 견적을 비교할 수 있다. 7. 적정원가를 계산할 수 있다.
	2. 포장 설계	1. 제품 분석하기	1. 제품의 크기, 무게, 취약부위, 내충격 강도 등 물리적 특성을 조사할 수 있다. 2. 제품의 화학적 특성을 조사할 수 있다. 3. 제품의 미생물학적 특성을 조사할 수 있다.
		2. 친환경 포장 설계하기	1. 원천감량을 고려하여 설계할 수 있다. 2. 포장재에 대한 재활용(물질 재활용, 에너지 회수, 화학적 회수 등)을 고려하여 설계할 수 있다. 3. 친환경 포장 설계에 대한 적합성 여부를 검토할 수 있다. 4. 친환경 포장 재료를 선택할 수 있다.
		3. 포장자료 선택하기	1. 제품을 포장하는데 요구되는 포장재료에 대한 시험에 대해 숙지할 수 있다. 2. 포장재료 관련 시험을 실시할 수 있다. 3. 외부포장 재질을 선택할 수 있다. 4. 내부포장 재질을 선택할 수 있다. 5. 단위포장 재질을 선택할 수 있다. 6. 선택한 결과를 정리할 수 있다.
		4. 포장기법 선택하기	1. 피포장물과 포장재료, 유통환경에 대한 정보를 분석할 수 있다. 2. 자사 및 타사 포장 전략을 검토할 수 있다. 3. 자사 생산기술능력에 대해 조사할 수 있다. 4. 적합한 포장기법을 적용할 수 있다.
		5. 포장치수 결정하기	1. 제품의 물류환경을 검토할 수 있다.

			2. 포장작업 편이성을 검토할 수 있다. 3. 외부포장 치수를 결정할 수 있다. 4. 내부포장 치수를 결정할 수 있다. 5. 입수 및 배열, 적입방법을 결정할 수 있다. 6. 내용물의 완충그정, 공간비율 등을 검토할 수 있다. 7. 표준 치수 규격을 확정할 수 있다.
		6. 포장강도 설정하기	1. 제품의 물류환경을 검토할 수 있다. 2. 제품의 강도 및 물리적 특성을 검토할 수 있다. 3. 포장재의 완충특성을 검토할 수 있다. 4. 필요한 경우 포장 및 완충재에 대한 압축, 낙하, 충격, 진동시험을 수행할 수 있다. 5. 내용물의 완충그정, 공간비율 등을 검토할 수 있다. 6. 표준강도규격을 확정할 수 있다.
	3. 포장시험	포장시험하기	1. 종이 및 판지 시험을 할 수 있다. 2. 플라스틱 필름, 시트 및 용기 시험을 할 수 있다. 3. 목재 시험을 할 수 있다. 4. 금속 시험을 할 수 있다. 5. 유리 시험을 할 수 있다. 6. 기타 포장재 시험을 할 수 있다.
		2. 화물시험하기	1. 포장화물의 진동 및 충격 시험을 할 수 있다. 2. 포장화물의 압축 및 적재 시험을 할 수 있다.

품질경영기사
(Engineer Quality Management)

◈ 개요
경제, 사회발전에 따라 고객의 요구가 가격중심에서 고품질, 다양한 디자인, 충실한 A/S 및 안전성 등으로 급속히 변화하고 있으며, 이에 기업의 경쟁력 창출요인도 변화하여 기업경영의 근본요소로 품질경영체계의 적극적인 도입과 확산이 요구되고 있다. 이를 수행할 전문기술인력 양성이 요구되어 품질경영사자격 제도를 제정하였다.

◈ 수행직무
일반적인 지식을 갖고 제품의 라이프 사이클에서 품질을 확보하는 단계에서 생산준비, 제조 및 서비스등 주로 현장에서 품질경영시스템의 업무를 수행하고 각 단계에서 발견된 문제점을 지속적으로 개선하고 혁신하는 업무 등을 수행하는 직무이다.

◈ 실시기관명 및 홈페이지
한국산업인력공단(http://www.q-net.or.kr)

◈ 진로 및 전망
유·무형 제조물에 관계없이 필요로 하므로 각 분야의 생산현장의 제조, 판매 서비스에이르기 까지 수요가 폭넓게 펼처질 전망된다.

◈ 시험정보
수수료

- 필기 : 19,400 원
- 실기 : 22,600 원

◈ 취득방법

① 응시자격 : 응시자격에는 제한이 있다.

기술자격 소지자	관련학과 졸업자	순수 경력자
· 동일(유사)분야 기사 · 산업기사 + 1년 · 기능사 + 3년 · 동일종목의 외국자격취득자	· 대졸(졸업예정자) · 3년제 전문대졸 + 1년 · 2년제 전문대졸 + 2년 · 기사수준의 훈련과정 이수자 · 산업기사수준 훈련과정 이수 + 2년	· 4년(동일, 유사 분야)

※ 관련학과 : 4년제 대학교 이상의 학교에 개설되어 있는 산업공학, 산업경영공학, 산업기술 경영 등 관련학과

※ 동일직무분야 : 건설, 광업자원, 기계, 재료, 화학, 섬유·의복, 전기·전자, 정보통신, 식품가공, 인쇄·목재·가구·공예, 농림어업, 안전관리, 환경·에너지

② 시험과목 및 검정방법

1. 필기시험(객관식 4지 택일형, 과목당 20문항, 과목당 30분)

- 실험계획법
- 통계적 품질관리
- 생산시스템
- 신뢰성관리
- 품질경영

2. 실기시험(필답형, 3시간)

- 품질경영실무

③ 합격 기준

- 필기 : 100점을 만점으로 하여 과목당 40점 이상, 전 과목 평균 60점 이상
- 실기 : 100점을 만점으로 하여 60점 이상

④ 필기시험 면제 : 필기시험에 합격한 자에 대하여는 필기시험 합격자 발표일로부터 2년간 필기시험을 면제한다.

◈ 출제기준

**별도 파일 삽입(424쪽)*

◈ 년도별 검정현황

종목명	연도	필기			실기		
		응시	합격	합격률(%)	응시	합격	합격률(%)
소 계		122,214	46,963	38.4%	66,865	24,834	37.1%
품질경영기사	2020	3,343	1,973	59%	2,815	1,552	55.1%
품질경영기사	2019	3,617	1,644	45.5%	2,454	835	34%
품질경영기사	2018	3,459	1,506	43.5%	2,395	1,139	47.6%
품질경영기사	2017	4,126	1,739	42.1%	2,653	900	33.9%
품질경영기사	2016	3,846	1,534	39.9%	2,365	950	40.2%
품질경영기사	2015	3,723	1,614	43.4%	2,245	1,157	51.5%
품질경영기사	2014	2,562	1,092	42.6%	1,434	602	42%
품질경영기사	2013	2,139	689	32.2%	1,008	456	45.2%
품질경영기사	2012	1,961	567	28.9%	786	392	49.9%
품질경영기사	2011	1,729	526	30.4%	840	314	37.4%
품질경영기사	2010	1,964	503	25.6%	733	343	46.8%
품질경영기사	2009	2,045	392	19.2%	672	220	32.7%
품질경영기사	2008	1,827	615	33.7%	1,070	409	38.2%
품질경영기사	2007	2,049	460	22.4%	933	190	20.4%
품질경영기사	2006	2,333	707	30.3%	1,095	373	34.1%
품질경영기사	2005	2,280	637	27.9%	1,114	363	32.6%
품질경영기사	2004	2,230	527	23.6%	1,108	360	32.5%
품질경영기사	2003	2,516	748	29.7%	1,498	332	22.2%
품질경영기사	2002	2,439	734	30.1%	1,351	350	25.9%
품질경영기사	2001	2,300	527	22.9%	1,127	256	22.7%
품질경영기사	1978 ~2000	69,726	28,229	40.5%	37,169	13,341	35.9%

◈ 자격취득자에 대한 법령상 우대현황

◇ 본 자료는 종목별 국가기술자격 취득자 우대 법령을 자체 조사한 자료이다.

◇ 본 자료는 2020년 하반기에 법제처(www.law.go.kr) 홈페이지를 통해 조사하였으며, 법령 개정 시점 등에 따라 변경된 내용이 미반영 될 수 있다.

◇법령별 세부 우대현황에 대한 적용은 관련법령을 담당하는 부처의 유권해석에 따른다.

품질경영기사 우대현황

법령명	조문내역	활용내용
공무원수당등에관한규정	제14조특수업무수당(별표11)	특수업무수당지급
공무원임용시험령	제27조경력경쟁채용시험등의응시자격등(별표7,별표8)	경력경쟁채용시험등의응시
공무원임용시험령	제31조자격증소지자등에대한우대(별표12)	6급이하공무원채용시험가산대상자격증
공직자윤리법시행령	제34조취업승인	관할공직자윤리위원회가취업승인을하는경우
공직자윤리법의시행에관한대법원규칙	제37조취업승인신청	퇴직공직자의취업승인요건
공직자윤리법의시행에관한헌법재판소규칙	제20조취업승인	퇴직공직자의취업승인요건
교육감소속지방공무원평정규칙	제23조자격증등의가산점	5급이하공무원,연구사및지도사관련가점사항
국가공무원법	제36조의2채용시험의가점	공무원채용시험응시가점
국가과학기술경쟁력강화를위한이공계지원특별법시행령	제20조연구기획평가사의자격시험	연구기획평가사자격시험일부면제자격
국가과학기술경쟁력강화를위한이공계지원특별법시행령	제2조이공계인력의범위등	이공계지원특별법해당자격
군무원인사법시행령	제10조경력경쟁채용요건	경력경쟁채용시험으로신규채용할수있는경우

군인사법시행규칙	제14조부사관의임용	부사관임용자격
군인사법시행령	제44조전역보류(별표2, 별표5)	전역보류자격
근로자직업능력개발법시행령	제27조직업능력개발훈련을위하여근로자를가르칠수있는사람	직업능력개발훈련교사의정의
근로자직업능력개발법시행령	제28조직업능력개발훈련교사의자격취득(별표2)	직업능력개발훈련교사의자격
근로자직업능력개발법시행령	제38조다기능기술자과정의학생선발방법	다기능기술자과정학생선발방법중정원내특별전형
근로자직업능력개발법시행령	제44조교원등의임용	교원임용시자격증소지자에대한우대
기초연구진흥및기술개발지원에관한법률시행규칙	제2조기업부설연구소등의연구시설및연구전담요원에대한기준	연구전담요원의자격기준
독학에의한학위취득에관한법률시행규칙	제4조국가기술자격취득자에대한시험면제범위등	같은분야응시자에대해교양과정인정시험, 전공기초과정인정시험및전공심화과정인정시험면제
문화산업진흥기본법시행령	제26조기업부설창작연구소등의인력시설등의기준	기업부설창작연구소의창작전담요원인력기준
산업표준화법시행령	제26조인증심사원의자격기준(별표1)	인증심사원의자격
선거관리위원회공무원규칙	제21조경력경쟁채용등의요건(별표4)	같은종류직무에관한자격증소지자에대한경력경쟁채용
선거관리위원회공무원규칙	제29조전직시험의면제(별표12)	전직시험의면제
선거관리위원회공무원규칙	제83조응시에필요한자격증(별표12)	채용시험전직시험의응시에필요한자격증구분
선거관리위원회공무원규칙	제89조채용시험의특전(별표15)	6급이하공무원채용시험에응시하는경우가산
선거관리위원회공무원평정규칙	제23조자격증의가점(별표5)	자격증소지자에대한가점평정
소재부품전문기업등의육성에관한특별조치법시행령	제14조소재부품기술개발전문기업의지원기준등	소재부품기술개발전문기업의기술개발전담요원
엔지니어링산업진흥법	제33조엔지니어링사업자의신	엔지니어링활동주체의신고기술인력

시행령	고등(별표3)	
엔지니어링산업진흥법 시행령	제4조엔지니어링기술자(별표2)	엔지니어링기술자의범위
여성과학기술인육성및지원에관한법률시행령	제2조정의	여성과학기술인의해당요건
연구직및지도직공무원의임용등에관한규정	제12조전직시험의면제(별표2의5)	연구직및지도직공무원경력경쟁채용등과전직을위한자격증구분및전직시험이면제되는자격증구분표
연구직및지도직공무원의임용등에관한규정	제26조의2채용시험의특전(별표6,별표7)	연구사및지도사공무원채용시험시가점
연구직및지도직공무원의임용등에관한규정	제7조의2경력경쟁채용시험등의응시자격	경력경쟁채용시험등의응시자격
중소기업인력지원특별법	제28조근로자의창업지원등	해당직종과관련분야에서신기술에기반한창업의경우지원
중소기업제품구매촉진및판로지원에관한법률시행규칙	제12조시험연구원의지정등(별표3)	시험연구원의지정기준
중소기업창업지원법시행령	제20조중소기업상담회사의등록요건(별표1)	중소기업상담회사가보유하여야하는전문인력기준
중소기업창업지원법시행령	제6조창업보육센터사업자의지원(별표1)	창업보육센터사업자의전문인력기준
지방공무원법	제34조의2신규임용시험의가점	지방공무원신규임용시험시가점
지방공무원수당등에관한규정	제14조특수업무수당(별표9)	특수업무수당지급
지방공무원임용령	제17조경력경쟁임용시험등을통한임용의요건	경력경쟁시험등의임용
지방공무원임용령	제55조의3자격증소지자에대한신규임용시험의특전	6급이하공무원신규임용시필기시험점수가산
지방공무원평정규칙	제23조자격증등의가산점	5급이하공무원연구사및지도사관련가점사항
지방자치단체를당사자로하는계약에관한법률시행규칙	제7조원가계산시단위당가격의기준	노임단가가산
해양환경관리법시행규칙	제74조업무대행자의지정(별표29)	자재약제의성능시험검정업무대행자지정기준
행정안전부소관비상대비자원관리법시행규칙	제2조인력자원의관리직종(별표)	인력자원관리직종

헌법재판소공무원규칙	제21조전직시험의면제(별표7)	전직시험이면제되는자격증구분표
헌법재판소공무원수당등에관한규칙	제6조특수업무수당(별표2)	특수업무수당 지급구분표
헌법재판소공무원평정규칙	제23조자격증가점(별표4)	5급이하및기능직공무원자격증취득자가점평정
국가기술자격법	제14조국가기술자격취득자에대한우대	국가기술자격취득자우대
국가기술자격법시행규칙	제21조시험위원의자격등(별표16)	시험위원의자격
국가기술자격법시행령	제27조국가기술자격취득자의취업등에대한우대	공공기관등채용시국가기술자격취득자우대
국가를당사자로하는계약에관한법률시행규칙	제7조원가계산을할때단위당가격의기준	노임단가의가산
국외유학에관한규정	제5조자비유학자격	자비유학자격
국회인사규칙	제20조경력경쟁채용등의요건	동종직무에관한자격증소지자에대한경력경쟁채용
군무원인사법시행규칙	제18조채용시험의특전	채용시험의특전
군무원인사법시행규칙	제27조가산점(별표6)	군무원승진관련가산점
비상대비자원관리법	제2조대상자원의범위	비상대비자원의인력자원범위

□ 필 기

직무분야	경영・회계・사무	중직무분야	생산관리	자격종목	품질경영기사	적용기간	2019.01.01.~2022.12.31.

○직무내용 : 고객만족을 실현하기 위하여 설계, 생산준비, 제조 및 서비스를 산업 전반에서 전문적인 지식을 가지고 제품의 품질을 확보하고 품질경영시스템의 업무를 수행하여 각 단계에서 발견된 문제점을 지속적으로 개선하고 혁신하는 직무 수행

필기검정방법	객관식	문제수	100	시험시간	2시간 30분

필기과목명	문제수	주요항목	세부항목	세세항목
실험 계획법	20	1. 실험계획 분석 및 최적해 설계	1. 실험계획의 개념	1. 실험계획의 개념 및 원리 2. 실험계획법의 구조 모형과 분류
			2. 요인배치법	1. 일원배치법 2. 일원배치법의 해석 3. 반복이 없는 이원 배치법 4. 반복이 있는 이원 배치법 5. 난괴법 6. 다원배치법의 개요
			3. 대비와 직교분해	1. 대비와 직교분해
			4. 계수값 데이터의 분석 및 해석	1. 계수값 데이터의 분석 및 해석 (일, 이원배치법)
			5. 분할법	1. 단일분할법 2. 지분실험법
			6. 라틴방격법	1. 라틴방격법 및 그리코 라틴 방격법
			7. K^n 형 요인 배치법	1. K^n 형 요인배치법
			8. 교락법	1. 교락법과 일부실시법
			9. 직교배열표	1. 2수준계 직교배열표 2. 3수준계 직교배열표
			10. 회귀분석	1. 회귀분석
			11. 다구찌 실험계획법의 개념	1. 다구찌 실험계획법의 개념 2. 다구찌 실험계획법의 설계

필기과목명	문제수	주요항목	세부항목	세세항목
통계적품질 관리	20	1. 품질정보관리	1. 확률과 확률분포	1. 모수와 통계량 2. 확률 3. 확률분포
			2. 검정과 추정	1. 검정과 추정의 기초 이론 2. 단일 모집단의 검정과 추정 3. 두 모집단 차의 검정과 추정 4. 계수값 검정과 추정 5. 적합도 검정 및 동일성 검정
			3. 상관 및 단순회귀	1. 상관 및 단순회귀
		2. 품질검사관리	1. 샘플링 검사	1. 검사개요 2. 샘플링방법과 샘플링오차 3. 샘플링검사와 OC곡선 4. 계량값 샘플링검사 5. 계수값 샘플링검사 6. 축차샘플링검사
		3. 공정품질관리	1. 관리도	1. 공정 모니터링과 관리도 활용 2. 계량값 관리도 3. 계수값 관리도 4. 관리도의 판정 및 공정해석 5. 관리도의 성능 및 수리

필기과목명	문제수	주요항목	세부항목	세세항목
생산시스템	20	1. 생산시스템의 이해와 개선	1. 생산전략과 생산 시스템	1. 생산시스템의 개념 2. 생산형태와 설비배치/ 라인밸런싱 3. SCM(공급망관리) 4. 생산전략과 의사결정론 5. ERP와 생산정보관리
			2. 수요예측과 제품조합	1. 수요예측 2. 제품조합
		2. 자재관리 전략	1. 자재조달과 구매	1. 자재관리와 MRP(자재소요량 계획) 2. 적시생산시스템(JIT) 3. 외주 및 구매관리 4. 재고관리
		3. 생산계획수립	1. 일정관리	1. 생산계획 및 통제 2. 작업순위결정방법 3. 프로젝트일정관리 및 PERT/CPM
		4. 표준작업관리	1. 작업관리	1. 공정분석과 작업분석 2. 동작분석 3. 표준시간과 작업측정 4. 생산성관리 및 평가
		5. 설비보전관리	1. 설비보전	1. 설비보전의 종류 2. TPM(종합적설비관리)

필기과목명	문제수	주요항목	세부항목	세세항목
신뢰성관리	20	1. 신뢰성설계 및 분석	1. 신뢰성의 개념	1. 신뢰성의 기초개념 2. 신뢰성 수명분포 3. 신뢰도 함수 4. 신뢰성 척도 계산
			2. 신뢰성 시험과 추정	1. 신뢰성 척도의 계산 2. 신뢰성 척도의 검정과 추정
			3. 보전성과 유용성	1. 보전성 2. 유용성
			4. 신뢰성 시험과 추정	1. 고장률 곡선 2. 신뢰성 데이터분석 3. 정상수명시험 4. 확률도(와이블, 정규, 지수 등)를 통한 신뢰성추정 5. 가속수명시험 6. 신뢰성 샘플링기법 7. 간섭이론과 안전계수
			5. 시스템의 신뢰도	1. 직렬결합 시스템의 신뢰도 2. 병렬결합 시스템의 신뢰도 3. 기타 결합 시스템의 신뢰도
			6. 신뢰성 설계	1. 신뢰성 설계 개념 2. 신뢰성 설계 방법
			7. 고장해석 방법	1. FMEA에 의한 고장해석 2. FTA에 의한 고장해석
			8. 신뢰성관리	1. 신뢰성관리

필기과목명	문제수	주요항목	세부항목	세세항목
품질경영	20	1. 품질경영의 이해와 활용	1. 품질경영	1. 품질경영의 개념 2. 품질전략과 TQM 3. 고객만족과 품질경영 4. 품질경영시스템(QMS) 5. 협력업체 품질관리 6. 제조물 책임과 품질보증 7. 교육훈련과 모티베이션 8. 서비스업의 품질경영
			2. 품질비용	1. 품질비용과 COPQ 2. 품질비용 측정 및 분석
			3. 표준화	1. 표준화와 표준화 요소 2. 사내표준화 3. 산업표준화와 국제표준화 4. 품질인증제도(KS 등)
			4. 6시그마 혁신활동과 공정능력	1. 규정공차와 공정능력분석 2. 6시그마 혁신활동
			5. 검사설비 운영	1. 검사설비관리 2. MSA(측정시스템)
			6. 품질혁신 활동	1. 혁신활동 2. 개선활동 3. 품질관리수법

□ 실 기

직무 분야	경영·회계·사무	중직무 분야	생산관리	자격 종목	품질경영기사	적용 기간	2019.01.01.~2022.12.31.

○직무내용 : 고객만족을 실현하기 위하여 설계, 생산준비, 제조 및 서비스를 산업 전반에서 전문적인 지식을 가지고 제품의 품질을 확보하고 품질경영시스템의 업무를 수행하여 각 단계에서 발견된 문제점을 지속적으로 개선하고 혁신하는 직무 수행

○수행준거 : 1. 통계적 기법을 기초로 품질경영 업무 및 신뢰성업무를 수행할 수 있다.
2. 품질계획 및 설계, 제조, 서비스에 이르는 품질보증시스템 전반에 대해 이해하고 관리도 및 샘플링 검사, 실험계획법 등을 활용하여 관리개선 업무를 수행할 수 있다.
3. 제도적 개선방법에 대해 이해하고 품질시스템 유지 및 개선을 위한 시스템 운영방법을 적용할 수 있다.

실기검정방법	필답형	시험시간	3시간

실기과목명	주요항목	세부항목	세세항목
품질경영실무	1. 품질정보관리	1. 품질정보체계정립하기	1. 품질전략에 따라 설정된 품질목표의 평가와 품질보증 업무의 개선 필요사항 도출할 수 있는 품질정보의 분류 체계를 정립할 수 있다. 2. 정립된 품질정보의 분류 체계에 따라 품질정보 운영 절차 및 기준을 작성할 수 있다.
		2. 품질정보분석 및 평가하기	1. 품질정보 운영 절차 및 기준에 따라 항목별 품질 데이터를 산출할 수 있다. 2. 품질정보 운영 절차 및 기준에 따라 항목별 품질 데이터를 수집할 수 있다. 3. 수집된 품질데이터를 통계적 기법에 따라 분석할 수 있다. 4. 품질정보의 분석 결과에 따라 목표 달성 여부와 프로세스 개선 필요 여부를 평가할 수 있다. 5. 품질정보의 평가 결과에 따라 품질회의의 의사결정을 통해 각 부문의 개선활동 계획 수립에 반영할 수 있다.
		3. 품질정보 활용하기	1. 각 부문 품질경영 활동 추진을 위한 장단기 계획에 따라 통계적 품질관리 활용 계획을 포함하여 수립 할 수 있다. 2. 각 부문 품질경영 활동에 통계적 품질관리 기법을 활용할 수 있도록 지원할 수 있다. 3. 각 부문 통계적 품질관리 활동 추진 결과를 평가하여 사후관리를 할 수 있다.
	2. 품질코스트관리	1. 품질코스트 체계 정립하기	1. 품질코스트 관리 절차와 운영기준에 따라 분류 체계별 품질코스트 항목을 설정할 수 있다. 2. 설정된 품질코스트 항목별 산출기준과 수집방법을 정립하여 사내표준으로 제정할 수 있다.
		2. 품질코스트 수집하기	1. 품질코스트(Q COST) 및 COPQ 항목별 산출기준에 따라 각 부문에서 주기적으로 품질코스트를 산출하고 수집하도록 지원할 수 있다. 2. 수집된 품질코스트(Q COST) 및 COPQ를 산출기준에 따라 검증할 수 있다.

실기과목명	주요항목	세부항목	세세항목
		3. 품질코스트 개선하기	1. 품질코스트(Q COST) 및 COPQ 분석 결과에 따라 품질개선이 필요한 항목을 도출할 수 있다. 2. 도출된 품질코스트(Q COST) 및 COPQ 개선 항목에 따라 개선활동을 수행할 수 있다. 3. 품질코스트(Q COST) 및 COPQ 항목과 산출기준의 정합성을 모니터링 하여 품질을 개선할 수 있다.
	3. 설계품질관리	1. 품질특성 및 설계변수 설정하기	1. 최적설계를 구현하기 의한 품질변수를 설정할 수 있다. 2. 설정된 품질변수를 통하여 실험설계를 할 수 있다. 3. 실험설계를 위한 실험 방법 및 조건을 도출할 수 있다.
		2. 파라미터 설계하기	1. 파라미터 설계를 위한 실험계획을 수립할 수 있다. 2. 계획된 실험방법에 따라 실험을 진행할 수 있다. 3. 계획된 실험방법에 따라 진행된 실험결과를 분석할 수 있다. 4. 품질특성에 따라 설계변수의 최적조합조건을 도출하여 설계변수를 결정할 수 있다.
		3. 허용차설계 및 결정하기	1. 설계변수의 최적조합수준 하에서 관리허용범위 내에서 재현성 실험설계를 실시 할 수 있다. 2. 실험 데이터를 분산분석으로 요인별 기여도를 파악하여 허용차를 설정할 수 있다. 3. 최종 품질특성치에 따라 허용차를 결정하여 표준화를 실시할 수 있다.
	4. 공정품질관리	1. 중점관리항목 선정하기	1. 중점관리항목 선정 절차에 따라 필요한 정보를 수집하여 분석할 수 있다. 2. 수집 및 분석된 정보를 바탕으로 품질기법을 활용하여 중점관리항목을 선정할 수 있다. 3. 선정된 중점관리항목을 관리계획에 반영하여 문서(관리계획서 또는 QC공정도)를 작성할 수 있다.
		2. 관리도 작성하기	1. 중점관리항목의 특성에 따라 해당되는 관리도의 종류를 선정할 수 있다. 2. 관리계획서 또는 QC공정도의 관리방법에 따라 데이터를 수집하여 관리도를 작성할 수 있다. 3. 작성된 관리도를 활용하여 공정을 해석할 수 있다. 4. 관리도 해석으로부터 발생한 공정이상에 대해 조치할 수 있다.
		3. 공정능력평가하기	1. 데이터의 수집기간과 유형에 따라 공정능력 분석방법을 선정할 수 있다. 2. 품질특성의 규격에 따라 공정능력을 평가할 수 있다. 3. 공정능력 평가결과를 활용하여 개선 방향을 수립할 수 있다. 4. 수립한 개선 방향에 따라 공정능력 향상 활동을 수행할 수 있다.

실기과목명	주요항목	세부항목	세세항목
	5. 품질검사관리	1. 검사체계 정립하기	1. 품질 요구사항을 고려하여 이를 충족할 수 있는 검사업무 절차와 검사기준을 설정할 수 있다. 2. 검사업무 절차와 검사기준에 따라 검사관리 요소를 설정할 수 있다. 3. 제품개발 계획과 생산계획에 따라 검사계획을 수립할 수 있다.
		2. 품질검사 실시하기	1. 검사업무 절차와 검사기준에 따라 로트별로 품질검사를 실시할 수 있다. 2. 검사결과 발생한 불합격 로트에 대해 부적합품 처리 절차를 수행할 수 있다. 3. 로트별 검사 결과에 따라 검사이력 관리대장을 작성할 수 있다.
		3. 측정기 관리하기	1. 측정기 유효기간을 고려하여 교정계획을 수립할 수 있다. 2. 수립한 교정계획에 따라 교정을 실시할 수 있다. 3. 측정기 관리 업무 절차와 측정시스템 분석 계획에 따라 측정시스템분석을 수행할 수 있다.
	6. 품질보증체계 확립	1. 품질보증체계 정립하기	1. 품질보증 업무에 대한 프로세스의 요구사항 조사결과에 따라 미비, 수정, 보완 사항을 도출할 수 있다. 2. 도출된 미비, 수정, 보완 사항에 따라 품질보증 업무 프로세스를 정립할 수 있다. 3. 정립된 품질보증 업무 프로세스를 문서화하여 사내표준을 정비할 수 있다.
		2. 품질보증체계 운영하기	1. 연간 교육계획을 수립하여 품질보증 업무에 대한 사내표준의 이해와 실행에 대한 교육을 운영할 수 있다. 2. 품질보증 업무에 대한 사내표준에 따라 단계별 품질보증 활동을 지원할 수 있다. 3. 품질보증 업무에 대한 사내표준에 따라 단계별 품질보증 활동을 수행할 수 있다. 4. 품질보증 업무 운영결과에 따라 사후관리를 할 수 있다.
	7. 신뢰성 관리	1. 신뢰성 체계 정립하기	1. 신뢰성체계 요구사항에 대한 조사결과에 따라 수정·보완 사항을 도출할 수 있다. 2. 도출된 수정·보완 사항에 따라 신뢰성 업무 프로세스를 정립할 수 있다. 3. 정립된 신뢰성 업무 프로세스를 문서화하여 사내표준을 정비할 수 있다.
		2. 신뢰성시험하기	1. 고객의 사용 환경 조건 및 요구사항에 따라 신뢰성 시험 업무 절차와 시험방법을 선정할 수 있다. 2. 신뢰성시험 업무 절차와 시험방법을 고려하여 신뢰성 시험을 실시할 수 있다. 3. 신뢰성시험 결과에 근거하여 개선 방향을 설정할 수 있다. 4. 신뢰성 개선방향에 근거하여 개선 필요 사항을 도출하여 수정할 수 있다.

실기과목명	주요항목	세부항목	세세항목
		3. 신뢰성평가하기	1. 신뢰성 데이터의 수집기간과 유형에 따라 신뢰성 파라미터 분석방법을 선정할 수 있다. 2. 신뢰성파라미터 분석 방법에 따라 신뢰성 수준을 분석하고 평가할 수 있다. 3. 신뢰성 평가 결과를 활용하여 개선 방향을 설정할 수 있다. 4. 신뢰성 개선방향에 따라 개선 필요 사항을 도출하여 수정할 수 있다.
	8. 현장품질관리	1. 3정5S 활동하기	1. 3정 5S 추진 절차에 따라 활동계획을 수립할 수 있다. 2. 활동 계획에 따라 역할을 분담하여 3정 5S 활동을 실행 할 수 있다.
		2. 눈으로 보는 관리하기	1. 품질특성에 영향을 주는 관리대상을 선정하여 활동계획을 수립 할 수 있다. 2. 활동계획에 따라 관리 방법과 기준을 결정 할 수 있다.
		3. 자주보전 활동하기	1. 자주보전 추진계획에 따라 활동 단계별 세부 추진일정을 수립 할 수 있다. 2. 활동 단계별 진행방법에 따라 활동을 실행 할 수 있다.

품질경영산업기사
(Industrial Engineer Quality Management)

◈ 개요

경제, 사회발전에 따라 고객의 요구가 가격중심에서 고품질, 다양한 디자인, 충실한 A/S 및 안전성 등으로 급속히 변화하고 있다. 이에 기업의 경쟁력 창출요인도 변화하여 기업경영의 근본요소로 품질경영체계의 적극적인 도입과 확산이 요구되고 있으며, 이를 수행할 전문기술인력양성이 요구되어 품질경영산업기사 자격 제도가 제정되었다.

◈ 수행직무

일반적인 지식을 갖고 제품의 라이프 사이클에서 품질을 확보하는 단계에서 생산준비, 제조 및 서비스등 주로 현장에서 품질경영시스템의 업무를 수행하고 각 단계에서 발견된 문제점을 지속적으로 개선하고 혁신하는 업무 등을 수행하는 직무이다.

◈ 실시기관명 및 홈페이지

한국산업인력공단(http://www.q-net.or.kr)

◈ 진로 및 전망

유·무형 제조물에 관계없이 필요로 하므로 각 분야의 생산현장의 제조, 판매 서비스에이르기 까지 수요가 폭넓게 펼쳐질 전망이다.

◈ 시험정보

수수료
- 필기 : 19,400 원
- 실기 : 20,800 원

◈ 취득방법

① 응시자격 : 응시자격에는 제한이 있다.

기술자격 소지자	관련학과 졸업자	순수 경력자
· 동일(유사)분야 산업 기사 · 기능사 + 1년 · 동일종목의 외국자격취득자 · 기능경기대회 입상	· 전문대졸(졸업예정자) · 산업기사수준의 훈련과정 이수자	· 2년(동일, 유사 분야)

※ 관련학과 : 전문대학 이상의 학교에 개설되어 있는 산업공학과, 산업경영공학, 산업기술경 영, 산업경영과, 산업시스템경영과, 산업시스템설계과 등

※ 동일직무분야 : 건설, 광업자원, 기계, 재료, 화학, 섬유·의복, 전기·전자, 정보통신, 식품가공, 인쇄·목재·가구·공예, 농림어업, 안전관리, 환경·에너지

② 시험과목 및 검정방법

1. 필기시험(객관식 4지 택일형, 과목당 20문항, 과목당 30분)
 - 실험계획법
 - 통계적 품질관리
 - 생산시스템
 - 품질경영
2. 실기시험(필답형, 2시간 30분)
 - 품질경영실무

③ 합격 기준

 - 필기 : 100점을 만점으로 하여 과목당 40점 이상, 전 과목 평균 60점 이상

 - 실기 : 100점을 만점으로 하여 60점 이상

④필기시험 면제 : 필기시험에 합격한 자에 대하여는 필기시험 합격자 발표일로부터 2년간 필기시험을 면제한다.

◈ 출제기준

*<u>*별도 파일 삽입(439쪽)*</u>*

◈ 년도별 검정현황

종목명	연도	필기			실기		
		응시	합격	합격률(%)	응시	합격	합격률(%)
소 계		36,376	10,564	29%	8,125	3,615	44.5%
품질경영산업기사	2020	767	331	43.2%	439	207	47.2%
품질경영산업기사	2019	1,015	413	40.7%	485	218	44.9%
품질경영산업기사	2018	1,017	413	40.6%	509	269	52.8%
품질경영산업기사	2017	1,189	597	50.2%	667	362	54.3%
품질경영산업기사	2016	1,121	464	41.4%	501	304	60.7%
품질경영산업기사	2015	1,065	344	32.3%	423	216	51.1%
품질경영산업기사	2014	955	312	32.7%	388	201	51.8%
품질경영산업기사	2013	1,012	299	29.5%	410	193	47.1%
품질경영산업기사	2012	853	243	28.5%	310	134	43.2%
품질경영산업기사	2011	869	327	37.6%	420	198	47.1%
품질경영산업기사	2010	897	240	26.8%	287	153	53.3%
품질경영산업기사	2009	970	267	27.5%	338	163	48.2%
품질경영산업기사	2008	1,105	281	25.4%	409	159	38.9%
품질경영산업기사	2007	1,200	288	24%	492	154	31.3%
품질경영산업기사	2006	1,538	396	25.7%	621	195	31.4%
품질경영산업기사	2005	1,515	435	28.7%	688	214	31.1%
품질경영산업기사	2004	11	1	9.1%	2	1	50%
품질경영산업기사	2003	12	2	16.7%	4	0	0%
품질경영산업기사	2002	11	2	18.2%	5	0	0%
품질경영산업기사	2001	13	4	30.8%	6	0	0%
품질경영산업기사	1978 ~2000	19,241	4,905	25.5%	721	274	38%

◈ 자격취득자에 대한 법령상 우대현황

① 본 자료는 종목별 국가기술자격 취득자 우대 법령을 자체 조사한 자료이다.

② 본 자료는 2020년 하반기에 법제처(www.law.go.kr) 홈페이지를 통해 조사하였으며, 법령 개정 시점 등에 따라 변경된 내용이 미반영 될 수 있다.

③ 법령별 세부 우대현황에 대한 적용은 관련법령을 담당하는 부처의 유권해석에 따른다.

품질경영산업기사 우대현황

법령명	조문내역	활용내용
공무원수당등에관한규정	제14조특수업무수당(별표11)	특수업무수당지급
공무원임용시험령	제27조경력경쟁채용시험등의응시자격등(별표7,별표8)	경력경쟁채용시험등의응시
공무원임용시험령	제31조자격증소지자등에대한우대(별표12)	6급이하공무원채용시험가산대상자격증
공직자윤리법시행령	제34조취업승인	관할공직자윤리위원회가취업승인을하는경우
공직자윤리법의시행에관한대법원규칙	제37조취업승인신청	퇴직공직자의취업승인요건
공직자윤리법의시행에관한헌법재판소규칙	제20조취업승인	퇴직공직자의취업승인요건
교육감소속지방공무원평정규칙	제23조자격증등의가산점	5급이하공무원,연구사및지도사관련가점사항
국가공무원법	제36조의2채용시험의가점	공무원채용시험응시가점
국가과학기술경쟁력강화를위한이공계지원특별법시행령	제20조연구기획평가사의자격시험	연구기획평가사자격시험일부면제자격
국가과학기술경쟁력강화를위한이공계지원특별법시행령	제2조이공계인력의범위등	이공계지원특별법해당자격
군무원인사법시행령	제10조경력경쟁채용요건	경력경쟁채용시험으로신규채용할수있는경우

군인사법시행규칙	제14조부사관의임용	부사관임용자격
군인사법시행령	제44조전역보류(별표2,별표5)	전역보류자격
근로자직업능력개발법시행령	제27조직업능력개발훈련을위하여근로자를가르칠수있는사람	직업능력개발훈련교사의정의
근로자직업능력개발법시행령	제28조직업능력개발훈련교사의자격취득(별표2)	직업능력개발훈련교사의자격
근로자직업능력개발법시행령	제38조다기능기술자과정의학생선발방법	다기능기술자과정학생선발방법중정원내특별전형
근로자직업능력개발법시행령	제44조교원등의임용	교원임용시자격증소지자에대한우대
기초연구진흥및기술개발지원에관한법률시행규칙	제2조기업부설연구소등의연구시설및연구전담요원에대한기준	연구전담요원의자격기준
독학에의한학위취득에관한법률시행규칙	제4조국가기술자격취득자에대한시험면제범위등	같은분야응시자에대해교양과정인정시험,전공기초과정인정시험및전공심화과정인정시험면제
먹는물관리법시행령	제6조품질관리인의자격기준	정수기제조업품질관리인의자격기준
산업표준화법시행령	제26조인증심사원의자격기준(별표1)	인증심사원의자격
선거관리위원회공무원규칙	제21조경력경쟁채용등의요건(별표4)	같은종류직무에관한자격증소지자에대한경력경쟁채용
선거관리위원회공무원규칙	제29조전직시험의면제(별표12)	전직시험의면제
선거관리위원회공무원규칙	제83조응시에필요한자격증(별표12)	채용시험전직시험의응시에필요한자격증구분
선거관리위원회공무원규칙	제89조채용시험의특전(별표15)	6급이하공무원채용시험에응시하는경우가산
선거관리위원회공무원평정규칙	제23조자격증의가점(별표5)	자격증소지자에대한가점평정
엔지니어링산업진흥법시행령	제33조엔지니어링사업자의신고등(별표3)	엔지니어링활동주체의신고기술인력
엔지니어링산업진흥법시행령	제4조엔지니어링기술자(별표2)	엔지니어링기술자의범위
여성과학기술인육성및지원에관한법률시행령	제2조정의	여성과학기술인의해당요건
연구직및지도직공무원의임용등에관한규정	제26조의2채용시험의특전(별표6,별표7)	연구사및지도사공무원채용시험시가점
중소기업인력지원특별법	제28조근로자의창업지원등	해당직종과관련분야에서신기술에기

		반한창업의경우지원
중소기업제품구매촉진및판로지원에관한법률시행규칙	제12조시험연구원의지정등(별표3)	시험연구원의지정기준
지방공무원법	제34조의2신규임용시험의가점	지방공무원신규임용시험시가점
지방공무원수당등에관한규정	제14조특수업무수당(별표9)	특수업무수당지급
지방공무원임용령	제17조경력경쟁임용시험등을통한임용의요건	경력경쟁시험등의임용
지방공무원임용령	제55조의3자격증소지자에대한신규임용시험의특전	6급이하공무원신규임용시필기시험점수가산
지방공무원평정규칙	제23조자격증등의가산점	5급이하공무원연구사및지도사관련가점사항
지방자치단체를당사자로하는계약에관한법률시행규칙	제7조원가계산시단위당가격의기준	노임단가가산
해양환경관리법시행규칙	제74조업무대행자의지정(별표29)	자재약제의성능시험검정업무대행자지정기준
헌법재판소공무원규칙	제21조전직시험의면제(별표7)	전직시험이면제되는자격증구분표
헌법재판소공무원수당등에관한규칙	제6조특수업무수당(별표2)	특수업무수당 지급구분표
헌법재판소공무원평정규칙	제23조자격증가점(별표4)	5급이하및기능직공무원자격증취득자가점평정
국가기술자격법	제14조국가기술자격취득자에대한우대	국가기술자격취득자우대
국가기술자격법시행규칙	제21조시험위원의자격등(별표16)	시험위원의자격
국가기술자격법시행령	제27조국가기술자격취득자의취업등에대한우대	공공기관등채용시국가기술자격취득자우대
국가를당사자로하는계약에관한법률시행규칙	제7조원가계산을할때단위당가격의기준	노임단가의가산
국외유학에관한규정	제5조자비유학자격	자비유학자격
국회인사규칙	제20조경력경쟁채용등의요건	동종직무에관한자격증소지자에대한경력경쟁채용
군무원인사법시행규칙	제18조채용시험의특전	채용시험의특전
군무원인사법시행규칙	제27조가산점(별표6)	군무원승진관련가산점
비상대비자원관리법	제2조대상자원의범위	비상대비자원의인력자원범위

□ 필 기

직무 분야	경영 · 회계 · 사무	중직무 분야	생산관리	자격 종목	품질경영산업기사	적용 기간	2019.01.01.~2022.12.31.

○직무내용 : 고객만족을 실현하기 위하여 조직, 생산준비, 제조 및 서비스 등 주로 산업 및 서비스 전반에서 품질경영시스템의 업무를 수행하고 각 단계에서 발견된 문제점을 지속적으로 개선하고 혁신하는 직무 수행

필기검정방법	객관식	문제수	80	시험시간	2시간

필기과목명	문제수	주요항목	세부항목	세세항목
실험계획법	20	1. 실험계획과 분석 및 최적해 설계	1. 실험계획의 개념	1. 실험계획의 개념 및 기본원리 2. 실험계획법의 구조모형과 분류
			2. 일원배치법	1. 반복이 일정한 모수모형 일원 배치법 2. 반복이 일정하지 않은 일원배치법 3. 변량모형 일원배치법
			3. 이원배치법	1. 반복 없는 모수모형 이원배치법 2. 반복 있는 모수모형 이원배치법 3. 난괴법 4. 분산분석 후의 해석
			4. 계수값 데이터의 분석	1. 계수값 데이터의 분석(일원배치)과 해석
			5. 라틴방격법	1. 라틴방격법
			6. 직교배열표	1. 2수준계 직교배열표 개념 2. 2수준계 직교배열표 배치
			7. 단순회귀 분석	1. 단순회귀 분석
			8. 기여율과 결측치 처리	1. 순변동과 기여율 2. 결측치가 있는 경우의 분산분석

필기과목명	문제수	주요항목	세부항목	세세항목
통계적품질 관리	20	1. 모집단의 특성 도출 및 관리개선	1. 데이터의 정리	1. 데이터의 기초정리
			2. 기초 확률분포	1. 확률과 확률변수의 개요 2. 이산형 확률분포의 기초 3. 연속형 확률분포의 기초
			3. 검정 및 추정	1. 검정과 추정의 기초이론 2. 단일 모집단의 검정과 추정 3. 두 모집단 차의 검정과 추정 4. 계수값 검정과 추정
			4. 상관관계분석	1. 산점도 2. 상관관계분석
			5. 샘플링 검사	1. 검사개요 2. 샘플링 방법과 이론 3. 로트가 합격할 확률과 OC곡선 4. 계량값 샘플링 검사 5. 계수값 샘플링 검사
			6. 관리도	1. 관리도의 개요 2. 계량값 관리도 3. $\bar{x}$-R관리도 4. p, np 관리도 5. c, u 관리도 6. 관리도의 판정 및 공정해석

필기과목명	문제수	주요항목	세부항목	세세항목
생산시스템	20	1. 생산시스템의 이해와 개선	1. 생산 시스템	1. 생산시스템의 개념과 유형 2. 생산형태와 설비배치 3. 라인밸런싱 4. ERP와 생산정보분석
			2. 수요예측	1. 수요예측
			3. 자재관리	1. 자재관리와 MRP 2. 적시생산시스템(JIT) 3. 외주 및 구매관리 4. 재고관리
			4. 일정관리	1. 생산계획 2. 작업순위결정방법 3. PERT-CPM 4. 생산통제
			5. 작업관리	1. 공정분석 2. 작업분석 3. 동작분석 4. 표준시간의 정의 및 구성 5. 표준시간측정 기법
			6. 설비보전	1. 설비보전의 종류 및 조직 2. 설비종합효율

필기과목명	문제수	주요항목	세부항목	세세항목
품질경영	20	1. 품질경영의 이해와 활용	1. 품질경영개요	1. 품질경영의 개념 2. 품질경영과 고객만족 3. 품질 조직 및 운영 4. ISO 9001 품질경영시스템 5. 품질보증체계 6. 제조물 책임 7. 교육훈련과 모티베이션
			2. 품질비용	1. 품질비용 개요
			3. 표준화	1. 표준화 개념 2. 사내표준화 활동 3. 산업표준화와 KS 인증제도 4. 국제표준화 5. 표준화 요소
			4. 규격과 공정능력	1. 규격과 규정공차 2. 공정능력분석
			5. 검사설비 운영	1. 검사설비관리 개요
			6. 품질혁신 활동	1. 6 시그마와 품질혁신활동 2. 개선 활동 3. QC 7가지 도구 4. 신QC 7가지 도구

□ 실 기

직무 분야	경영·회계·사무	중직무 분야	생산관리	자격 종목	품질경영산업기사	적용 기간	2019.01.01.~2022.12.31.

○직무내용 : 고객만족을 실현하기 위하여 조직, 생산준비, 제조 및 서비스 등 주로 산업 및 서비스 전반에서 품질경영시스템의 업무를 수행하고 각 단계에서 발견된 문제점을 지속적으로 개선하고 혁신하는 직무 수행

○수행준거 : 1. 통계적 기법을 이해하고 현장 품질문제에 대한 조사 및 분석업무를 관리도, 샘플링, 실험계획법 등을 활용 실시할 수 있다.
2. 품질경영 현장실무 기법의 활용 및 검사업무를 수행하여 품질시스템을 유지 및 개선할 수 있다.

실기검정방법	필답형	시험시간	2시간 30분

실기과목명	주요항목	세부항목	세세항목
품질경영실무	1. 품질정보관리	1. 품질정보체계정립하기	1. 품질전략에 따라 설정된 품질목표의 평가와 품질보증 업무의 개선 필요사항 도출할 수 있는 품질정보의 분류 체계를 정립할 수 있다. 2. 정립된 품질정보의 분류 체계에 따라 품질정보 운영 절차 및 기준을 작성할 수 있다.
		2. 품질정보분석 및 평가하기	1. 품질정보 운영 절차 및 기준에 따라 항목별 품질 데이터를 산출할 수 있다. 2. 품질정보 운영 절차 및 기준에 따라 항목별 품질 데이터를 수집할 수 있다. 3. 수집된 품질데이터를 통계적 기법에 따라 분석할 수 있다. 4. 품질정보의 분석 결과에 따라 목표 달성 여부와 프로세스 개선 필요 여부를 평가할 수 있다. 5. 품질정보의 평가 결과에 따라 품질회의의 의사결정을 통해 각 부문의 개선활동 계획 수립에 반영할 수 있다.
		3. 품질정보 활용하기	1. 각 부문 품질경영 활동 추진을 위한 장단기 계획에 따라 통계적 품질관리 활용 계획을 포함하여 수립 할 수 있다. 2. 각 부문 품질경영 활동에 통계적 품질관리 기법을 활용할 수 있도록 지원할 수 있다. 3. 각 부문 통계적 품질관리 활동 추진 결과를 평가하여 사후관리를 할 수 있다.
	3. 설계품질관리	1. 품질특성 및 설계변수 설정하기	1. 최적설계를 구현하기 위한 품질변수를 설정할 수 있다. 2. 설정된 품질변수를 통하여 실험설계를 할 수 있다. 3. 실험설계를 위한 실험 방법 및 조건을 도출할 수 있다.
		2. 파라미터 설계하기	1. 파라미터 설계를 위한 실험계획을 수립할 수 있다. 2. 계획된 실험방법에 따라 실험을 진행할 수 있다. 3. 계획된 실험방법에 따라 진행된 실험결과를 분석할 수 있다. 4. 품질특성에 따라 설계변수의 최적조합조건을 도출하여 설계변수를 결정할 수 있다.

실기과목명	주요항목	세부항목	세세항목
	6. 품질보증체계 확립	1. 품질보증체계 정립하기	1. 품질보증 업무에 대한 프로세스의 요구사항 조사결과에 따라 미비, 수정, 보완 사항을 도출할 수 있다. 2. 도출된 미비, 수정, 보완 사항에 따라 품질보증 업무 프로세스를 정립할 수 있다. 3. 정립된 품질보증 업무 프로세스를 문서화하여 사내표준을 정비할 수 있다.
		2. 품질보증체계운영하기	1. 연간 교육계획을 수립하여 품질보증 업무에 대한 사내표준의 이해와 실행에 대한 교육을 운영할 수 있다. 2. 품질보증 업무에 대한 사내표준에 따라 단계별 품질보증 활동을 지원할 수 있다. 3. 품질보증 업무에 대한 사내표준에 따라 단계별 품질보증 활동을 수행할 수 있다. 4. 품질보증 업무 운영결과에 따라 사후관리를 할 수 있다.
	7. 현장품질관리	1. 3정5S 활동하기	1. 3정 5S 추진 절차에 따라 활동계획을 수립할 수 있다. 2. 활동 계획에 따라 역할을 분담하여 3정 5S 활동을 실행 할 수 있다.
		2. 눈으로 보는 관리하기	1. 품질특성에 영향을 주는 관리대상을 선정하여 활동계획을 수립할 수 있다. 2. 활동계획에 따라 관리 방법과 기준을 결정할 수 있다.
		3. 자주보전 활동하기	1. 자주보전 추진계획에 따라 활동 단계별 세부 추진 일정을 수립할 수 있다. 2. 활동 단계별 진행방법에 따라 활동을 실행할 수 있다.

한글속기 3급

◈ 개요

국회, 지방의회·법원의 기록유지는 물론 각종 회의, 강연, 토론, 좌담회 등의 내용을 빠르고 정확하게 기록하기 위해서는 속기가 필수적임. <속기> 검정은 발언내용의 신속·정확한 입력 (기록)능력을 평가하는 국가기술자격 시험이다. ㅇ 수험용 프로그램 - CAS - 소리자바(감퓨타 포함)

◈ 수행직무

국회, 지방의회, 법원의 기록유지는 물론 각종 회의, 강연, 토론, 좌담회 등의 내용을 빠르고 정확하게 기록하는 직무를 행한다.

◈ 진로 및 전망

취업전망은 프리랜서로는 다소의 수요가 있는 것으로 파악되나, 다만 정규직의 경우 기존 자격취득자가 다수 있으며 방송국, 국회, 지방의회 등 수요처가 한정된 관계로 많지는 않다.

◈ 실시기관 홈페이지

대한상공회의소(http://license.korcham.net/)

◈ 취득방법

① 시행처 - 대한상공회의소

② 시험과목

- 실기 : 연설체(1,350자 분량의 연설문, 낭독시간 5분, 수정시간 20분) 논설체(1,200자 분량의 논설문, 낭독시간 5분, 수정시간 20분)

- 수험용 프로그램 - CAS, 소리자바, KS표준 속기겸용키보드, 기타 속기 프로그램이 내장된 속기용 키보드

③ 검정방법 - 실기

④ 합격기준 - 매과목 정확도 90% 이상

⑤ 응시자격 - 제한없음

◈ 응시수수료

- 실기 : 24,000원

◈ 출제기준

<table>
<tr><td colspan="2">○ 직무분야 : 경영•회계•사무 (공통,기초사무)</td><td colspan="3">○ 적용기간 : 2021. 1. 1 ~ 2023. 12. 31</td></tr>
<tr><td colspan="5">○ 직무내용 : 국회법 등과 각 기록물관리법에 규정된 속기(방법)으로 기록유지가 필요한 국회, 지방의회, 법원, 행정부, 검찰 및 일반기업 등의 각종 회의, 토론회, 강연회, 녹취 등의 발언내용을 신속·정확하게 입력(기록)하는 능력을 평가함.</td></tr>
<tr><td colspan="2">○ 검정방법 : 연설체, 논설체 각 5분 낭독 (실시간 검정)</td><td colspan="3">○ 시험시간 : 5분(실시간 검정)</td></tr>
<tr><td>실기
과목명</td><td>출제
문제수</td><td>출제분량</td><td>낭독시간</td><td>합격기준</td></tr>
<tr><td>연설체</td><td>1</td><td>1,350자</td><td>5분</td><td>90% 이상</td></tr>
<tr><td>논설체</td><td>1</td><td>1,200자</td><td>5분</td><td>90% 이상</td></tr>
</table>

◈ 자격취득자에 대한 법령상 우대현황

① 본 자료는 종목별 국가기술자격 취득자 우대 법령을 자체 조사한 자료이다.

② 본 자료는 2020년에 법제처(www.law.go.kr) 홈페이지를 통해 조사하였으며, 법령 개정 시점 등에 따라 변경된 내용이 미반영 될 수 있다.

③ 법령별 세부 우대현황에 대한 적용은 관련법령을 담당하는 부처의 유권해석에 따른다.

한글속기3급 우대현황

법령명	조문내역	활용내용
교육감소속지방공무원평정규칙	제23조자격증등의가산점	5급이하공무원,연구사및지도사관련가점사항
국가공무원법	제36조의2채용시험의가점	공무원채용시험응시가점
군무원인사법시행령	제10조경력경쟁채용요건	경력경쟁채용시험으로신규채용할수있는경우
근로자직업능력개발법시행령	제27조직업능력개발훈련을위하여근로자를가르칠수있는사람	직업능력개발훈련교사의정의
근로자직업능력개발법시행령	제28조직업능력개발훈련교사의자격취득(별표2)	직업능력개발훈련교사의자격
근로자직업능력개발법시행령	제44조교원등의임용	교원임용시자격증소지자에대한우대
기초연구진흥및기술개발지원에관한법률시행규칙	제2조기업부설연구소등의연구시설및연구전담요원에대한기준	연구전담요원의자격기준
법원공무원규칙	제19조경력경쟁채용시험등의응시요건등(별표5의1,2)	경력경쟁시험의응시요건
중소기업인력지원특별법	제28조근로자의창업지원등	해당직종과관련분야에서신기술에기반한창업의경우지원
지방공무원임용령	제17조경력경쟁임용시험등을통한임용의요건	경력경쟁시험등의임용
지방공무원임용령	제55조의3자격증소지자에대한신규임용시험의특전	6급이하공무원신규임용시필기시험점수가산
지방공무원평정규칙	제23조자격증등의가산점	5급이하공무원연구사및지도사관련가점사항
국가기술자격법	제14조국가기술자격취득자에대한우대	국가기술자격취득자우대
국가기술자격법시행규칙	제21조시험위원의자격등(별표16)	시험위원의자격
국가기술자격법시행령	제27조국가기술자격취득자의취업등에대한우대	공공기관등채용시국가기술자격취득자우대
국회인사규칙	제20조경력경쟁채용등의요건	동종직무에관한자격증소지자에대한경력경쟁채용
군무원인사법시행규칙	제18조채용시험의특전	채용시험의특전
비상대비자원관리법	제2조대상자원의범위	비상대비자원의인력자원범위

(취업의 지름길! 기술자격증!) 각종 국가기술자격시험 종합 가이드 북!

초판 1쇄 인쇄 2021년 8월 5일
초판 1쇄 발행 2021년 8월 10일

편 저 대한 기술자격 취업 연구회
발행인 김현호
발행처 법문북스
공급처 법률미디어

주소 서울 구로구 경인로 54길4(구로동 636-62)
전화 02)2636-2911~2, 팩스 02)2636-3012
홈페이지 www.lawb.co.kr

등록일자 1979년 8월 27일
등록번호 제5-22호

ISBN 978-89-7535-960-6 (13500)
정가 24,000원

국가기술자격법은 국가기관 또는 그 대행기관이 전문직업 분야에 종사할 사람들의 능력과 자질을 검정하여 자격을 인정함으로써 그들에게 일정한 권리와 의무가 발생하게 하는 까닭은 전문직업 분야의 용역거래질서를 확립하고 전문직업인들의 전문성·공정성 및 성실성을 보장하려는 것이다. 그리고 전문직업 분야의 지식·기술 발전과 자격획득자 및 그 고객의 이익을 보호하는 데도 기여하려는데 그 목적이 있는 것이다. 우리나라는 국가자격시험제도의 관할범위가 넓은 나라에 속한다. 이 책에서는 이러한 다양한 국가기술자격에 응시하고자 하는 분들을 위하여 모든 절차를 알기쉽게 체계적으로 정리하였다. 이러한 자료들은 한국산업인력공단의 'Q-Net' 홈 페이지를 참고하였으며, 이를 종합적으로 정리, 분석하여 누구나 이해하기 쉽게 편집하였다.

ISBN 978-89-7535-960-6

24,000원